“十三五”国家重点出版物
出版规划项目

区域空气污染
光学遥感观测技术及应用

刘文清 等 编著

Spectroscopic Remote Sensing
Technology and Application
for Regional
Air Pollution

化学工业出版社
·北京·

内容简介

本书基于环境光学监测，就区域空气污染光学遥感的原理和技术展开了探讨和分析。全书共6章，主要介绍了区域空气污染测量的光学遥感技术和原理，区域空气污染测量的光学遥感设备和应用，区域空气污染测量的风场数据及综合处理以及区域空气污染输送通量的光学遥感技术及风场数据指南；列举了我国几次典型城市大气环境综合外场示范实验，提供了大量实验区大气污染高分辨率时空变化信息；预测了光学遥感监测技术在环境污染状况的预报、环境治理和应急处理等方面的发展前景。

本书具有较强的知识性、技术性和应用性，可供环境污染监测领域的工程技术人员、科研人员和管理人员参考，也可供高等学校环境科学与工程、环境化学、大气科学及相关专业师生参阅。

图书在版编目（CIP）数据

区域空气污染光学遥感观测技术及应用/刘文清等编著.—北京：化学工业出版社，2020.9
ISBN 978-7-122-37092-1

Ⅰ.①区… Ⅱ.①刘… Ⅲ.①光学遥感-应用-区域环境-空气污染-大气监测 Ⅳ.①X831

中国版本图书馆CIP数据核字（2020）第089376号

责任编辑：刘兴春　刘　婧　　加工编辑：汲永臻
责任校对：边　涛　　装帧设计：史利平

出版发行：化学工业出版社（北京市东城区青年湖南街13号　邮政编码100011）
印　　装：北京瑞禾彩色印刷有限公司
787mm×1092mm　1/16　印张13　字数260千字　2020年11月北京第1版第1次印刷

购书咨询：010-64518888　　售后服务：010-64518899
网　　址：http://www.cip.com.cn
凡购买本书，如有缺损质量问题，本社销售中心负责调换。

定　　价：138.00元

《区域空气污染光学遥感观测技术及应用》
编著人员

刘文清　刘建国　谢品华　李　昂　刘　诚　张天舒
徐　亮　陈臻懿　范广强　徐　晋　吴丰成　杨靖文
金　岭　吕立慧　王　界

前 言

目前我国在环境问题上面临着前所未有的挑战，《国家中长期科学和技术发展规划纲要（2006—2020年）》中在其重点环境领域明确指出：改善生态与环境是事关经济社会可持续发展和人民生活质量提高的重大问题。我国大气污染表现出显著的系统性、区域性、复合性和长期性特征，特别是近来呈现出的区域、跨境大气复合污染及其相互影响。欧洲、美国和日本等发达地区和国家都对环境变化进行了系统的、跨区域的监测研究，对环境变化进行了长期监测，以期提出最佳的防治办法。以多层次的空气质量监测技术和网络、污染源清单技术为基础，各类污染模型在模拟和认识污染问题方面发挥了重要作用。然而，为了克服模型对于复杂地理环境下的污染过程模拟能力的不足，需要采用环境光学立体观测方法来获取足够的基础数据。由于我国缺乏区域污染的时空分布变化信息，难以对区域、跨境大气环境的现状和变化趋势给出全面、清晰的分析，不能满足国家环保部门制定我国污染控制决策和应对环境外交的急需。为此，在环境领域提出全球环境变化监测优先的主题，要求重点研究开发大尺度环境变化准确监测技术。因此，针对目前区域污染监测现状及环境外交需求，研究区域跨境输送过程监测和输送通量监测技术、方法是十分必要的。

环境光学遥感技术在区域环境监测中的应用发展得很快，近几年来，随着全球环境问题的日益突出，具有全球覆盖、快速、多光谱、大信息量的遥感技术已成为全球环境变化监测中一种重要的技术手段。充分利用这些技术手段的快速、高效、连续性，特别是其空间分布信息，实现对区域大范围的颗粒物和污染气体的立体监测，并通过结合近地面监测数据以及气象资料，从宏观角度掌握污染物的迁移、转化规律，监测污染输送路径，实现区域性环境污染事件以及跨境输送的光学遥感动态跟踪监测，为相关部门预警以及国家环境外交提供参考意见，并且可以为空气质量预报系统加入立体监测信息分析模块，进一步完善空气质量预报模式。

本书以环境光学和遥感技术为主体的观测平台为基础，建立区域污染物传输观测方法和相关的数据综合处理方法，建立区域主要污染物排放总量的观测和评估方法。通过基于太阳散射光的被动差分吸收光谱技术（differential optical absorption spectroscopy）监测常规污染物（SO_2、NO_2、O_3 等），基于太阳直射光的太阳掩星傅里叶变换红外光谱技术（solar occultation flux-FTIR）监测有毒空气污染物（CO、CH_4、NH_3 及 VOCs 气体等），基于激光雷达监测颗粒物的垂直分布，通过选择地基合理布点（位于输送界面、输送通道），结合风场数据（风廓线雷达数据）实现对区域空气污染输送通量的监测，为常规空气污染物、有毒空气污染物区域、跨境输送过程监测和输送通量计算提供监测方法和评估。

本书具有较强的知识性、技术性和应用性，旨在促进我国科学家在大气科学、大气化学、环境污染监测领域取得突破性进展，对于揭示我国各种大气污染过程，提高对大气污染预警和预报的准确性等具有重要意义；并提出了环境遥感技术规范和标准，可以为政府在应对灰霾污染控制、应急管理措施制定、环境质量目标评估等方面提供更好的决策服务，为重大活动的空气质量保障提供支持。

限于编著者时间和水平，书中不足和疏漏之处在所难免，敬请读者提出修改建议。

编著者

2019 年 9 月

目 录

第1章 区域空气污染测量的光学遥感技术和原理 1

1.1 光学遥感技术 3
1.2 光学遥感原理 4
1.2.1 瑞利散射 5
1.2.2 米散射 6
1.2.3 拉曼散射 8
1.2.4 原子荧光散射和吸收 13
1.3 光学遥感发展趋势 14
参考文献 15

第2章 区域空气污染测量的光学遥感设备和应用 18

2.1 差分吸收光谱仪 18
2.1.1 差分光学吸收光谱原理 20
2.1.2 差分光学吸收光谱系统 24
2.1.3 差分吸收光谱技术的应用 26
2.2 激光雷达 28
2.2.1 激光雷达原理 28
2.2.2 激光雷达系统 30
2.2.3 激光雷达应用 34
2.3 傅里叶红外光谱技术 44
2.3.1 傅里叶变换红外光谱原理 46
2.3.2 傅里叶变换红外光谱系统 53
2.3.3 傅里叶变换红外光谱技术的应用 67
参考文献 76

第3章 区域空气污染测量的风场数据及综合处理 80

3.1 风廓线雷达 80
3.2 模型风场 81
3.3 多种不同数据风场对比分析 81
3.4 风廓线数据的综合处理 84
3.4.1 风廓线数据在车载DOAS中的处理 84
3.4.2 风廓线数据在车载FTIR中的处理 84
3.4.3 风廓线数据在颗粒物输送中的处理 85
参考文献 86

第4章 区域空气污染输送通量的光学遥感技术及风场数据指南 87

4.1 区域空气污染输送通量的光学遥感技术指南 87
4.1.1 适用范围 87
4.1.2 术语与定义 87
4.1.3 工作任务和监测项目选择 88
4.1.4 系统通量测算原理 89
4.1.5 监测条件和测量方法 90
4.1.6 监测时的车速选择 90
4.1.7 监测环境原则 91
4.1.8 监测时应满足的气象条件 91
4.1.9 监测时的风速获取 91
4.1.10 监测时的颗粒物质量浓度的选择 92
4.1.11 测量方法 92
4.1.12 通量监测中获得的数据 92
4.1.13 监测数据的处理及误差来源 92
4.1.14 质量保证与质量控制 93
4.1.15 被动DOAS区域污染气体输送通量监测系统 93
4.1.16 车载FTIR区域污染气体输送通量监测系统 94
4.1.17 激光雷达监测颗粒物输送通量系统 94
4.2 风场数据使用规范 95
4.2.1 适用范围 95
4.2.2 术语与定义 95
4.2.3 区域污染环境监测系统原理和对风场数据的要求 96

4.2.4 被动 DOAS 污染源排放通量测量系统对风场数据的使用和要求 96
4.2.5 车载 SOF 系统污染源排放通量测量系统对风场数据的使用和要求 97
4.2.6 区域污染环境监测中风场数据主要来源 98
4.2.7 风廓线雷达使用方法 98
4.2.8 风廓线雷达数据质量控制 99
4.2.9 中尺度气象模型 99
4.2.10 地面气象站 100
4.2.11 实际应用 101
附录 102
附录 1: Pasquill-Turner 稳定度分类法 102
附录 2: 地面风场数据推导高空风场数据的方法 103
参考文献 103

第5章 外场示范实验 105

5.1 点源验证实验 106
5.1.1 车载 DOAS 106
5.1.2 SOF-FTIR 108
5.1.3 激光雷达颗粒物消光系数到质量浓度垂直分布转换 111
5.1.4 国内外点式仪器比对 121
5.2 区域测量实验 124
5.2.1 实验一 124
5.2.2 实验二 130
5.2.3 实验三 136
5.2.4 实验四 139
5.3 区域污染分布及输送 142
5.3.1 区域传输 142
5.3.2 区域污染分布特征 142
5.3.3 北京市污染物排放通量 144
5.4 区域污染传输 146
5.4.1 颗粒物传输分析 146
5.4.2 气态污染 SO_2、NO_2 传输分析 152
5.5 走航观测结果 156

5.5.1 车载激光雷达移动走航监测 156
5.5.2 车载激光雷达定点扫描监测 157
5.5.3 车载激光雷达监测结果 157
5.5.4 天津市颗粒物车载雷达走航观测结果 175
5.5.5 车载走航和定点综合观测 185
参考文献 193

第6章 展望及趋势分析 195

第1章 区域空气污染测量的光学遥感技术和原理

由于我国经济的快速发展，工业化和城市化的进程推进了城市群的形成。中国城市群结构体系是由不同发育程度、不同等级、不同行政隶属关系、不同成因和空间区位的城市，通过各种物质流、能量流、信息流和知识流有机耦合而成的空间聚合体和综合集群体。中国正在发展28个不同大小、不同规模和发育程度的城市群。虽然目前我国的城市群发展还处于初级阶段，但是它们已经成为我国经济社会发展的命脉，其中发育程度最高的城市群包括长江三角洲、京津冀和珠江三角洲。由于城市群中大量的生活、生产和交通排放，我国的污染物排放呈现出明显的区域排放特征。通过卫星遥感研究发现，从1996年到2010年间我国NO_2排放呈现明显的区域扩张态势。例如1996～1998年，京津冀地区和长三角地区的排放相对孤立，但是到了2008～2010年，两个区域之间部分的排放强烈增加。伴随着经济的发展和城市群的扩大，排放高值区不断增加，其区域正在向中西部区域扩展。城市群中排放的氮氧化物、硫氧化物、挥发性有机物、臭氧等气态污染物以及黑炭、细粒子等颗粒物之间相互作用，通过多相反应相互转换。多种来源的多种污染物在一定的温度、湿度、阳光等大气条件下发生的多种界面间的相互作用，彼此耦合构成了复杂的大气污染体系，该体系就称为复合型大气污染。

此外，每个城市源排放的污染物也存在长距离的传输，其传输距离由该污染物的大气寿命和大气流场特性决定。图1-1中显示出卫星观测到的阿拉伯半岛的Riyadh市排放的NO_2在不同风向下的传输，可以看到NO_2一般在100km以上的区域传输（Beirle et al，2011）。这种污染物的区域传输，使得城市群的污染相互关联、相互作用。大气污染机理的研究和污染事件的防控已经不能只分析单个城市的污染排放，还要考虑周围区域的贡献。例如近几年中国中东部地区连续发生的大区域雾霾事件，就是城市群污染相互作用的结果（贺克斌，2011；王雪松等，2009）。Hatakeyama 等（2004）机载观测表明，中国东部地区污染物的长距离传输，使得中国东海上空的污染物浓度大幅度升高。程念亮等 2013 年的研究表明中国区域在秋冬季节的强冷锋控制下，东部地区容易发生污染物的长距离传输。2011 年陈真等利用 CALPUFF 空气质量模型研究发现，在长江三角洲区域的传输过程中，存在从一次污染物到二次污染物的转化过程。2008 年 Wang 等在珠江三角洲开展机载测量研究，发现该地区边界层的顶部存在高浓度的 O_3、SO_2、NO_x 以及颗粒物，这很可能是来自区域的传输过程。

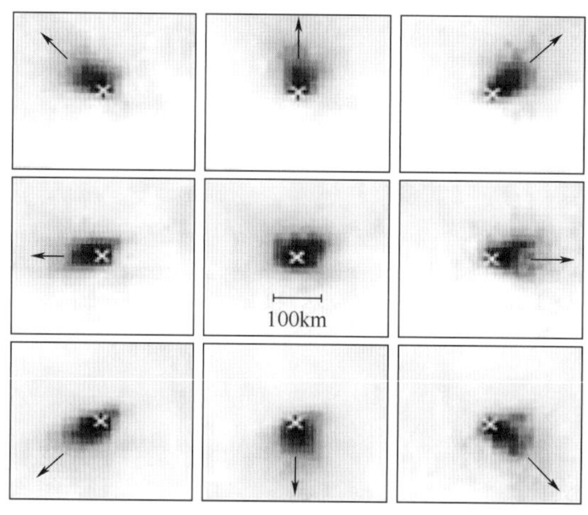

图 1-1　阿拉伯半岛的 Riyadh 市排放的 NO_2 在不同风向下的传输

以上观测实验和模型研究表明，伴随着城市群的发展，我国区域化的复合污染过程日益明显，它将给人类身体健康、生态环境和气候变化带来新的威胁（Gu et al，2012；Wang et al，2012）。但是现阶段，针对区域性污染和污染传输的观测数据还十分有限，卫星观测数据空间分辨率低，无法反映全天的变化，模型也存在较大的误差。因此亟须发展相关技术手段，观测研究污染物的时空分布和演化特征，认识传输中的大气化学反应机理，进而为评估各种污染源的贡献率和寻找区域大气复合污染的成因，提供足够且准确的观测数据资料。

近几年来，环境光学遥感技术在区域环境监测中的应用发展得很快，随着全球环境问题的日益突出，具有全球覆盖、快速、多光谱、大信息量的遥感技术已成为全球环境变化监测中一种重要的技术手段。充分利用这些技术手段的快速性、高效性、连续性，特别是其空间分布信息，实现对区域大范围的颗粒物和污染气体的立体监测，并通过结合近地面监测数据以及气象资料，从宏观角度掌握污染物的迁移、转化规律，监测污染输送路径，实现区域性环境污染事件以及跨境输送的光学遥感动态跟踪监测，为相关部门预警以及国家环境外交提供参考意见，并且可以为空气质量预报系统加入立体监测信息分析模块，进一步完善空气质量预报模式。

1.1 光学遥感技术

遥感技术具有监测范围广、速度快、成本低，且便于进行长期的动态监测等优势，还能发现有时用常规方法难以揭示的污染源及其扩散的状态，它不但可以快速、实时、动态、省时省力地监测大范围的大气环境变化和大气环境污染，也可以实时、快速跟踪和监测突发性大气环境污染事件的发生、发展，以便及时制定处理措施，减少大气污染造成的损失。因此，遥感监测作为大气环境管理和大气污染控制的重要手段之一，正发挥着不可替代的作用。

大气环境遥感监测技术按其工作方式可分为主动式遥感监测和被动式遥感监测。

① 主动式遥感监测是指由遥感探测仪器发出波束、次波束与大气物质相互作用而产生回波，通过检测这种回波而实现对大气成分的探测。

② 被动式遥感监测主要依靠接收大气自身所发射的红外光波或微波等辐射而实现对大气成分的探测。

根据遥感平台的不同，大气环境遥感监测又可分为地基遥感、天基和空基遥感。

① 地基遥感以地面为主要遥感平台。

② 天基和空基遥感是以卫星、宇宙飞船、飞机和高空气球等为遥感平台。

大气环境地基遥感监测包括主动遥感和被动遥感两种。其中主动遥感主要是激光雷达，通过发射不同波长的激光，接收激光的后向散射信号，获得气溶胶的消光系数信息；被动遥感是接收经过大气成分吸收或散射的自然光（如太阳光），利用不同成分的特征吸收来探测大气成分信息。典型的主动式大气遥感探测仪器有 20 世纪 40 年代发明的微波气象雷达、60 年代发明的大气探测激光雷达等，而被动式遥感仪器有地基被动差分吸收光谱仪、地基傅里叶变换红外光谱仪等。

环境光学监测技术主要结合了环境科学、大气光学、光谱学等学科，形成了以差分光学吸收光谱（DOAS）技术、可调谐半导体激光吸收光谱（TDLAS）技术、傅里叶变换红外光谱（FTIR）技术、非分光红外（NDIR）技术、激光雷达技术、光散射技术、荧光光谱技术、激光诱导击穿光谱（LIBS）技术、光声光谱技术等为主体的环境光学监测技术体系（见图 1-2），以监测大气成分和气溶胶、大气污染源、水质和水污染源以及固体废弃物和土壤等主要环境要素为目标，实现多空间尺度、多时间尺度、多参数的环境污染物定量测量和分析的目的。环境光学监测技术具有实时、动态、快速、非接触监测等特点，不仅可以获取痕量瞬变物种的时空分布信息，而且可以搭载在遥感平台上实现区域污染的实时监测，对环境要素开展机理研究、关键成分源解析、定性定量化表

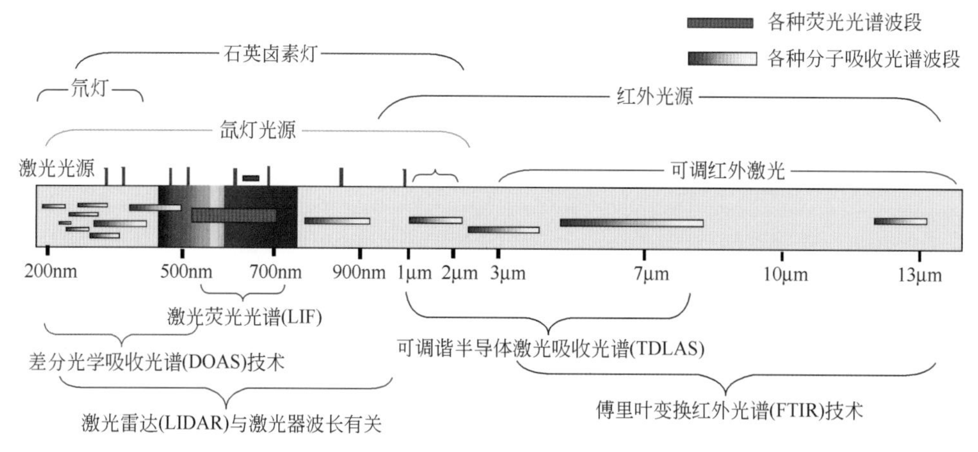

图 1-2 环境光学监测技术基本分类图

征分析等，为环境污染的诊断、来源确定及预测预警提供技术手段。

自 1960 年世界上第一台激光器问世之后，激光技术便被迅速地应用于大气探测。1962 年，意大利学者使用第一台红宝石激光雷达探测了 80～140km 高层大气中钠离子的分布。1963 年美国斯坦福研究所研制了用于对流层气溶胶探测的激光雷达。利用激光散射光进行颗粒物浓度和粒径等的监测的一系列先进技术得到了迅速发展。20 世纪 70 年代，美国科学家 Hinkley 和加拿大科学家 Reid 等提出可调谐半导体激光吸收光谱技术，并逐渐成为非常灵敏和常用的痕量气体监测技术。20 世纪 80 年代，德国海德堡大学的 Platt 教授提出了差分光学吸收光谱，该技术很快被广泛应用于大气环境监测。与此同时，傅里叶变换红外光谱仪逐步替代传统光栅型光谱仪成为红外光谱分析的主要手段，并应用于环境监测。随后，更多的光学和光谱学技术成功应用于环境监测领域。20 世纪 90 年代以来，中国科学院安徽光学精密机械研究所等单位立足国际前沿，瞄准国家解决环境问题的重大需求，积极开展环境监测技术新原理、新方法和环境监测仪器技术集成等环境高新技术研究，先后自主研发了“机动车尾气遥测车”“城市空气质量连续自动监测系统”“烟气排放连续自动监测系统”“气溶胶激光雷达”等系列环境光学监测关键技术设备，部分科研成果成功实现产业化，为深入探讨区域大气污染防护和治理提供了新的监测技术和手段。

1.2 光学遥感原理

大气不仅本身能够发射各种频率的流体力学波和电磁波，而且当这些波在大气中传播时会发生折射、散射、吸收、频散等经典物理或量子物理效应。由于这些作用，当大气成分的浓度、气温、气压、气流、云雾和降水等大气状态改变时，波信号的频谱、相位、振幅和偏振度等物理特征就会发生各种特定的变化，从而储存了丰富的大气信息，向远处传送。这样的波称为大气信号。研制能够发射、接收各种大气信号，分析并显示其物理特征的实验设备，建立从大气信号物理特征中提取大气信息的理论和方法，即反演理论，是大气遥感研究的基本任务。为此，必须应用红外、微波、激光、声学和电子计算机等一系列的新技术成果，揭示大气信号在大气中形成和传播的物理机制和规律，区别不同大气状态下的大气信号特征，确立描述大气信号物理特征与大气成分浓度、运动状态和气象要素等空间分布之间定量关系的大气遥感方程。这些理论既涉及力学和电磁学等物理学问题，又和大气动力学、大气湍流、大气光学、大气辐射学、云和降水物理学及大气电学等大气物理学问题有密切的联系。本书侧重阐述以大气散射（atmospheric scattering）为基础的激光光学遥感技术。

大气散射是指电磁波同大气分子或气溶胶等发生相互作用，使入射能量以一定规律在各方向重新分布的现象，其实质是大气分子或气溶胶等粒子在入射电磁波的作用下产生电偶极子或多极子振荡，并以此为中心向四周辐射出与入射波频率相同的子波，即散射波。根据激光与大气中粒子的不同散射机制，分别出现了不同类型的激光遥感技术。下面先介绍大气中光与粒子的几种基本散射机制。

1.2.1 瑞利散射

瑞利散射（Rayleigh scattering）是指散射光波长等于入射光波长，而且散射粒子尺度远远小于入射光波长，没有频率位移（无能量变化，波长相同）的弹性光散射（见图 1-3）。整个散射过程不改变入射光的波长，但散射光的强度（I）与波长（l）的四次方成反比。大气分子的散射就属于瑞利散射。瑞利散射要求散射微粒的线度小于光波波长，当散射微粒的线度接近或大于光波波长时，如高空中云层的散射，瑞利散射定律将不再适用。

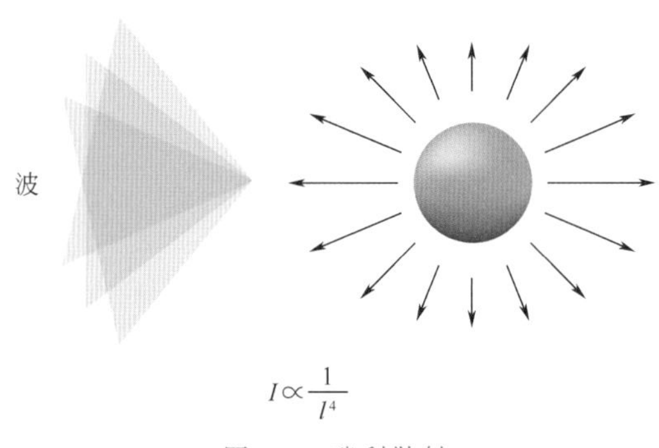

$$I \propto \frac{1}{l^4}$$

图 1-3 瑞利散射

瑞利散射主要特点有：

① 散射光强与入射波长的四次方成反比；

② 散射光强随观察方向而变，在不同的观察方向上散射光强不同；

③ 散射光具有偏振性，其偏振程度取决于散射光与偶极矩方向的夹角。

1.2.2 米散射

球形粒子的散射理论主要由德国科学家 Gustav Mie 于 20 世纪初发现，因此也称为米散射（Mie scattering）理论。气体分子或气溶胶粒子半径 r 远小于激光波长 λ 时的散射服从瑞利散射公式，而当气溶胶粒子的尺度增大到一定程度时，瑞利散射公式将失效。一般认为，当尺度参数 $\rho_s=2\pi r/\lambda>(0.1\sim0.3)$ 时，瑞利散射公式不再适用，应使用米散射理论。米散射是一种散射波长与入射激光波长相同的弹性散射，主要集中在前向，而后向散射的强度相对小些，但其散射截面仍然比其他散射过程的散射截面大 10～20 个数量级，因此成为激光雷达探测大气气溶胶的主要手段。由于入射波相位在粒子上不均匀，各子波在空间和时间上产生相位差（见图 1-4）。在子波组合产生散射波的地方，因存在不同的入射光波长、粒子大小、折射率及散射角，就会出现由相位差造成的干涉。当粒子增大时，造成散射强度变化的干涉也增大。因此，就需要用较为复杂的级数来表示散射光强与上述参数的关系。

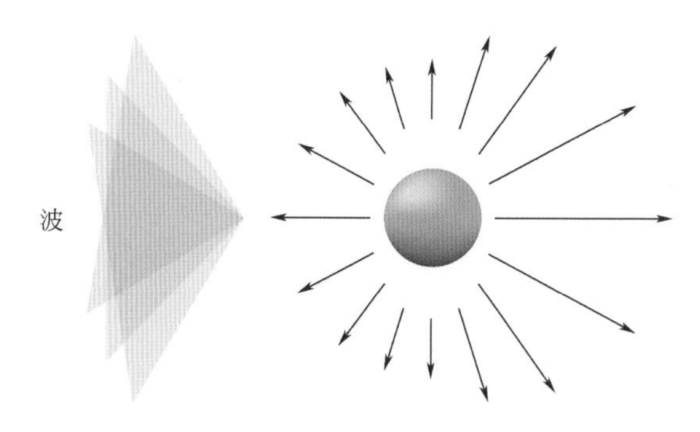

图 1-4　米散射原理图

（1）米散射主要特点

① 散射强度比瑞利散射大，随着尺度参数增大，散射的总能量很快增加，并最后以振动的形式趋于一定值。

② 散射粒子的横向几何线度（r）与入射光波长（l）之比很小（$r/l<0.1$）时，散射光强与入射光波长的关系服从瑞利散射定律。

③ 当尺度参数增大（$0.1<r/l<10$）时，前向散射与后向散射之比增大，

使粒子前半球散射增大，散射光强随角度变化出现许多极大值和极小值，当尺度参数增大时，极值的个数也增加。

④ 当尺度更大（$r/l>10$）时，散射光强基本上与波长无关，此时的散射称为大粒子散射，其结果又与几何光学结果一致。

在尺度参数比较适中的范围内，只有用米散射才能得到唯一正确的结果，由此可见米散射计算模式能广泛地描述任何尺度参数均匀球状粒子的散射特点。大气中的气溶胶与光的散射大多属于米散射。相对其他的光散射机制而言，米散射的散射截面最高，回波信号相对较大，因此米激光雷达是激光雷达系列中发展最早、技术也最为成熟的一类雷达。

（2）米散射的主要特征参数

① 散射截面 σ_s（单位：cm^2） 是指入射光被粒子作用的一个截面，其面积使得入射在这个截面上的入射波的功率等于这个粒子向各个方向散射的功率之和。

$$\sigma_s=\frac{\lambda^2}{2\pi}\sum_{n=1}^{\infty}(2n+1)(|a_n|^2+|b_n|^2) \tag{1-1}$$

式中 λ——波长；

a_n，b_n——米散射系数。

② 消光截面 σ_e（单位：cm^2） 当粒子的折射率为复数时就有吸收存在。这样，入射光一部分被粒子散射，另一部分被粒子吸收转化为热能。这两个过程组成了粒子的消光过程。

$$\sigma_e=\frac{\lambda^2}{2\pi}\sum_{n=1}^{\infty}(2n+1)Re(a_n+b_n) \tag{1-2}$$

③ 散射微分截面 $\beta(\theta,\varphi)$（单位：cm^2/sr）

$$\beta(\theta,\varphi)=\frac{\lambda^2}{4\pi^2}[|S_1(\theta)|^2\sin^2\varphi+|S_2(\theta)|^2\cos^2\varphi] \tag{1-3}$$

式中 S_1，S_2——散射光的振幅函数。

④ 后向散射截面 $\beta(\Pi)$（单位：cm^2/sr）

$$\beta(\Pi)=\frac{\lambda^2}{\pi}|S(\Pi)|^2 \tag{1-4}$$

式中 $S(\Pi)$——振幅函数；

Π——角度。

米散射特性与散射粒子的尺度参数 $\rho_s=\frac{2\pi r}{\lambda}$ 和复折射率 $n=n_r-in_i$（n_r 是折射率的实部，n_i 是折射率的虚部）密切相关。当尺度参数 r 很小，即散射粒子的半径远小于照射光波长时，米散射变为瑞利散射。此时，散射光强的角分布，前向和后向是对称的。随着 r 值的增大，散射光强的角分布不再对称，一般情况下前向散射光强要比后向散射光强大得多。此外，米散射的诸散射参量依赖于照射光波长的关系，比所对应的瑞利散射诸散射参量依赖于照射光波长的关系要弱得多。米散射特性与复折射率的关系也较为复杂，当光学折射率的虚部 $n_{\mathrm{i}}=0$ 时，只产生散射过程而无吸收过程，散射粒子的吸收截面为零。此时散射粒子的消光截面等于散射截面。随着光学折射率虚部 n_{i} 的增大，散射粒子的吸收截面也随之增大。

假定大气气溶胶粒子为球形粒子，若粒子半径为 r，光学折射率为 n，照射光波长为 λ 时单个球形粒子的消光截面为 $\sigma_{\mathrm{e}}\left(\frac{2\pi r}{\lambda}, n\right)$，而该球形粒子的后向散射微分截面为 $\beta_{\mathrm{s}}\left(\frac{2\pi r}{\lambda}, n\right)$，这些球形粒子群的谱分布为 $N(r)$，那么散射粒子群的消光系数 σ 和体后向散射微分截面 β 分别为：

$$\sigma=\int_0^{\infty}\sigma_{\mathrm{e}}\left(\frac{2\pi r}{\lambda},n\right)N(r)\,\mathrm{d}r \tag{1-5}$$

$$\beta=\int_0^{\infty}\beta_{\mathrm{s}}\left(\frac{2\pi r}{\lambda},n\right)N(r)\,\mathrm{d}r \tag{1-6}$$

1.2.3 拉曼散射

如果入射光是单色光，则在散射光谱中，在原有谱线两侧的对称位置上，将出现一些新的弱谱线，长波侧的谱线较短波侧的强些。前者称斯托克斯线，后者称反斯托克斯线。二者统称为拉曼（Raman）谱线，其散射截面比分子的瑞利散射弱 3 个量级，比气溶胶的米散射弱 3～21 个量级。产生拉曼散射的原因是散射分子的转动能态和振动能态发生变化，结果使得散射光子频率不同于入射光子，因为散射波长和入射波长光子能量之差和气体分子的固有能级相对应，故分析拉曼散射光谱，可以判定大气中多种气体的成分及其混合比。

拉曼散射主要特点：

① 同一散射物质，其散射光的频移大小与入射光波长无关，只与散射分子性质有关；

② 长波散射光（斯托克斯线）强度大于短波（反斯托克斯线）；

③ 不同散射物质的散射光与入射光的波长差不同，反映了物质分子振动的固有频率。

米散射和瑞利散射都是利用大气气溶胶或大气分子对激光的弹性散射过程，其散射光的波长和入射光相同。而拉曼散射则是大气分子对光的一种非弹性散射。在散射过程中，大气分子和激光光子进行能量交换，使散射波长发生改变。由于大气分子和激光光子交换能量的多少严格由各种分子的内部固有能级特性所确定，从而为拉曼散射激光雷达进行分辨分子种类的探测提供了基础。一般而言，拉曼散射不是共振过程，即任何波长的激光都可以使任何种类的分子发生拉曼散射，并一一辨认它们。这也为利用拉曼散射激光雷达进行分辨分子种类的探测提供了很大方便。拉曼散射的最大缺点是其散射截面小（约为瑞利散射的 1/1000）。

拉曼散射与分子内部的振动、转动效应密切相关。若入射光频率为 v（以波数表示），拉曼散射频移为 Δv_r，拉曼散射频率可表示为：

$$v_r = v \pm \Delta v_r \tag{1-7}$$

式(1-7) 中取负号为拉曼散射斯托克斯谱线，取正号为拉曼散射反斯托克斯谱线。斯托克斯谱线要比反斯托克斯谱线强，因此实际应用的拉曼激光雷达多利用分子的拉曼散射斯托克斯谱线来探测大气分子浓度。对于双原子或线性分子，拉曼散射辐射的选择定则为：$\Delta v = 0, \pm 1$ 和 $\Delta J = 0, \pm 2$，其中 v 和 J 分别表示分子振动量子数和转动量子数。$\Delta v = 0$，$\Delta J = \pm 2$ 时的跃迁对应纯转动拉曼散射；$\Delta v = \pm 1$，$\Delta J = 0$ 时为振动拉曼散射；当 $\Delta v = 0$，$\Delta J = 0$ 时，为瑞利散射。

图 1-5 给出了描述氮气分子的不同振动-转动能级跃迁的示意和拉曼光谱图。

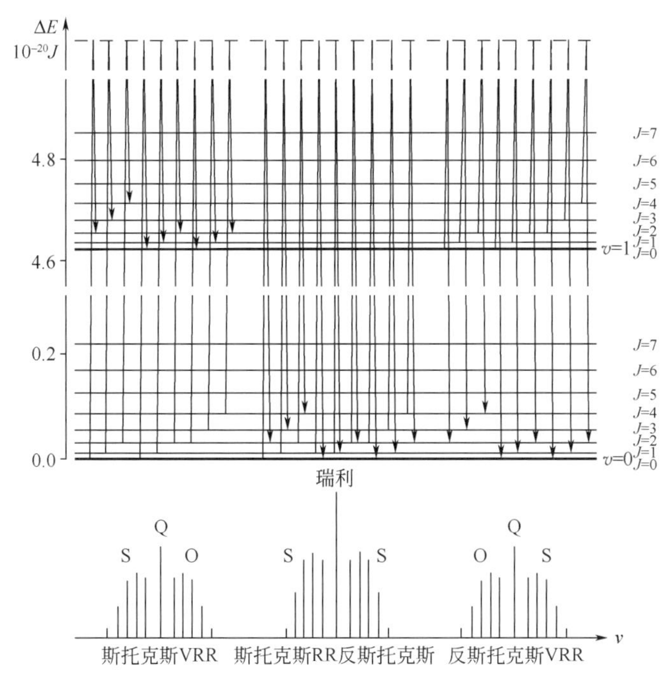

图 1-5　氮气分子的不同振动-转动能级跃迁和拉曼光谱图

按照 Placzek 的偏振理论，在垂直于线偏振入射光偏振方向的某个方向上观察拉曼散射斯托克斯谱线时，振动-转动能级跃迁的微分后向散射截面一般由下式给出（非共振条件）：

Q 支（$\Delta v=\pm 1$，$\Delta J=0$）的振动拉曼散射斯托克斯谱线的后向散射微分截面可以表示为：

$$\left(\frac{\mathrm{d}\sigma_j}{\mathrm{d}\Omega}\right)^{Q}=\frac{(2\pi)^4 b_j^2(v+\Delta v_{rj})^4}{1-\exp(-hc\Delta v_{rj}/KT)}g_j\left(\hat{i}_j^2+\frac{7}{180}\hat{a}_j^2\right) \tag{1-8}$$

式中　下脚标 j——分子的第 j 阶振动模；

b_j——第 j 阶振动模零点处的振幅，$b_j=\left(\dfrac{h}{8\pi^2 c\Delta v_{rj}}\right)^{1/2}$；

g_j——第 j 阶振动模的简并度；

$\hat{i}_j$，$\hat{a}_j$——极化率张量的各向同性部分和非各向同性部分；

Δv_{rj}——对应第 j 阶振动模的拉曼散射频移；

T——绝对温度；

c——光速；

h——普朗克常量；

K——黑体热力学温度。

O 支和 S 支（分别为 $\Delta v=\pm 1$，$\Delta J=-2$ 和 $\Delta v=+1$，$\Delta J=+2$）的振动-转动拉曼散射斯托克斯谱线的后向散射微分截面，则可表示为：

$$\left(\frac{\mathrm{d}\sigma_j}{\mathrm{d}\Omega}\right)^{O+S}=\frac{(2\pi)^4 b_j^2(v-\Delta v_{rj})^4}{1-\exp(-hc\Delta v_{rj}/KT)}g_j\,\frac{7}{60}\hat{a}_j^2 \tag{1-9}$$

由上面两个式子，则可以获得总的振动-转动拉曼散射斯托克斯谱线的后向散射微分截面：

$$\left(\frac{\mathrm{d}\sigma_j}{\mathrm{d}\Omega}\right)^{T}=\frac{(2\pi)^4 b_j^2(v+\Delta v_{rj})^4}{1-\exp(-hc\Delta v_{rj}/KT)}g_j\left(\hat{i}_j^2+\frac{7}{45}\hat{a}_j^2\right) \tag{1-10}$$

由上面式子可知，拉曼后向散射微分截面与拉曼散射频率的四次方成正比，即与拉曼散射波长的四次方成反比。由于拉曼散射波长与照射光波长相近，因此，采用较短的照射光波长时可获得较大的拉曼后向散射微分截面。另外，由于气体对激光的吸收（特别是臭氧），如果波长大于 320nm 可以减少气体分子吸收影响；然而，波长小于 300nm 日盲区的激光又可以用于日间拉曼测量，以避免日光背景。由于臭氧等气体分子吸收而造成信号的衰减限制了拉曼激光雷达测量的高度范围，考虑到测量高度要求，波长为 320～550nm 的激光是最适合拉曼散射测量的。图 1-6 为入射激光波长为 355nm 的大气分子拉曼后向散射谱。

由图 1-6 可以看出，在大气中含量最多的氮气拉曼波长在 386.7nm，氧气的拉曼散射波长在 376nm，水汽拉曼峰值波长在 407.8nm。由于这 3 种重要的拉曼散射中心波长距离较近（大约 10nm），所以在测量拉曼散射时都选用性能优越的窄带干涉滤光片，以提高探测的精度和可靠性。

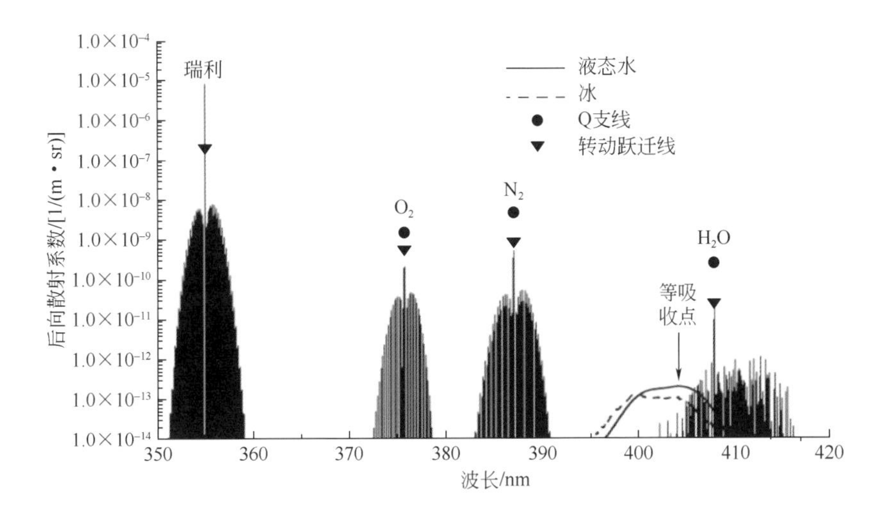

图 1-6 入射激光波长为 355nm 激发下的大气分子拉曼后向散射谱

当激励频率与原子和分子的固有共振频率十分接近或重合时，将导致拉曼散射大大增强，此即为共振拉曼散射，其散射截面可以提高几个数量级，但共振效应同时伴随着分子的孤立的强吸收线，即散射辐射可能被同时增强的吸收所减弱，因此共振拉曼散射一般不易观测到。实验观测表明：激励频率逐渐趋近孤立的强吸收线或强吸收带中心但未重合时，拉曼散射也可显著增强，此即近共振拉曼散射现象。

表 1-1 给出了一些大气主要分子的拉曼参数。

表 1-1 一些大气主要分子的拉曼参数

分子	拉曼频移 /cm^{-1}	大气中的浓度 /10^{-6}	相对拉曼散射截面(与 N_2 比)
N_2	2331	0.78×10^6	1.0
O_2	1555	0.21×10^6	1.1
H_2O	3652	10^3	4.5
CO_2	1338	330	1.1
CH_4	2917	1.0	8.0
H_2	4156	1.0	4.0
O_3	1103	0.1	3.0

拉曼散射作为激光雷达的探测光源的主要缺点是强度太弱。通常，拉曼谱线的强度是相同分子的瑞利散射强度的 $1/10^3$。因此拉曼激光雷达多采用大口径的接收望远镜，接收孔径一般设计在 40cm 以上。此外，拉曼激光雷达的测

量对象也多为高浓度的及在短距离上的气体。

氮分子的拉曼信号可用于测量大气的衰减（对 $1/R^2$ 关系的非寻常偏离），因为分子的拉曼散射的辐射模型主要是振荡偶极子辐射，在辐射平面内方向性不强，所以后向散射对信号强度的影响不大。拉曼信号的另一个重要应用是水蒸气垂直分布探测，这种探测在气象学上有重要的价值，且对辐射平衡的评估有重要意义。在大气污染监测方面，近年来由于激光技术与微弱信号探测技术的发展，使用拉曼散射激光雷达进行监测有了重要的进展。图 1-7 所示为工厂和汽车排放物的拉曼信号。

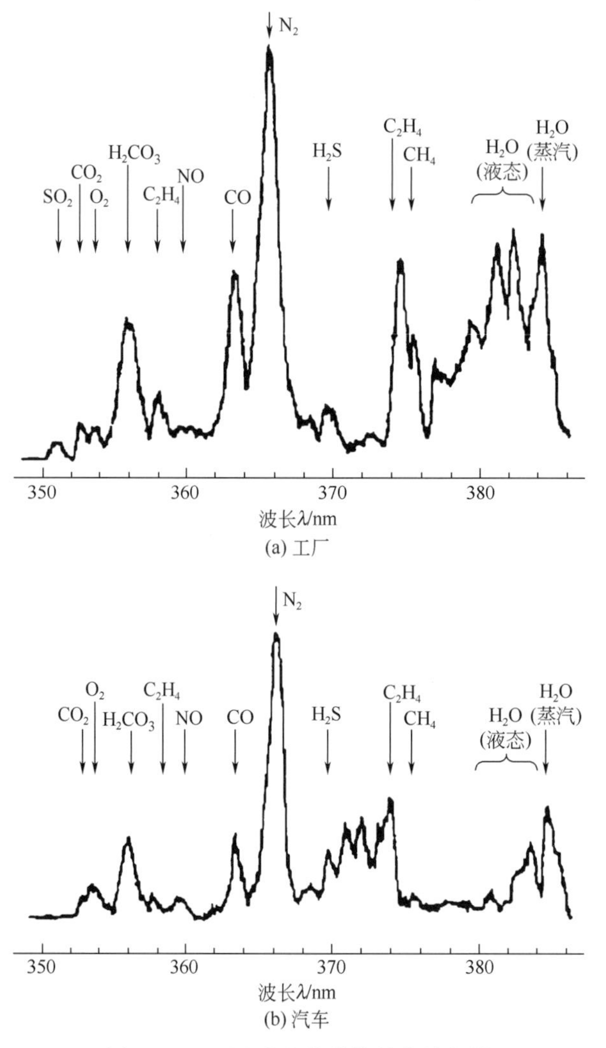

图 1-7 工厂和汽车排放物的拉曼信号

由图 1-7 可以看到，在拉曼谱中除大气主要成分 O_2、N_2、H_2O 和 CO_2 等外，还可分辨出 SO_2、CO、NO、CH_4、C_2H_4、H_2CO_3 和 H_2S 等大气污染物。

1.2.4 原子荧光散射和吸收

原子荧光是原子蒸气受具有特征波长的光源照射后，其中一些自由原子被激发跃迁到较高能态，然后去活化回到某一较低能态（常常是基态）而发射出特征光谱的物理现象（图 1-8）。原子荧光可分为共振原子荧光、非共振原子荧光与敏化原子荧光三类。当激发辐射的波长与产生的荧光波长相同时，称为共振荧光，它是原子荧光分析中最主要的分析线。另外还有直线跃迁荧光、阶跃线荧光、敏化荧光、阶跃激发荧光等，各种元素都有其特定的原子荧光光谱，根据原子荧光强度的高低可测得试样中待测元素含量。共振荧光雷达通常用于高空钠、铁等元素的测量。

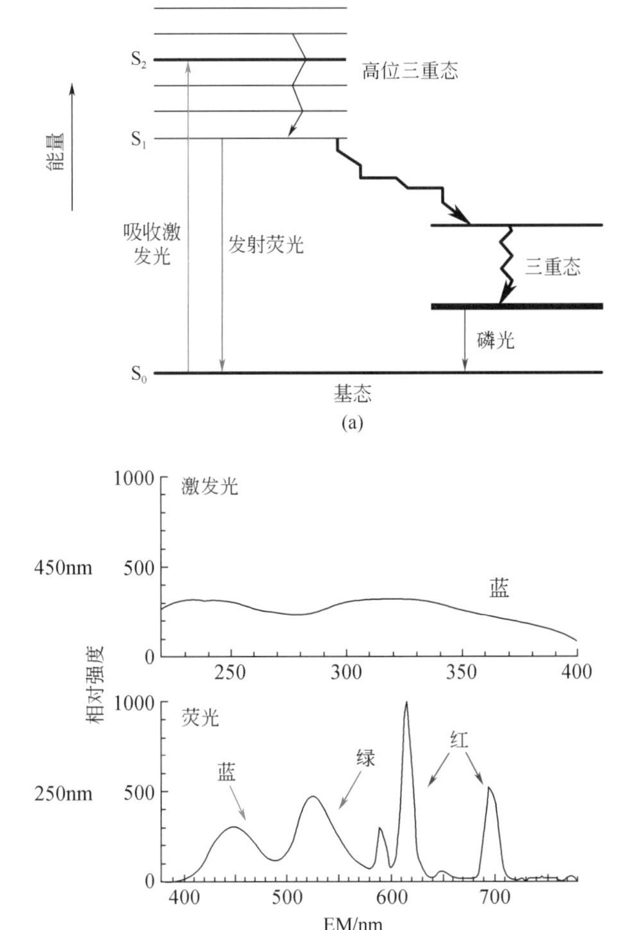

图 1-8 原子荧光散射和吸收

与传统点式分析测量仪器相比，基于各种光散射的环境光学监测技术的优势在于：

① 可以反映一个区域的平均污染程度，不需要多点取样，这对于连续监测或是泄漏监测十分有用；

② 能对不易接近的危险区域进行监测；

③ 可以同时测量多种污染物成分。

因此，基于光学和光谱学原理的环境光学监测技术是当前环境污染在线监测的发展方向和技术主流。光谱学技术和化学方法在许多测量平台上互补，它们之间的结合大大提高了探测的灵敏度，增加了痕量气体的探测种类，测量结果的相互比较也大大提高了测量的可信度。

对于环境污染监测，环境光学监测技术提供了许多有效的测量手段。DOAS技术广泛用在紫外和可见波段范围，监测标准污染物 O_3、NO_x、SO_2 和苯等，测量的种类仅限于对该波段的窄吸收光谱线的气体成分，但其对于大气平流层中的易反应气体 NO_3 和HONO的测量十分有效。FTIR技术特别适用于测量和鉴别污染严重的大气成分、有机物或酸类，对于干洁环境中的痕量气体监测，其灵敏度有待提高。如果测量一种或两种有毒气体，采用TDLAS技术，则可以发挥其光谱分辨率高、响应快、成本低等优点。激光雷达技术具有高空间分辨率、高测量精度等优点，可用于污染物浓度立体分布和输送通量测量。当然，还有许多其他高灵敏的环境光学监测技术，如光散射技术、激光质谱技术、激光诱导荧光技术和光声光谱技术等，在实际场合中应视具体的应用目标来确定选择测量技术。

1.3 光学遥感发展趋势

当前，各种光谱技术之间的相互借鉴、联用和融合的趋势已变得越来越明显。许多光谱技术都采用DOAS分析方法，或者采用激光雷达的差分测量方法，另一些则融合了傅里叶变换光谱技术等，这将是光谱技术今后发展的必然趋势。随着半导体激光带宽变宽，调谐范围变大，光源之间的差别开始缩小，而当更多的红外探测器阵列被应用推广，更多的光谱技术在可见或紫外区使用傅里叶变换光谱之际，各种光谱技术之间的界限也变得不那么清楚了。光谱技术之间的相互融合趋势在化学测量技术之间以及光谱技术与化学技术之间也不断发生和发展，许多化学测量技术实际上就是化学技术与光谱技术的结合，例如超声绝热膨胀与激光诱导荧光方法、基体分离与光谱测量方法等。未来的环境监测将是各种测量技术的综合，包括地基的高塔和车载、机载、球载等机动测量用于城市环境监测，小型飞机和无人机以及星载仪器等用于全球环境监测。仪器的小型化是各种测量技术发展的另一大趋势。目前用于 O_3 等气体监测的固态化学传感器正处在活跃的发展之中。在傅里叶变换光谱仪的小型化方面，采用更简单的光学元件如双折射棱镜用于分束，在阵列探测器中记录所有条纹而不仅是牛顿干涉图的中心条纹，减少活动部件等。总之，各类环境光学监测技术迅速发展，监测方法从常规的监测体系向理化、生物、遥测、应急等多种监测分析相结合的综合监测技术方向发展。监测组分不断增多，发展趋势是向多参数、实时在线、自动化、集成化和网络化等多功能方向发展。总体上向更高精度、更多成分、更大尺度、更加适用、更加智能，以及由单一参数、单一功能向多参数、多功能、集成化、自动化方面发展。

参考文献

[1] 张强，耿冠楠，王斯文，等. 卫星遥感观测中国1996～2010年氮氧化物排放变化. 科学通报，2012，57（16）：1446-1453.

[2] Henderson S，Holman S，Mortensen L. Global Climates-Past，Present，and Future：Activities for Intergrated Science Education. Washington，D. C.：U. S. Environmental Protection Agency，2002：39-44.

[3] Lutgens F K，Tarbuck E J. The Atmosphere：An Introduction to Meteorology. Eighth edition，Upper Saddle River，N. J.：Prentice Hall，1992：236-248.

[4] 张世森. 环境监测技术. 北京：高等教育出版社，1992：71-85.

[5] 周斌. 空气污染的差分吸收光谱学（DOAS）技术与应用研究. 北京：中国科学院研究生院，2004.

[6] Logan J A，Prather M J，Wofsy S C，et al. Tropospheric Chemistry-A Global Perspective. Journal of Geophysical Research，1981，86（C8）：7210-7254.

[7] Perner D，Platt U，Trainer M，et al. Measurements of Tropospheric OH Concentrations：A Comparison of Field Data with Model Predictions. Journal of Atmospheric Chemistry，1987，5（2）：185-216.

[8] Sigrist M W. Air Monitoring by Spectroscopic Techniques. New York：John Wiley，1994：13-21.

[9] 黄中华，王俊德. 傅里叶变换红外光谱在大气遥感监测中的应用. 光谱学与光谱分析，2002，22（2）：235-238.

[10] Prengle H W，Morgan C A，Fang C S，et al. Infrared Remote Sensing and Determination of Pollutants in Gas Plumes. Environmental Science & Technology，1973，7（5）：417-423.

[11] Zander R，Roland G，Delbouille L. Column Abundance and the Long-Term Trend of Hydrogen Chloride（HCl）above the Jungfraujoch Station. Journal of Atmospheric Chemistry，1987，5（4）：395-404.

[12] Beer R. Remote Sensing by Fourier Transform Spectrometry. New York：John Wiley，

1992：1-144.

[13] Notholt J，Neuber R，Schrems O，et al. Stratospheric Trace Gas Concentrations in the Arctic Polar Night Derived by FTIR-spectroscopy with the Moon as IR Light Source. Geophysical Research Letters，1993，20（19）：2059-2062.

[14] Hilton M，Lettington A H，Mills I M. Passive Remote Detection of Atmospheric Pollutants using Fourier Transform Infrared（FTIR）Spectroscopy. SPIE Proc，1993，2089：314-315.

[15] Schäfer K，Haus R，Heland J，et al. Measurements of atmospheric trace gases by emission and absorption spectroscopy with FTIR. Berichte der Bunsen-Gesellschaft，1995，99（3）：405-411.

[16] Spänkuch D，Döhler W，Güldner J，et al. Ground-based passive atmospheric remote sounding by FTIR emission spectroscopy：First results with EISAR. Contributions to Atmospheric Physics，1996，69（1）：97-111.

[17] Flanigan D F. Detection of Organic Vapors with Active and Passive Sensors：A Comparison. Applied Optics，1986，25（23），4253-4260.

[18] Beil A，Daum R，Harig R，Matz G. Remote Sensing of Atmospheric Pollution by Passive FTIR Spectrometry. SPIE Proc，1998，3493：32-43.

[19] Liu X，Murcray F J，Murcray D G. Comparison of HF and HCl Vertical Profiles from Ground Based High-Resolution Infrared Solar Spectra with Halogen Occultation Experiment Observations. Journal of Geophysical Research，1996，101（D6）：10175-10181.

[20] Rinsland C P，Jones N B，Connor B J，et al. Northern and Southern Hemisphere Ground-based Infrared Spectroscopic Measurements of Tropospheric Carbon Monoxide and Ethane. Journal of Geophysical Research，1998，103（D21）：28197-28217.

[21] Griffith D W T，Jones N B，Matthews W A. Interhemispheric Ratio and Annual Cycle of Carbonyl Sulfide（OCS）Total Column from Ground-based Solar FTIR Spectra. Journal of Geophysical Research，1998，103（D7）：8447-8454.

[22] Galle B，Mellqvist J，Arlander D W，et al. Ground Based FTIR Measurements of Stratospheric Species from Harestua，Norway During SESAME and Comparison with Models. Journal of Atmospheric Chemistry，1999，32（1）：147-164.

[23] Mahieu E，Zander R，Delbouille L，et al. Observed Trends in Total Vertical Column Abundances of Atmospheric Gases from IR Solar Spectra Recorded at the Jungfraujoch. Journal of Atmospheric Chemistry，1997，28（1-3）：227-243.

[24] Murcray F J，Kosters J J，Blatherwick R D，et al. High Resolution Solar Spectrometer System for Measuring Atmospheric Constituents. Applied Optics，1990，29（10）：1520-1525.

[25] Sussmann R，Schaefer K. Infrared Spectroscopy of Tropospheric Trace Gases：Combined Analysis of Horizontal and Vertical Column Abundances. Applied Optics，1997，

36（3）：735-741.

［26］ Oppenheimer C，Bani P，Calkins J A，et al. Rapid FTIR Sensing of Volcanic Gases Released by Strombolian Explosions at Yasur Volcano，Vanuatu. Applied Physics B：Lasers and Optics，2006，85（2-3）：453-460.

［27］ Herget W F. Remote and Cross-stack Measurement of Stack Gas Concentrations Using a Mobile FTIR System. Applied Optics，1982，21（4）：635-641.

第2章 区域空气污染测量的光学遥感设备和应用

2.1 差分吸收光谱仪

20世纪70年代末，Noxon和Platt等首先提出了差分吸收光谱（DOAS）方法，该方法主要用于在紫外可见波段存在吸收的气体分子的解析，这些分子主要包括SO_2、NO_2、O_3、HCHO、CHOCHO、HONO、CS_2、NO、NH_3、ClO、IO以及多数的芳香烃（李昂，2007；Platt and Stutz，2008）。之后，DOAS技术逐渐在环境监测、大气遥感、大气化学反应机理研究等方面扮演起越来越重要的角色。该技术的快速发展和广泛应用是因为其具有多组分、非接触、大范围、可探测未知物质等优点。

根据DOAS系统采用光源的不同，可以分为主动DOAS系统和被动DOAS系统两大类。采用人造光源（如氙灯、氘灯和近来发展的LED光源等）作为光源的为主动DOAS系统，以自然光（太阳光、月光、星光等）作为光源的则为被动DOAS系统。相继发展的主动DOAS技术有长程DOAS技术、腔增强DOAS技术等。此外，将主动DOAS仪器搭载到不同的测量平台或者巧妙设计光传输路径，痕量气体的垂直分布和水平分布特征能被成功地解析出来。但在一般的实际应用中，主动DOAS技术主要用于监测近地面痕量气体，或者通过设计吸收腔，使其用于研究腔内大气化学反应机理；被动DOAS技术主要用来测量对流层和平流层大气中的痕量气体、研究污染物排放通量、研究大尺度（如平流层或全球范围）污染物浓度变化。

与主动DOAS相同，被动DOAS技术的核心也是差分吸收光谱技术，就其本质来说是通过测量吸收光谱来分析大气中的气体，如果从这个意义上讲，该技术已有将近200年的历史。1879年，巴黎生态综合技术研究所的Marie Alfred Cornu提出观测到的太阳光谱在紫外波段的衰减是由大气中某种气体的吸收所致。1925年，Gordon M. B. Dobson研发了一种量化臭氧大气垂直柱浓度的分光光度计。利用Dobson分光光度计原理，1973年Brewer等使用一种相似的手段从地面测量了大气NO_2柱浓度。1975年Noxon提出了测量大气弱吸收体中的两个主要步骤：第一，测量在大气吸收出现的光谱区域中连续间隔上的太阳光谱的光强；第二，通过把一条测量谱（日出或者日落）除以另一条中午测量的光谱，去除太阳夫琅和费线的强结构。据此研究了对流层和平流层中的NO_2。Noxon的研究即是差分吸收光谱技术和被动差分吸收光谱技术的雏形。

被动DOAS技术常采用太阳光作为光源，根据太阳光的测量主要有3种方式，即直射太阳光测量、被大气中分子和粒子散射后的散射太阳光测量以及经地面或者建筑物反射的太阳光测量。直射太阳光测量拥有主动DOAS的优点，可以直接利用朗伯-比尔定律。然而，由于光信号（垂直）穿过了整个大气层，不可能将吸收信号直接转换为气体浓度。实际测量的直接结果为斜柱浓度，即气体沿整个光路径的积分浓度。必须要借助于几何和辐射传输计算才能将测量结果转换为垂直积分柱浓度（vertical column density，VCD）。VCD测量最典型的例子为臭氧整层柱浓度测量（以Dobson为计量单位）。除了地基直射太阳光DOAS，近年来随着空基DOAS仪器的发射成功，星载DOAS仪器也开展了掩星测量，如大气制图扫描成像吸收光谱仪（SCIAMACHY）（Meyer，2005）。

相比而言，散射太阳光测量是被动DOAS应用中最常用的测量方式，其测量几何更为多变，可反演更多信息。天顶散射光测量是最早的被动DOAS应用，为人类对平流层化学特性的认知做出了重要贡献。近年来刚发展的被动散射光DOAS能采用多个方位角和仰角的扫描测量（即Muti-axis DOAS，多轴DOAS）。多轴DOAS通过较小仰角的观测，使接收到的光线在对流层底层的传输路径被拉长了，这样可以提高对流层底层大气的探测灵敏度。而且，通过多个观测角测量，还可以推导出气体和气溶胶的垂直和水平分布特征。此外，多轴DOAS还能应用于机载平台，实现飞机飞行高度上方和下方的浓度测量，并推导出垂直浓度廓线（徐晋，2011）。多轴DOAS还被进一步发展为成像DOAS技术（imaging DOAS），这种技术通过大量观测角的同时测量实现污染源烟羽的成像（司福祺等，2008，2009）。

过去十年里，星载DOAS技术取得了广泛应用，它们利用地面和大气的后向散射光进行痕量气体反演，通常能实现天底和临边观测两种几何观测模式。天底观测时，DOAS系统的视场向下正对地球表面。美国国家航空航天局（NASA）的 EOS Aura 卫星上搭载的臭氧监测仪（ozone monitoring instrument，OMI），欧洲太空总署（ESA）开发的搭载到 ERS-2 卫星上的全球臭氧监测实验（global ozone monitoring experiment，GOME）以及随后发射的 METOP-A 上搭载的 GOME-2 和 Envisat 上搭载的 SCIAMACHY 均采用了天底观测方式。另外，SCIAMACHY 仪器除了天底测量之外，还能实现临边测量。通过临边测量，SCIAMACHY 能够以高分辨率反演痕量气体的垂直廓线。

总的来看，被动 DOAS 的优势在于实验装置结构相对简单。例如，散射光测量只需要一个小的望远镜即可。此外，被动 DOAS 不需要人工光源。然而，被动 DOAS 应用中必须要克服很多额外的挑战。因为太阳光通常具有很强的光谱结构，浓度反演时这些结构都需要仔细考虑。为了探测很弱的痕量气体吸收，必须要精确地考虑强 Fraunhofer 吸收带的影响。被动 DOAS 应用中最大的挑战在于将观测到的斜柱浓度转换为垂直柱浓度或垂直廓线。特别是散射光测量的情况，这时光的传输路径依赖于很多因素。因此，测量结果的解释必须借助于大气辐射传输模型。

2.1.1 差分光学吸收光谱原理

差分吸收光谱技术是利用物质的电磁辐射吸收，数值上辐射吸收遵从 Lambert-Beer 定律：

$$I(\lambda)=I_0(\lambda)\exp[-S\sigma(\lambda)] \tag{2-1}$$

$$S=\int_0^L c(s)\mathrm{d}s=\bar{c}L \tag{2-2}$$

式中 $\sigma(\lambda)$——在波长 λ 处的吸收截面，其是物质的特征属性，可以通过实验室测量；

$I_0(\lambda)$——辐射源初始强度；

$I(\lambda)$——通过柱密度为 S 的痕量气体吸收后的光强；

$c(s)$——待测物种的浓度（或数密度），沿光路是可变的；

$\bar{c}$——平均浓度；

L——光路的长度，对于主动测量光路长度通常很容易获得，但是被动测量要利用辐射传输计算光路长度。

若上述各量是已知的，根据式(2-1) 和式(2-2) 结合测量的 $I(\lambda)$ 值可以计算物质沿光路的平均浓度和柱密度。

差分吸收光谱（DOAS）技术则是通过分析不同分子对光辐射的“指纹”吸收实现定性和定量测量，因此其他的作用过程被认为是扰动，需要去除。米散射和瑞利散射都是随波长做慢变化的，对光强的削弱影响较大；荧光（二次发光$\lambda'>\lambda$）和拉曼散射（产生的反斯托克斯线和斯托克斯线分别为$\lambda'=\lambda\pm\lambda v$）取决于分子能级的内部结构，对光强的减弱影响很小。因此，式(2-1)可以描述为：

$$I(\lambda)=I_0(\lambda)\exp\left\{-\left[\sum_i \sigma_i(\lambda)c_i L+\varepsilon_R(\lambda)+\varepsilon_M(\lambda)\right]\right\} \tag{2-3}$$

式中 $I_0(\lambda)$——发射光强；

$I(\lambda)$——经过大气吸收后的接收光强；

$\sigma_i(\lambda)$——第 i 种气体分子的吸收截面；

L——光程；

c_i——第 i 种气体分子在光程上的平均浓度；

$\varepsilon_R(\lambda)$和$\varepsilon_M(\lambda)$——烟尘、水汽分子的瑞利散射和米散射的消光系数。

DOAS技术用来测量大气的吸收光谱，与实验室中的测量相比，大气测量不可能掌握观测气体的绝对吸收，因为不能够移去大气来获得光强信息。DOAS技术的基本原理是通过将吸收截面分为两部分来解决这个问题的。

$$\sigma_i(\lambda)=\sigma_{i,b}(\lambda)+\sigma_i'(\lambda) \tag{2-4}$$

式中 $\sigma_{i,b}(\lambda)$——随波长λ慢变化的部分；

$\sigma_i'(\lambda)$——随波长λ快变化的部分。

图2-1是吸收光谱分为宽带和窄带部分的示意。

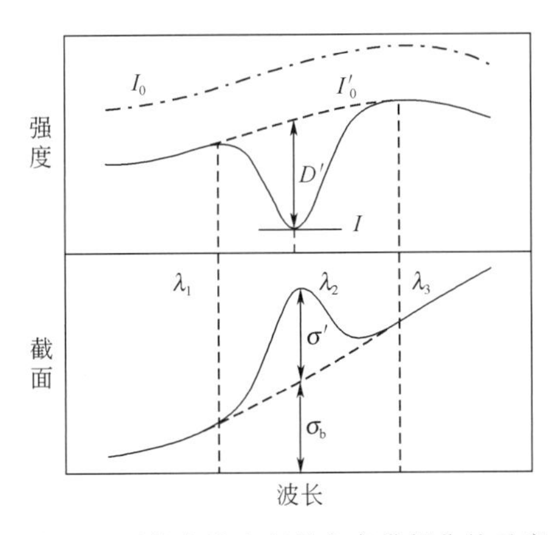

图2-1 吸收光谱中宽带和窄带部分的示意

截面分为两部分后，式(2-3)可以表示为：

$$I(\lambda)=I_0(\lambda)\exp\{-L\sum[\sigma'_i(\lambda)c_i]\}\exp\Big\{-L\{\sum[\sigma_{i,b}(\lambda)c_i]+$$

$$\varepsilon_R(\lambda)+\varepsilon_M(\lambda)\}\Big\}A(\lambda) \tag{2-5}$$

式(2-5)中第一个指数函数描述了痕量气体的差分吸收，第二项是大气中痕量气体慢变化吸收以及瑞利散射和米散射的影响，衰减因子$A(\lambda)$描述了光学传输随波长的慢变化。我们定义变量$I'_0(\lambda)$表示不含差分吸收的光强，也就是慢变化部分：

$$I_0'(\lambda)=I_0(\lambda)\exp\left\{-L\{\sum[\sigma_{i,\mathrm{b}}(\lambda)c_i]+\varepsilon_R(\lambda)+\varepsilon_M(\lambda)\}\right\}A(\lambda) \quad (2\text{-}6)$$

则等式(2-6) 变为：

$$I(\lambda)=I_0'(\lambda)\exp\{-L\sum[\sigma'_i(\lambda)c_i]\} \quad (2\text{-}7)$$

$I(\lambda)$只包含了窄带吸收结构，I_0'的光强被插值到某一种类足够窄的吸收线中。$\sigma(\lambda)$通常在实验室进行测量（或从文献中获得），然后经过数值滤波得到差分吸收截面$\sigma'(\lambda)$。根据等式(2-7) 得到差分光学密度D'：

$$D'=\lg[I'_0(\lambda)/I(\lambda)]=L\sum[\sigma'_i(\lambda)c_i] \quad (2\text{-}8)$$

已知L，从D和$\sigma(\lambda)$中推导出D'和$\sigma'(\lambda)$，就可以计算出某种分子的浓度。

图 2-2 所示的是 GOME 测得的到达地球大气上部的太阳光谱以及 5800K 普朗克函数曲线。

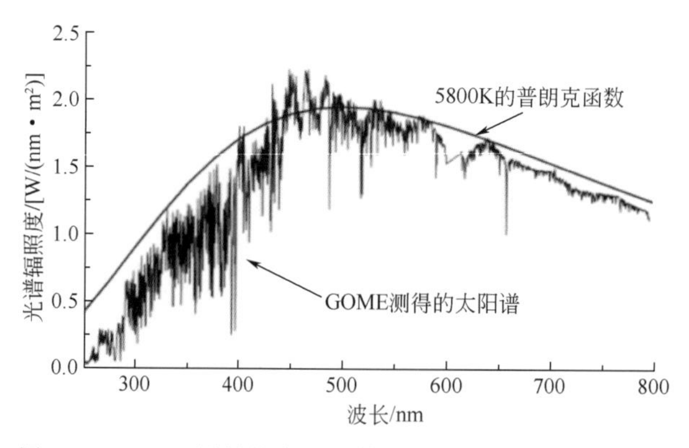

图 2-2　GOME 测得的太阳光谱和 5800K 普朗克函数曲线

图 2-2 中很强的随波长快变化的吸收线就是夫琅和费（Fraunhofer）线，首先被 Josef Fraunhofer 发现。相比地球大气绝大多数吸收体的吸收，太阳夫琅和费线非常强。在紫外和可见光谱波段（300～600nm），夫琅和费线是太阳散射光谱中的主体结构。夫琅和费线的强度和形状虽然随着太阳黑子密度和太阳周期变化，但是相对稳定。

被动 DOAS 仪器测得的 5°和 90°仰角光谱如图 2-3 所示。

从图 2-3 可见被动 DOAS 测量得到的光谱中 Fraunhofer 结构占了主要部分。为了计算地球大气中较弱的痕量气体吸收结构（光学密度 10^{-3}，较夫琅和费线小 30%），在 DOAS 分析过程中夫琅和费线必须仔细地去除。在本节涉及的被动 DOAS 计算中，取做参考的测量光谱作为图 2-1 中的 I_0，这条光谱往往称作夫琅和费参考谱（Fraunhofer reference spectrum，FRS）。但是由于无论怎么选取，这条 FRS 光谱中仍然包含了痕量气体的吸收，所以以其为参考计算得到的结果为差分斜柱浓度（differential slant column densi-

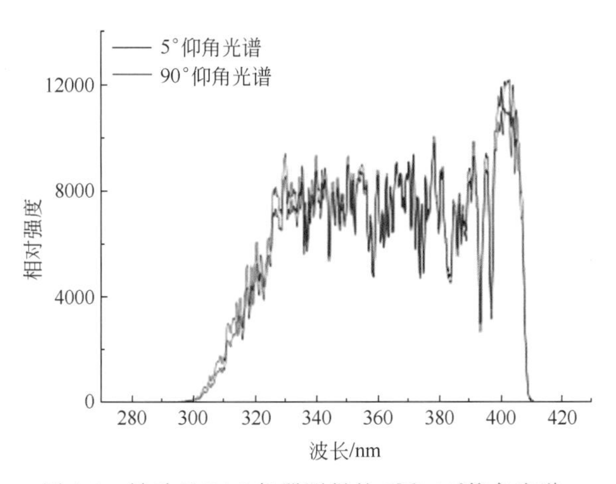

图 2-3 被动 DOAS 仪器测得的 5°和 90°仰角光谱

ty，DSCD)，DSCD 表示了光谱 I 的斜柱浓度和夫琅和费参考光谱（FRS）I_0 中的斜柱浓度的差。在本书介绍的各种具体被动 DOAS 应用中，随着 FRS 光谱的获取方法不同，所获得的 DSCD 也有不同的物理意义，对其进一步的处理也各有不同。但是总的来看，FRS 光谱的作用往往有两个：一是在光谱的 DOAS 反演中去除强烈的 Fraunhofer 结构；二是通过测量谱和参考谱的差分，去除所关心的目标气体吸收以外的部分，例如在多轴 DOAS 测量中，通过 FRS 光谱去除测量谱中平流层痕量气体的吸收。此外值得一提的是，Grainger 和 Ring（1961）发现观测的天顶散射光的太阳夫琅和费谱线的强度依赖于光在大气中的路径。在较大太阳天顶角（SZA）下测得的夫琅和费线要比在较小 SZA 下测得的弱，该现象就是所谓的 Ring 效应。人们对 Ring 效应进行了很多的研究，空气分子的转动拉曼散射现在被认为是 Ring 效应产生最有可能的原因。虽然 Ring 效应导致的光学密度变化仅有百分之几，但这也明显地影响了 DOAS 散射光的解析，因此需要对其校正。在散射光谱计算时，一条 Ring 光谱被作为一种吸收结构包含在了拟合过程中（Wagner et al，2009a）。根据 DOAS 算法，对测量光谱取对数，这条光谱通常叫作 Ring 光谱。在计算时通常把 Ring 光谱包含在拟合过程中来校正 Ring 效应。Fish 和 Jones（1995）从大气 O_2 和 N_2 的已知转动态能量，能够计算出来转动拉曼散射的截面，再计算拉曼散射和瑞利散射截面的比值得到 Ring 的吸收截面。利用该吸收截面，可基于实验中测量得到的 FRS 光谱计算出转动拉曼光谱，然后将测量的 FRS 光谱除以这条转动拉曼光谱，从而获得 Ring 光谱，即 Ring 光谱通过式(2-7）计算出来。本节数据分析中的 Ring 光谱就是采用了这种方法基于 DOASIS（Kraus，2006）软件处理获得的。

2.1.2 差分光学吸收光谱系统

2.1.2.1 长程式 DOAS

图 2-4 是一台典型的长程 DOAS 仪器的结构框图。基本可以分成以下 3 个部分：

① 光源与接收和发射望远镜；

② 光谱仪与光电检测装置；

③ 电气控制与信号处理系统。

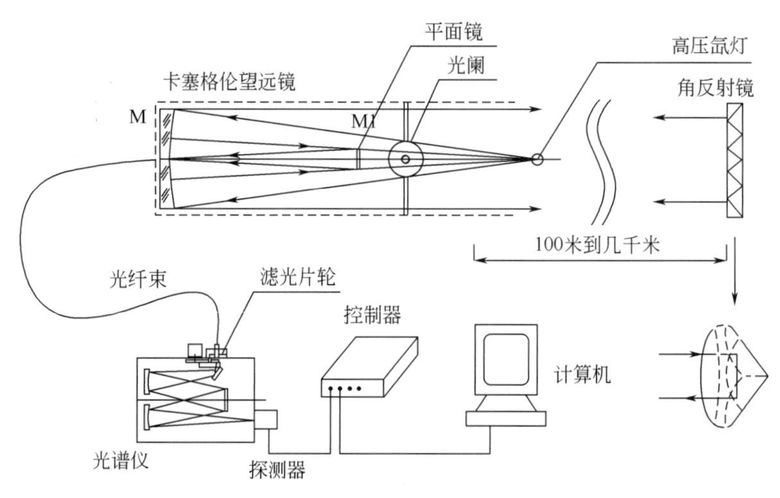

图 2-4　一台典型的长程 DOAS 仪器的结构框图

望远镜系统采用收发一体的卡塞格伦（Cassegrain）望远系统。光源被设计在望远镜内部，使整个系统结构紧凑、小巧。高压氙灯发出的光经望远镜中的主镜 M 准直为平行光射向远处的角反射镜，从角反射镜反射回的光被主镜 M 汇聚，经次镜 M1 再次反射，最后聚集在光纤束的入射端面。光通过光纤耦合到光谱仪的入射狭缝，经光谱仪分光后照射到探测器光敏面上。探测器将接收到的光强按波长分布转化为电信号，这些电信号经过控制器中的 A/D 模数转化后输出给控制模块，控制模块不但能提供探测器所需的时序信号，还能及时接收和处理探测器输出的光谱数据。处理后的数据输入计算机，以光谱曲线的形式显示出来，并计算出相应的浓度。

2.1.2.2 被动 DOAS 系统

使用天空散射光作为光源的多轴 DOAS 技术，引入了多个离轴角度，增加了低层大气中的吸收光路，再结合了辐射传输模型后它能够获得对流层痕量气体的垂直柱浓度以及掌握垂直分布信息，它的出现为 DOAS 技术未来的应用开辟了广阔的领域，可以看作是 DOAS 发展中的里程碑。

图 2-5 示例了观测对流层痕量气体的地基多轴 DOAS 装置。地基多轴 DOAS 仪器通过改变望远镜指向（即仰角 α）可以接收来自不同方向的光线，这样就可以导出吸收体的空间分布信息。对于最简单的天顶散射光观测，望远镜接收到的光子相对于在对流层中那段很短的光程来说已经在平流层穿过了相当长的光程。而此处使用的较低仰角的望远镜（$\alpha=5°$，$10°$，$20°$）极大地增加了低层大气中的吸收路程，使边界层中吸收体的灵敏度得到了很大的增强。对于这里用到的各个仰角望远镜，它们接收到的绝大多数光线是在近地面痕量气体层之上散射进入望远镜的。因此有效的吸收路径可以近似看作是 $\overline{OA_i}$（$i=1$，2，3，4），按照简单的几何关系 $\overline{OA}$ 的长度随望远镜仰角 α 减小而呈 $1/\sin\alpha$ 增加，也就是和仰角成反比。

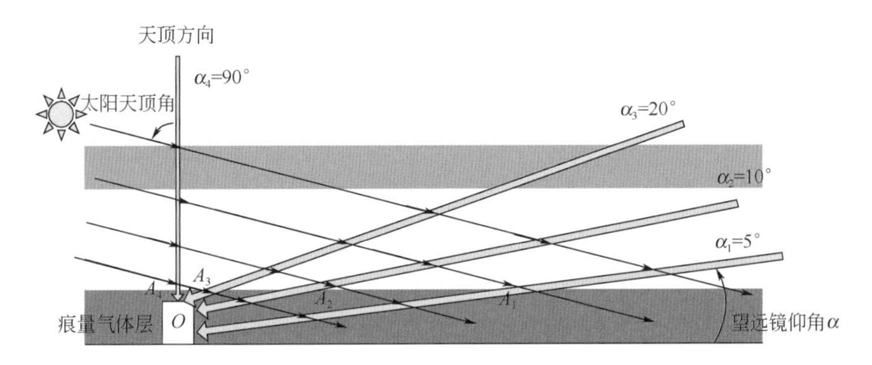

图 2-5 用于研究对流层痕量气体的地基多轴 DOAS 装置示意

在前面介绍的 DOAS 分析过程，得到了斜柱浓度（slant column density，SCD）S，表示痕量气体沿光程的积分浓度：

$$S=\int c(s)\mathrm{d}s \tag{2-9}$$

这里值得注意的是对于 SCD 的测量，探测器接收的各个单独光子在散射进入 DOAS 望远镜前经过了不同的路径，因此仅能说明由探测器接收到的全部光子的最可能的路径。因为 SCD 依赖于仪器的观测方式和当时的各种气象条件，通常需要转换到与观测方式无关的垂直柱浓度（vertical column density，VCD）V，垂直柱浓度则表示了痕量气体浓度 $c(z)$ 沿垂直路径通过大气的积分浓度。

$$V=\int c(z)\mathrm{d}z \tag{2-10}$$

式中 $\mathrm{d}z$——$\mathrm{d}s$ 的垂直分量。

V 仅依赖于痕量气体浓度 c 随高度 z 的分布，而不依赖于观测方式和光在到达仪器前在大气中通过的路径。大气质量因子的概念多年来已经用来解释天顶散射光 DOAS 观测，定义大气质量因子（air mass factor，AMF）A 为斜柱浓

度 S 和垂直柱浓度 V 的比值：

$$A(\lambda,\theta,\alpha,\phi)=\frac{S(\lambda,\theta,\alpha,\phi)}{V} \tag{2-11}$$

式中 θ——太阳天顶角（solar zenith angle，SZA）；

α——望远镜仰角；

ϕ——太阳方位和望远镜指向之间的相对方位角。

AMF 依赖于大气中的辐射传输，因此 AMF 受痕量气体廓线、压力、温度、臭氧和气溶胶廓线，以及云、表面反照率等这些因素共同影响。在最简单的几何近似下 AMF 能用公式 $A\approx 1/\cos\theta$（对于散射在痕量气体层下）或者$A\approx 1/\sin\alpha$（对散射在痕量气体层上）描述，但这忽略了多次散射等各种重要因素。为了精确计算 AMF，特别像米散射、地表反照率、痕量气体廓线等这样的因素的影响只有通过辐射传输计算来量化。

以车载被动 DOAS 系统为例，车载被动 DOAS 实验装置由单透镜望远镜、小型紫外 CCD（电荷耦合器件）光谱仪、GPS（全球定位系统）接收机、计算机四个主要部分组成。与固定测量不同，车载装置配备了 GPS 接收机，通过 RS232 串口实现与计算机的通信，提供精确的地理位置信息、车速和航向。同时系统采用 12V 蓄电池供电，保证可以不间断测量。工作过程描述如下：望远镜固定在汽车顶部支架上垂直指向天空接收天顶方向散射的太阳光，汽车在选定的污染源附近按照一定方式沿着公路行驶，和天顶散射光 DOAS 工作过程一样通过软件采集光谱信号并用计算机进行光谱解析，同时采集软件也从 GPS 接收机的报文中记录下了采集当前光谱时对应的经纬度、车速和航向信息。同时软件中柱浓度反演部分根据事先设定好的 FRS 参考光谱、痕量气体吸收界面和反演波段等计算对应痕量气体（如 SO_2）的垂直柱浓度，在完成一次测量后将风速、风向等参数代入软件中的排放通量计算部分，即可获取该污染源当前某种污染气体的排放通量。

2.1.3 差分吸收光谱技术的应用

2.1.3.1 空气常规污染物监测

DOAS 在监测空气污染方面的应用主要是监测二氧化硫、二氧化氮、臭氧和甲醛等分子。图 2-6 给出了这些分子在 280～485nm 波段范围内的吸收谱。在 200～230nm 波段，NO 和 NH_3 有特征吸收，SO_2 有较强的 $X\rightarrow C^1B_2$ 跃迁，但是由于短波段的瑞利散射及 O_2、O_3 有强烈的吸收，所用的光程长度限于在数百米之内。

表 2-1 是国家颁布的空气质量标准来划分的测量结果。

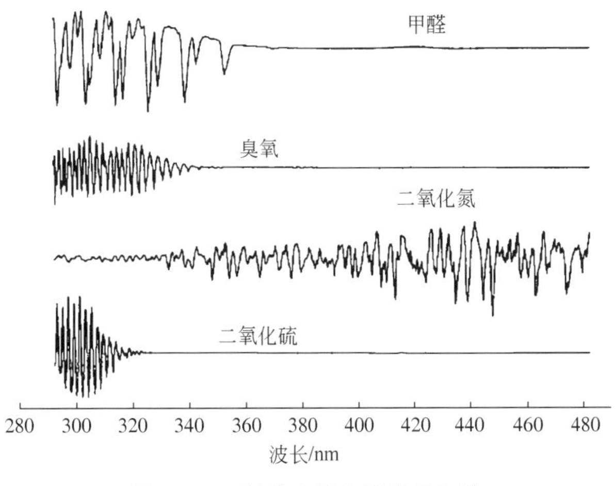

图 2-6　二氧化硫等分子的吸收谱

表 2-1　测量结果

单位：%

气体种类	二氧化氮	二氧化硫	臭氧
一级标准	94.1	58.9	99.78
二级标准	3.99	32.26	0.13
三级标准	1.91	8.84	0.09

2.1.3.2　烟道污染源监测

现在空气中很多主要污染物是由煤燃烧产生的，因此研究一种可靠实时的烟气污染浓度探测技术是十分重要的。由于烟道内环境恶劣，不仅有高温、高湿、高尘和高浓度的各种气体，而且还伴随着各种不同的化学反应，实时在线检测技术难度很大，使得 DOAS 技术的直接应用几乎是不可能的，在实际测量中为了减少响应时间和提高探测气体的最大和最小极限，遇到了很多困难。烟道气体的温度很高，一般为 20～1000℃，对同样浓度的气体，高温将引起吸收截面的变化，使得光谱拟合后产生误差。另外，受烟气测量光路长度的限制，通过固定长度光程的光被高浓度气体深度吸收，这将偏离朗伯-比尔定律。

DOAS 技术今天被广泛应用于大气测量中，例如长时间测量大气中痕量气体的浓度和用于城市空气中主要污染物环境监测。但是与大气监测不同，在烟气中被测气体浓度往往是很高的，例如某电厂烟道中 SO_2 平均浓度为 $600mg/m^3$，NO 的平均浓度为 $300mg/m^3$。此外，当探测光穿过烟气采样槽时，光的测量距离由烟气采样槽的长度决定，使得测定的光学密度大大高于大气中的光学密度。分子吸收背离朗伯-比尔定律产生非线性。

2.2 激光雷达

激光雷达（light detection and ranging，LIDAR）是以激光为光源，通过探测激光与大气相互作用的辐射信号来遥感大气。光波与大气的相互作用，会产生包含气体原子、分子、大气气溶胶粒子和云等有关信息的辐射信号，利用相应的反演方法就可以从中得到关于气体原子、分子、大气气溶胶粒子和云等大气成分的信息。因此，激光雷达技术的基础是光辐射与大气成分之间相互作用所产生的各种物理过程。

图2-7所示电磁波频谱中，激光雷达所用的频谱范围从红外、可见光到紫外波段。

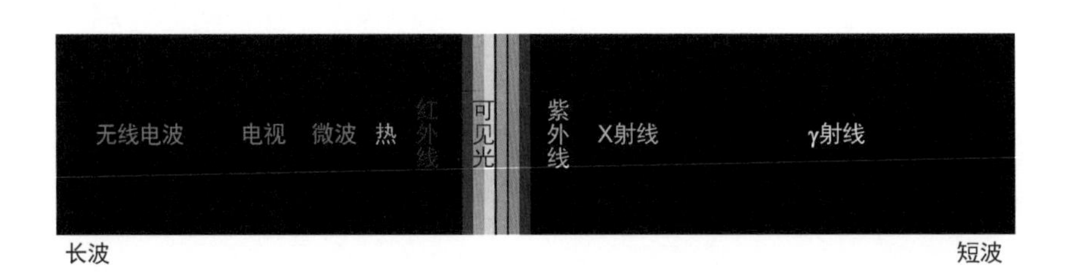

图2-7 电磁波频谱

激光在大气介质中传输时，会产生分子和小尺度大气气溶胶粒子的瑞利（Rayleigh）散射、大尺度大气气溶胶粒子的米（Mie）散射、非球形粒子的退偏振（depolarization）散射、散射频率发生变化的拉曼（Raman）散射以及散射强度比分子瑞利散射大好几个数量级的共振荧光（resonance fluorescence）散射等多种散射过程。此外，大气分子具有波长范围从红外到紫外，十分丰富的电子光谱吸收带和分子振动、转动光谱吸收带。波长恰与大气中某些分子吸收谱线重合的激光在大气中传输时将受到分子的强烈吸收。由于遥感的目标不一样，导致要测量的辐射信号也不一样，这样就产生了各种不同种类的激光雷达。

2.2.1 激光雷达原理

若发射激光波长为λ_0，单脉冲能量为E_0，脉宽为τ，则距离发射系统Z处的大气介质所受的照度$E(\lambda_0,Z)$为：

$$E(\lambda_0,Z)=\frac{E_0}{\tau S(Z)}\exp\left[-\int_0^Z \sigma(\lambda_0,Z)\mathrm{d}Z\right] \tag{2-12}$$

式中 E_0/τ——激光发射功率；

$S(Z)$——Z 处激光光束的截面积；

$\sigma(\lambda_0,Z)$——Z 处的大气消光系数。

若所照射的大气介质与激光雷达接收光学系统之间的距离为 Z_1，所接收的散射体的散射截面为 $\beta(Z_1, Z, \theta, \lambda_0, \lambda_Z)$，则激光雷达所接收的散射辐射强度为 $I(Z_1, Z, \theta, \lambda_0, \lambda_Z)$

$$I(Z_1,Z,\theta,\lambda_0,\lambda_Z)=E(\lambda_0,Z)\beta(Z_1,Z,\theta,\lambda_0,\lambda_Z)V(Z_1,Z) \tag{2-13}$$

式中 $V(Z_1, Z)$——接收视场包含的被激光照射的散射介质的体积。

若接收光学系统的面积为 A，则接收回波功率为：

$$P_Z(Z_1,Z,\theta,\lambda_0,\lambda_Z)=E(\lambda_0,Z)\beta(Z_1,Z,\theta,\lambda_0,\lambda_Z)V(Z_1,Z)\times T\frac{A}{Z_1^2}\exp\left[-\int_0^{Z_1}\sigma(\lambda_0,Z)\mathrm{d}Z\right] \tag{2-14}$$

式中 T——接收光学系统的光学效率；

$\sigma(\lambda_0, Z)$——接收回路 Z 处的大气消光系数。

式(2-14) 可化为激光雷达方程的一般形式：

$$P_Z(Z_1,Z,\theta,\lambda_0,\lambda_Z)=\frac{ATE_0V(Z_1,Z)}{\tau S(Z)Z_1^2}\beta(Z_1,Z,\theta,\lambda_0,\lambda_Z)\times \exp\left[-\int_0^{Z_1}\sigma(\lambda_0,Z)\mathrm{d}Z-\int_0^{Z_1}\sigma(\lambda_Z,Z)\mathrm{d}Z\right] \tag{2-15}$$

在一般激光雷达方程基础上，对于单端接收的 Mie 散射型激光雷达，$\lambda_0=\lambda_Z$，$\sigma(\lambda_0, Z)=\sigma(\lambda_Z, Z)$，$\beta(Z_1, Z, \theta, \lambda_0, \lambda_Z)=\beta(Z, \pi, \lambda_0)$，$V(Z_1, Z)=c\tau S(Z)/2$，$c$ 为光速，则米散射型激光雷达方程为：

$$P_Z(Z,\pi,\lambda_0)=\frac{C_A\beta(Z,\pi,\lambda_0)}{Z^2}\exp\left[-2\int_0^{Z}\sigma(\lambda_0,Z)\mathrm{d}Z\right] \tag{2-16}$$

式中 C_A——激光雷达系数常数（$=ATE_0c/2$）。

在一次散射的条件下，米散射型激光雷达方程可用下式表示：

$$\begin{aligned}X(Z)=P_ZZ^2&=C\beta(Z)\exp\left[-\int_0^{Z}2\sigma(Z)\mathrm{d}Z\right]\\&=C[\beta_a(Z)+\beta_m(Z)]\exp\left\{-2\int_0^{Z}[\sigma_a(Z)+\sigma_m(Z)]\mathrm{d}Z\right\}\end{aligned} \tag{2-17}$$

式中 P_Z——激光雷达接收探测距离 Z(km) 处的大气后向散射回波信号，W；

C——系统常数，$\mathrm{W \cdot km^3 \cdot sr}$；

$\beta(Z)$，$\sigma(Z)$——距离 Z 处大气总的后向散射系数（$\mathrm{km^{-1} \cdot sr^{-1}}$）和消光系数（$\mathrm{km^{-1}}$）；

$\beta_a(Z)$，$\sigma_a(Z)$——距离 Z 处大气气溶胶的后向散射系数（$\mathrm{km^{-1} \cdot sr^{-1}}$）和消光系数（$\mathrm{km^{-1}}$）；

$\beta_m(Z)$，$\sigma_m(Z)$——距离 Z 处空气分子的后向散射系数（$km^{-1}\cdot sr^{-1}$）和消光系数（km^{-1}）。

2.2.2 激光雷达系统

米散射激光雷达是应用最广，也是发展历史最久的一种激光雷达系统，主要利用气溶胶的后向米散射回波来探测气溶胶消光系数或后向散射系数的分布。这种激光雷达系统已被广泛应用到对流层和平流层气溶胶光学特性时空分布的测量中。这种弹性散射激光雷达还可用来测量烟雾和工业尘埃，为研究这些污染物的扩散规律提供了有效的实验手段。常用的激光波长为 Nd：YAG 的 2 倍频输出 532nm 绿光，探测范围可以从近地面至平流层 30km 高空，尤其是它能够在白天进行对流层中低层气溶胶的测量。此类激光雷达的缺点是回波方程中含有气溶胶后向散射系数和消光系数两个未知量，定量求解中必须预先假定这两个参数之间的关系。这种激光雷达技术发展比较早且比较成熟，系统结构简单，现在已向小型化和商品化发展，在大气环境及气溶胶相关的气候辐射等领域具有广泛用途。目前这类激光雷达正在向空间平台发展（机载及星载等），用于监测全球气溶胶和云的空间分布。散射激光雷达涉及激光、光学与机械、电子以及计算机控制等技术，一般由激光发射系统、光学接收系统和信号检测系统三部分组成，如图 2-8 所示。

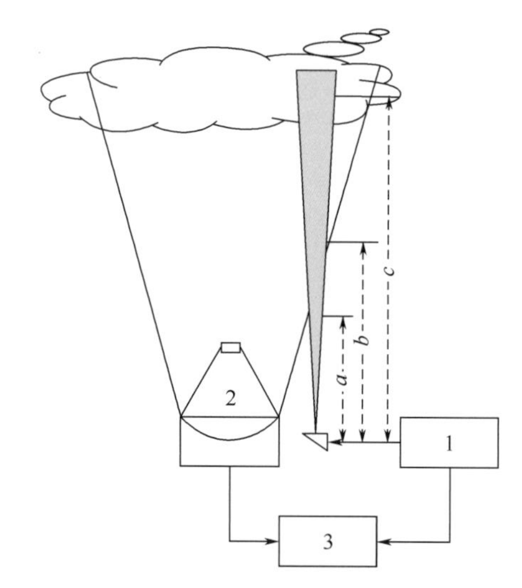

图 2-8 激光雷达系统结构原理

1—激光发射系统；2—光学接收系统；3—信号检测系统

2.2.2.1 激光发射系统

激光发射系统由脉冲激光器、光束准直器和光束发射器组成。脉冲激光器是决定激光雷达整体性能的关键单元之一，在米散射激光雷达中常使用固定波长的脉冲激光器。早期的米散射激光雷达多用红宝石或铷玻璃脉冲激光器，其发射波长分别为694.3nm、1064nm。这两种激光器虽然能够输出较大的单脉冲能量，但其脉冲重复频率难以提高。因此，20世纪80年代以来，这两种激光器很快被性能更为优越的Nd：YAG激光器所取代。

Nd：YAG脉冲激光器是一种固体激光器，其基波波长为1064nm。由于YAG激光器具有峰值功率高、光束性能好的特点，对其基波进行倍频和混频等非线性频率变换，能以很高的效率获得532nm的绿色可见光和355nm的紫外光。利用调Q技术，可将YAG激光器的脉冲宽度压缩到约10ns。目前，YAG激光器多用闪光灯激励，其单脉冲激光能量可达到或超过1J的水平，脉冲重复频率通常在10～100Hz范围。其缺点是体积、功耗较大，对于移动式激光雷达的Nd：YAG脉冲激光器则需要功率和体积均要小一些，且对结构的牢固性和工作的可靠性具有较高的要求。Nd：YAG脉冲激光器的最近发展是用半导体二极管激光代替传统的闪光灯作为激励源，使这类激光器变成所谓全固化激光器。和原来的闪光灯激励相比，半导体激光激励具有更高的转换效率、更高的脉冲重复频率、更小的体积和更高的可靠性，因此特别适用于各种小型化和移动式激光雷达。

发射激光束的高度准直性是激光雷达的主要特点之一，但目前大多数激光器输出光束的准直性并不能完全满足激光雷达的应用要求。例如，一光束直径约为10mm的激光束，如发射角为1mrad，则该光束在大气中传播100km后其光束直径将变为大约100m。激光雷达为了接收来自这100m直径范围大气的回波信号，其接收望远镜的视场必须调得比激光束的发散角更大。这样，激光雷达接收到的天空背景光的噪声将大大增加，从而降低了激光雷达的探测能力。因此，对大多数激光雷达的光束都需要采用光束准直器对其进行准直处理，以进一步提高发射激光束的准直度。

光束发射器的作用是将已经准直的激光束向所要求的方向发射。光束发射器主要由光学转折镜和相应的精密光学调节架组成。对光学转折镜的要求是能无畸变地折转能量密度很大的发射激光束。对于通常采用的90°转折来说，尺寸较大的光学玻璃或石英直角转折棱镜适合作转折镜；如需用平面反射镜，则要求其光学反射膜具有较高的强度。精密光学调节架的作用是准确地调节发射激光束的方向。调节架通常设有粗、微调机构，要求达到微弧度的角度调整精度。

2.2.2.2 光学接收系统

接收系统包括接收望远镜、窄带滤光器和光电探测器。

接收望远镜用于接收激光雷达回波信号，常用的是卡塞格伦望远镜和牛顿望远镜。其中牛顿式反射望远镜由球面镜和平面转折镜构成，而卡塞格伦式望远镜则由抛物面镜和双曲面镜构成。比较而言，牛顿式望远镜的结构和调整较为简单，而卡塞格伦式望远镜的结构和体积则要紧凑一些。不管哪种形式，作为激光雷达的接收望远镜，在其焦平面上均需设置一小孔光阑，以控制其接收视场。

激光雷达光学接收系统中窄带滤光器的作用是仅让工作波长的回波光顺利通过而尽量抑制其他各种波长的背景光或杂散光。激光雷达常用的窄带滤光器为干涉滤光片。干涉滤光片是在玻璃基片上交替镀一层不同种类和结构的光学薄膜做成的，能通过光的干涉作用形成良好的带通特性。干涉滤光片的主要指标为透射波长、透射率、透射带宽和带外抑制等。一般激光雷达的使用要求为：透射带宽 3～5nm，透射率 50%～70%，带外抑制 10^{-4}～10^{-5}。

干涉滤光片通常用于垂直入射的平行光束。用于倾斜入射会使透射波长向短波方向移动，用于非平行光束会造成波长紫移和带宽增加。因此，在激光雷达接收望远镜的焦平面后要加上一块准直透镜，将发散光束变为平行光束，再由干涉滤光片进行滤光。经过滤光片后的激光雷达回波信号光，由光电探测器进行光电转换，将光信号变为电信号。光电倍增管具有高增益、低噪声的优点，响应带宽从紫外到近红外光波段，目前仍是激光雷达主要采用的光电探测器。

2.2.2.3 信号检测系统

信号检测系统的作用是将经过光电转换后的电信号进行一系列的放大、采样和累加平均处理，使之成为一种反映回波信号强度随探测高度（距离）而变化的激光雷达回波，并用适当方式将其显示出来。激光雷达的信号检测系统通常由信号放大器、显示器、信号采样平均器和微机等组成。

信号放大器的作用是将来自光电探测器的微弱信号放大到一定的幅度，以适应信号采样平均器的工作要求，通常称为前置放大器。由于激光雷达的回波都是快速变化的信号，因此，用于激光雷达的前置放大器除要求具有一定的增益（10～100 倍）外，对其噪声特性有较高的要求。为了进一步降低激光雷达系统的引入噪声，要求将前置放大器尽量靠近光电探测器安装，尽量缩短两者之间的连接电缆。

显示器常用于按强度-时间的形式来实时显示激光雷达回波信号，可使用示波器来担任，直接显示来自前置放大器的激光雷达回波。由于从显示器上可清楚地看出激光雷达回波的特征和变化，因此对监视激光雷达的工作状态和指导激光雷达的整机调整都非常有效。

信号采样平均器用来对前置放大器输出的回波信号进行采样和记录，并对在一段时间内所获得的回波信号进行累加平均。激光雷达所用的采样平均器有两种：模拟采样平均器和光子计数采样平均器。

2.2.2.4 模拟采样平均器

在一些低空探测激光雷达中，由于探测高度不高，因此所获回波信号较强，表现为具有一定幅度的电压和电流随时间的变化，称为模拟信号。对这种信号的检测，可用较为简单的模拟采样平均器来进行。模拟采样平均器的主要部分为A/D转换器，将来自前置放大器的回波电信号经采样、量化处理后储存起来。在低空探测激光雷达中，通常采用采样频率为10MHz以上的A/D转换器，以保证激光雷达较高的低空探测分辨率。用于激光雷达的采样平均器还必须具有触发采样和信号累加功能。当激光器发射一个光脉冲时，信号采样平均器进行一次触发连续采样并记录结果。当发射下一个脉冲时，在进行本次触发采样的同时，将新采样结果与原有采样结果按采样点的顺序进行累加和平均。通过多次这样的触发采样和累加平均，最后得到激光雷达的原始回波数据。

2.2.2.5 光子计数器

在高空探测激光雷达或是某些回波机制效率很低的低空探测激光雷达中回波信号很弱，呈现出随时间离散分布的光脉冲信号，每个光脉冲信号对应于光信号中的一个光子。此时，信号的强弱由光脉冲信号在时间上分布的密集程度表示。对于这种在时间上离散的微弱光脉冲信号，有效的检测方法是光子计数。用于激光雷达的光子计数器是一种多通道式的光子计数器，其工作原理与模拟采样平均器类似，只是将模拟采样平均器中的采样量化变成了采样计数，因此也可称为光子计数采样平均器。在大多数激光雷达的信号检测系统中都配置了一台微机，它的主要作用为控制回波信号的检测、回波数据的自动采集、激光雷达的自动调整以及在工作空隙对回波数据进行反演处理。图2-9为2007年12月在合肥董铺岛利用上述米散射激光雷达结合Fernald算法的反演结果，发射激光波长532nm，空间精度30m。

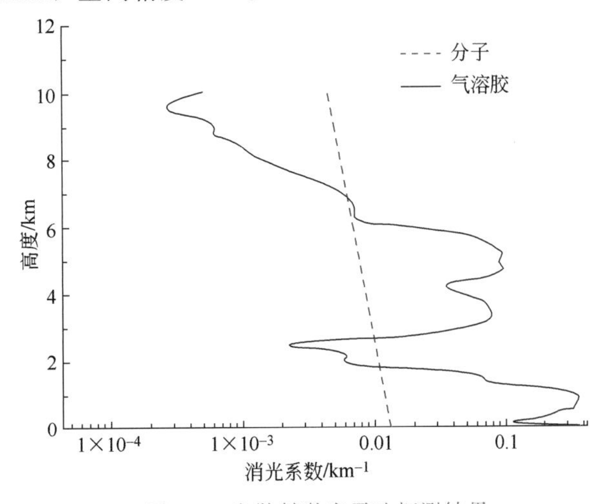

图2-9 米散射激光雷达探测结果

2.2.3 激光雷达应用

2.2.3.1 大气能见度探测

大气能见度在科学上并没有一个很严谨的定义，世界气象组织（WMO）于1971年对白天能见度的定义为：“气象上的白天能见度是指在天空或雾气背景条件下，近地面适当大小的黑色物体可以被看见或分辨的最远距离。”传统上，人眼观测是最早和最为简便的观测大气能见度的方法，但由于受观测者主观因素的影响而产生较大的观测误差。利用观测仪器对能见度进行测量的方法主要分为照相法、气溶胶采样法和光学参数测量法，现有能见度自动测量系统多采用透射式、前向散射式和CCD摄像法等方式，这些设备都需要合作目标，体积较大，成本较高，安装和携带不方便。虽然获取受气溶胶影响目标物的清晰度照片是测量能见度变化最简单和直接的方法，但由于很难从照片或图片中提取定量信息，所以增加了其实际应用的难度。气溶胶采样法是通过直接测量大气中气溶胶粒子的浓度来间接反演能见度数值，由于该方法中涉及不同种类和尺度气溶胶粒子的光学特性，光辐射与粒子间的作用类型以及采样过程中的烦琐步骤，使得其测量精度难以保证。因此对大气最基本的光学特征参数测量是最可靠的能见度测量方法。水平能见度的测量首先需要得到大气的水平消光系数，虽然计算水平消光系数的方法早已有之，但是由于不适于计算机处理而一直未能广泛应用，本节介绍一种迭代扩展算法，可以很好地解决水平消光系数的计算，进而实现水平能见度的自动提取。根据能见度理论，推导出一个垂直能见度的计算公式，运用此公式可以方便地计算垂直能见度。在给出相关算法之前，首先介绍一下能见度的基本概念。

上述直接应用于飞机着陆、船舶和公路运输的气象能见度是一种主观性定义，即指正常人的视力在白天无云的天空背景下，辨认出视角大于0.5°的黑色目标物的形体或轮廓的最大水平距离。相应的科学术语为视程，意指在给定方向能看到多远的距离。此定义和术语均与视神经的生理特征有关，表现为受视力分辨和对比两个因子影响，例如我们不能在过远距离阅读，尽管此时字与纸面的对比很高，此即受视力分辨的限制。我们可清晰地从夜空分辨亮星，因亮星与夜空之间的对比为极端值。而在白天，同样的星却不可见，因空气分子和气溶胶对太阳的散射光，使星与天空的对比减至零。在大多数场合，目标物与其周围之间缺乏明显的对比，限制了我们远视目标，主要原因是气溶胶质粒，尤其是0.1～1.0μm尺度产生的散射光，减小了目标与背景的视亮度对比。空气分子散射的效应很小，但它也限制了最大可视距离100～300km。从目标射来的光被散射，偏离可见路径，不能到达人眼。太阳光被散射进入可见路径，使黑暗目标变亮，随着距离的增加，对比减小到目标刚能分辨，此即视程。Koschmieder（1924）首先创建能见度理论，Middleton（1968）对它做了简洁概括。下面对它做一简要介绍。

目标的亮度 B 与背景亮度 B_0 之间存在一对比度 C，定义为：

$$C=\frac{B-B_0}{B},\ B>B_0$$
$$C=\frac{B_0-B}{B_0},\ B<B_0 \tag{2-18}$$

考虑位于水平距离 L 处的黑色目标，面积为 A，它在观测者眼睛处的立体角为 $\Delta\Omega=A/L^2$。假设大气是均匀不相干散射体介质，则从元量体积 $\Delta A\Delta L'$ 向观测者射出的散射通量为：

$$\Delta F=C_1\sigma_e\Delta A\Delta L' \tag{2-19}$$

C_1 为比例常数，σ_e 为大气消光系数。到达观测者眼睛上的照度为：

$$\Delta E=C_2\sigma_e AL^{-2}\exp(-\sigma_e L')\Delta L' \tag{2-20}$$

比例常数 C_2 已包括前一式的 C_1。目标在观测者眼睛的亮度为：

$$\Delta B=\frac{\Delta E}{\Delta\Omega}=C_2\sigma_e\exp(-\sigma_e L')\Delta L' \tag{2-21}$$

在视线范围 $0\sim L$ 内对大气介质进行积分，得黑色目标物的视亮度为：

$$B=C_2\int_0^L\sigma_e\exp(-\sigma_e L')\mathrm{d}L'=C_2[1-\exp(-\sigma_e L)] \tag{2-22}$$

为了确定 C_2，设想目标移至无限远处，则其亮度等效于背景天空的亮度 B_0，即当 $L\to\infty$时，$B_0=C_2$，故

$$B=B_0[1-\exp(-\sigma_e L)] \tag{2-23}$$

此即 Koschmieder 公式，可作为激光探测能见度的基础。把它代入式（2-18）得到：

$$C=\exp(-\sigma_e L) \tag{2-24}$$

正常人视力识别目标的对比度阈值，Koschmieder 取为 0.02（实际上并非常数，变化范围为 0.007～0.04，取决于目标物的视角），将此时对应的最大距离记为能见度 V_m，由此可得均匀不相干大气的能见度方程为：

$$V_m=\frac{3.912}{\sigma_e} \tag{2-25}$$

由此可见，严格按气象能见度定义观测获得的 V_m 仅与大气水平消光系数有关。

世界气象组织（WMO）规定的气象光学能见度（MOR）定义一色温为 2700K 的白炽灯，当其平行光束的光通量减小到原始值的 0.05 时，在大气中所通过的距离。即把人眼的对比度阈值取为 0.05，此时

$$\mathrm{MOR}=\frac{2.996}{\sigma_e} \tag{2-26}$$

作为近似，可用人眼最敏感的绿光（$\lambda=0.55\mu\mathrm{m}$）的消光系数代替，当用其他波长时应做相应的订正：

$$V_m=\frac{3.912}{\sigma_e}\left(\frac{\lambda}{0.55}\right)^q \tag{2-27}$$

q 为波长修正因子，视能见度不同而取不同数值

$$q=\begin{cases}0.585 & V_m<6\mathrm{km}\\ 1.3 & \text{中等能见度}\\ 1.6 & \text{能见度好}\end{cases} \tag{2-28}$$

（1）水平能见度

如果得到水平均匀大气的消光系数，即可计算水平能见度，而激光雷达是获得大气消光系数的有力工具。通常，大气在水平方向上是比较均匀的，因此水平方向上的米散射激光雷达方程可写为

$$P(R)=CR^{-2}\beta\exp(-2\sigma_H R) \tag{2-29}$$

式中 $P(R)$——激光雷达接收的大气后向散射光的回波功率，W；

C——激光雷达系统常数，$\mathrm{W\cdot km^3\cdot sr}$；

β——大气水平后向散射系数，$\mathrm{km^{-1}\cdot sr^{-1}}$；

σ_H——大气水平消光系数，$\mathrm{km^{-1}}$。

对式(2-29) 两边取对数并对距离 R 求导得出

$$\frac{\mathrm{d}\{\ln[P(R)R^2]\}}{\mathrm{d}R}=\frac{1}{\beta}\frac{\mathrm{d}\beta}{\mathrm{d}R}-2\sigma_H \tag{2-30}$$

由于已假定大气水平均匀，故$\frac{\mathrm{d}\beta}{\beta\mathrm{d}R}=0$。因此，对 $\ln[P(R)R^2]$ 和 R 进行最小二乘法线性拟合，拟合直线斜率的一半则是大气水平消光系数 σ_H，它包含来自大气中气溶胶粒子和空气分子的共同贡献。这就是确定大气水平消光系数 σ_H 的斜率法。

水平能见度 V_m：

$$V_m=\frac{3.912}{\sigma_H}\left(\frac{\lambda}{0.55}\right)^q \tag{2-31}$$

上述方法由于其简单明了已被广泛使用，但必须指出在推导时做了如下假定：

① 沿水平路径上大气消光系数是恒定的；

② 水平路径上每个体积元的光散射量与体积元体积、大气消光系数成正比，而且沿水平路径保持不变；

③ 观察目标物是绝对黑体，且以水平天空作为观察背景；

④ 人眼的对比度阈值为 0.02。

（2）垂直能见度

大气在水平方向可以假定是均一的，但在垂直方向却有显著变化。观察者从地面向上观察能看到的最大高度定义为垂直能见度。根据文献，距离 Z 处的垂直能见度与距离 Z 处的消光系数和对比度阈值 ε 有关，表达式为：

$$V(Z)=\frac{1}{\alpha(Z)}\ln\frac{1}{\varepsilon} \tag{2-32}$$

在距离 Z_1 和 Z_2 处的两个点之间的平均能见度由下式给出：

$$\overline{V}=\frac{Z_2-Z_1}{\int_{Z_1}^{Z_2}\alpha(Z)\mathrm{d}Z}\ln\frac{1}{\varepsilon} \tag{2-33}$$

很显然，式(2-32）定义了一个点的大气属性，而式(2-33）则定义了一个平均的大气属性。

2.2.3.2 大气边界层的探测

对流层从地面向上一直可以延伸到平均高度 11km，但通常只有最低处几公里才直接受下垫面影响。大气边界层就是直接受地面影响的那部分对流层，它响应地面作用的时间尺度为 1h 或更短。这些作用包括摩擦阻力、蒸发和蒸腾、热量输送、污染物排放以及影响气流变化的地形等。大气边界层厚度是完全随时间和空间变化的，变化幅度从几百米到几公里。大气边界层高度是近地面大气对流混合所能达到的高度，边界层内聚集着大量的颗粒物，层内水汽也十分丰富，相对湿度大。而在逆温层上部的自由大气内，颗粒物浓度和水汽含量都迅速减小，因此边界层高度可以很大程度上反映颗粒物的空间分布状况。

根据大气结构的特点，可以根据颗粒物消光系数的垂直分布来确定大气边界层的高度。由激光雷达所测的信号反演得到的颗粒物消光系数对应着探测高度的颗粒物浓度，消光系数越大，在该高度上的颗粒物浓度就越大。通常在大气边界层与上界自由大气的交界高度处颗粒物消光系数迅速减弱，所以边界层的高度可用颗粒物消光系数的最大突变（即最大递减率）的高度来确定。

利用激光雷达探测大气边界层的高度，主要是从激光雷达的回波信号中提取出相关信息，如原始信号廓线、消光后向散射比廓线、消光系数廓线等的分布变化。

利用回波信号 $X(Z)$ 廓线：在激光雷达的回波信号廓线中，在某一高度若气溶胶浓度高（或有云层存在），则该高度处的回波信号相应也很强；反之亦然。由 2.2.2 部分可知，在大气边界层与自由大气层的交界高度，激光雷达接收到的回波信号应迅速减弱，故对回波信号进行距离修正和重叠修正后，得到

$X(Z)=P(Z)Z^2$，求取对高度 Z 的斜率 $-\mathrm{d}[P(Z)Z^2]/\mathrm{d}Z$，找到斜率的最大值，该最大值处的高度即为大气边界层的高度。如图 2-10 所示。

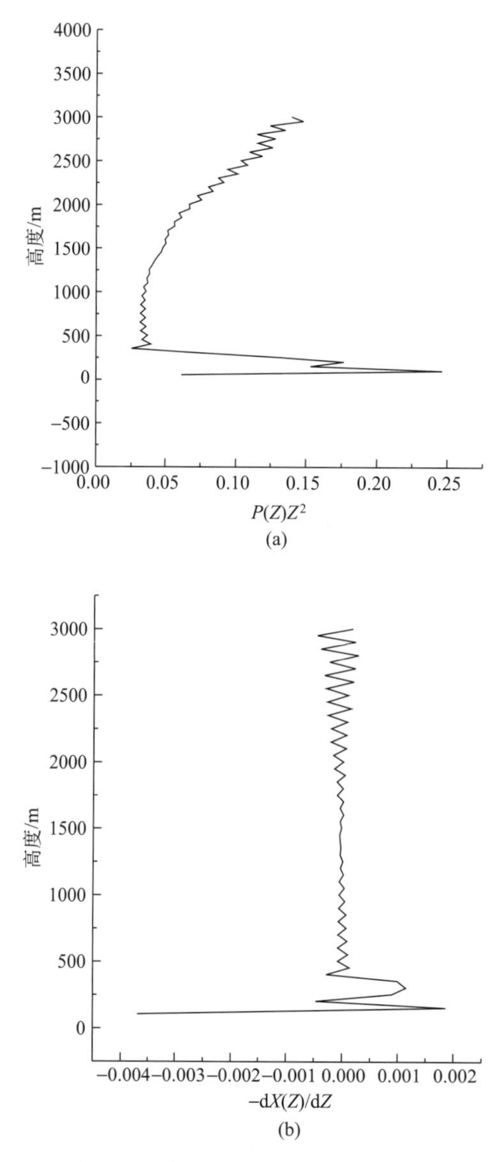

图 2-10 雷达回波信号及其衰减廓线

从图 2-10 可看出，回波信号在 1550m 左右具有最大衰减率（排除近地面影响），故此高度即为该时刻大气边界层的高度。

利用气溶胶散射比 $R(Z)$ 廓线：反演出气溶胶散射比廓线 $R(Z)$，并计算出其变化率 $-\mathrm{d}R(Z)/\mathrm{d}Z$，若某个高度处的 $-\mathrm{d}R(Z)/\mathrm{d}Z$ 的值最大，该高度即可认为是大气边界层的高度。

利用气溶胶消光系数 $\alpha(Z)$ 廓线：同理，反演出气溶胶消光系数廓线 $\alpha(Z)$，并计算出其变化率 $-\mathrm{d}\alpha(Z)/\mathrm{d}Z$，某个高度处的 $-\mathrm{d}\alpha(Z)/\mathrm{d}Z$ 的值最大，

该高度即可认为是大气边界层的高度。

消光系数廓线及其一阶导数如图 2-11 所示。

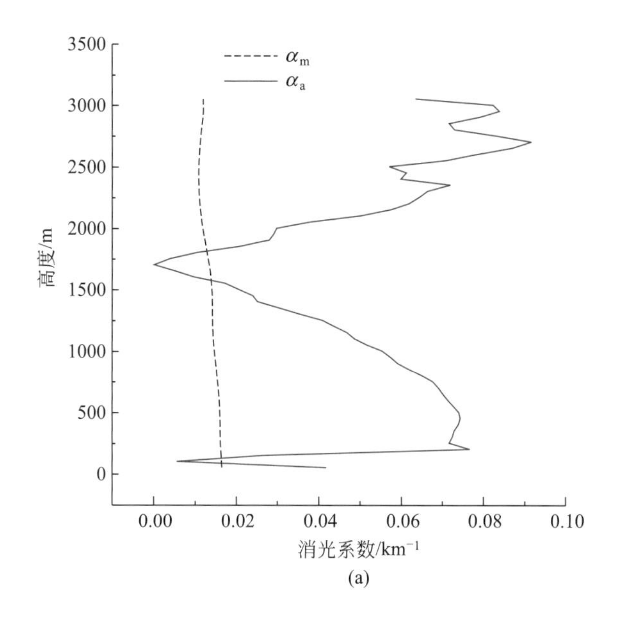

(a)

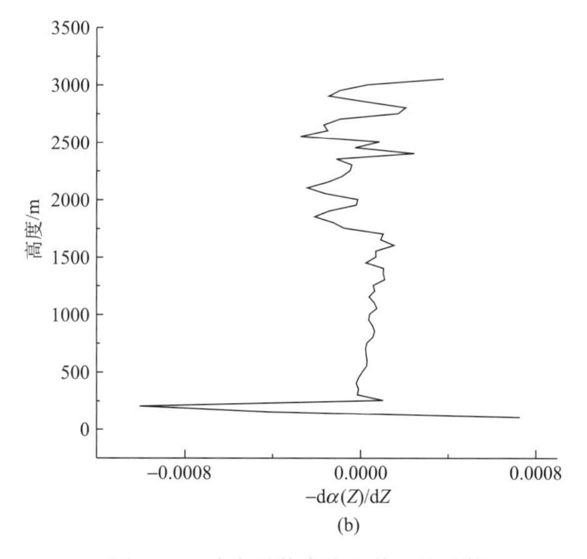

(b)

图 2-11 消光系数廓线及其一阶导数

2.2.3.3 大气痕量气体的测量

（1）SO_2 的监测

SO_2 是化石燃料在燃烧时产生的最重要污染物之一，其产生的量与燃料中硫的含量直接有关。在大气中 SO_2 气体转变为硫酸或硫酸盐颗粒，并随着雨雾而沉降到地面，这就是某些地区酸雨的来源。SO_2 的吸收光谱主要在 300nm 附近区域。

差分吸收激光雷达（DIAL）技术在测定某工厂排放的污染物的总流量时是非常有用的，用激光雷达系统的光束对工厂顺风边的大气垂直扫描就可以进行这样的测定。这一方法不但能测出烟囱的排放物，而且可测出排气管和阀门泄漏等的零星排放。在 DIAL 系统的计算机上对不同方向测量的 DIAL 曲线进行自动计算，得到的浓度以灰度级来表示，总的数据采集时间是 20min，从数据结果中可计算出区域总的浓度值 N_A 的数据。将该浓度值乘以垂直于测量平面的风速分量，就可得到该工厂的总流量 F_{tol}：

$$F_{tol}=N_A\cos\phi \tag{2-34}$$

式中　N_A——流量函数；

　　ϕ——测量方向和垂直于烟的方向的夹角。

很明显，为了精确地测量流量，正确的风速测量和正确的 DIAL 测量是同等重要的。

由于采用高效率的罗丹明染料经倍频后可获得检测 SO_2 所需的 DIAL 激光波长，激光脉冲的能量是很高的，足以进行实用性的远距离测量；最后实测结果显示的是水平距离达 4km 的“λ_{on}”和“λ_{off}”波长上的测量曲线及相应的 DIAL 曲线。大约在 3km 距离处遇到了薄云，但在云过去后信号得到了恢复。该项测量是冰岛地热区释放的 H_2S 在顺风处可能转变为 SO_2 项目的部分研究内容。实验结果显示，SO_2 的浓度非常低，在更长距离时浓度也没有增加，说明 H_2S 转变为 SO_2 的大气化学反应需要较长时间。

下面介绍用车载激光雷达对工厂 SO_2 进行等浓度线分布测量与垂直廓线测量的例子。该雷达采用 Nd：YAG 激光 532nm 倍频泵浦罗丹明染料激光器，并再倍频获得紫外激光，取 $\lambda_{on}=300.3$nm、$\lambda_{off}=299.3$nm 作为 SO_2 的测量激光线。在等浓度线分布测量中，激光雷达距厂区的排放源约 1km。激光雷达对厂区范围进行 16 个方位角的水平扇形扫描。每个测量角度的探测时间为 1min，对整个区域完成一次扫描的时间为 16min，共用 2.5h 进行了 9 次扫描。从等浓度线可清楚看出在排放烟囱的周围水平面内 SO_2 浓度的分布情况，在工厂的下风区域，烟雾分成两部分，上部的浓烟团是由 122m 高的烟囱直接排放出来的；100m 以下的弥散烟雾是由工厂扩散出来的，浓度较小。扩散烟雾中 SO_2 的等浓度线间隔为 $200\mu m/m^3$。由测量获得的总积分浓度乘以通过风速机测量出的风速，可以计算出从该工厂排放出的污染物的流量。另一方面，如果对同一区域同时进行平面的与垂直剖面的测量，将可得到大气污染物的三维空间分布状况。

（2）O_3 的监测

当前，对 O_3 的监测受到极大的关注。对流层臭氧浓度的逐步增加，被认为至少部分地与在欧洲所观察到的不断被破坏的森林有关；平流层的 O_3

层正被耗尽，很可能是 O_3 与含氟烃类化合物（氟利昂）的化学反应引起的。许多研究小组已经对平流层的 O_3 进行了各种测量。为了在平流层高度上进行测量，需要激光雷达系统使用高能量（约 1J）脉冲激光、大接收面积（孔径约 1m）的望远镜以及光子计数探测装置。为了避免探测光在低空时就被过量吸收，对平流层的 O_3 进行测量，需要使用被 O_3 吸收很弱的激光波长（较长的波长）。检测 O_3 要使用波长间隔较宽的波长对，需要对不同波长上的不同米散射进行修正。当通过对流层这样的粒子层时，这种修正特别关键。

（3）NO_2 的监测

NO 在所有高温燃烧中形成，是工业生产特别是汽车运输的重要污染物。NO 在排放到空气中不久，就立即被氧化成 NO_2，继而转变为 HNO_3，从而形成酸雨使土壤酸化。NO_2 的吸收谱位于蓝色光谱区，是被 DIAL 技术测量的第一个污染物。

（4）NO 的监测

NO 具有一个很强的吸收带，图 2-12 所示的是位于紫外短波段的 γ 谱带。Alden 等第一个报道了 NO 的大气紫外激光雷达测量。他们所用的光源是受激拉曼散射产出的辐射。为对 NO 烟雾进行 DIAL 测量，采用了混频方法，首先对 575nm 的染料激光倍频，然后与余下的 Nd：YAG 基频辐射在第二块 KDP 晶体中混频，得到波长为 226nm 的激光输出。

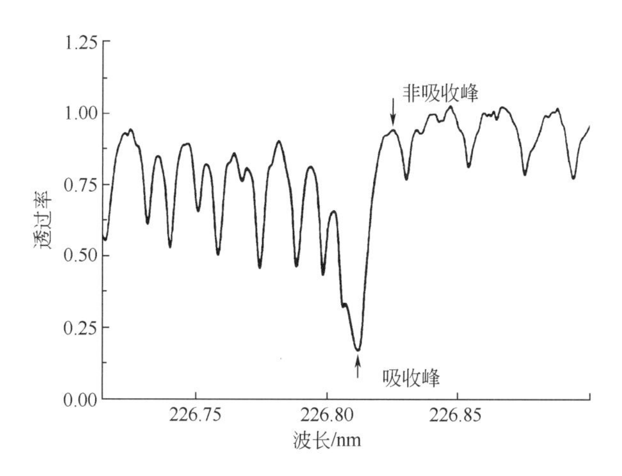

图 2-12　NO 的吸收谱和 DIAL 波长

图 2-13 给出了垂直扫描烟囱顺风边的结果。

由于 NO 的吸收波长接近 NO_2 吸收波长的 1/2，因此使用同一倍频激光器可以同时测量这两种气体。KPB（五硼酸钾）倍频晶体的转换效率太低，但使用新的非线性晶体 BBO（β 硼酸钡），两种污染物同时监测已成现实。

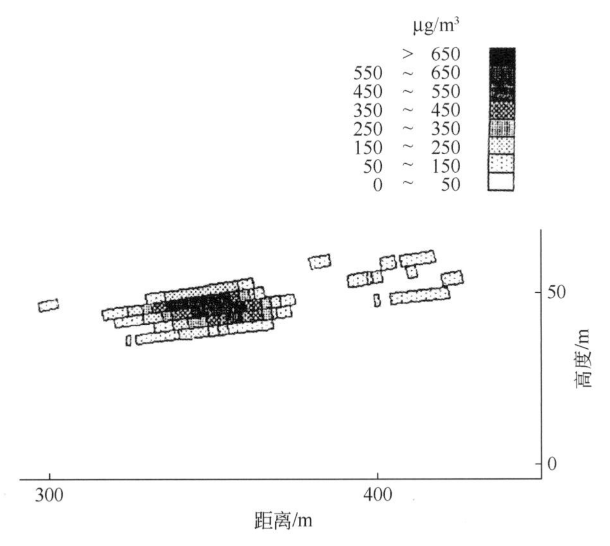

图 2-13 工厂烟雾的 NO 垂直扫描测量

2.2.3.4 其他气体的监测

许多其他污染气体的 DIAL 监测也已做了演示，尽管这种技术对这些气体的可操作性没有对 SO_2、O_3、NO_2、NO 和 Hg 的强。甲苯和苯分别在 267nm 和 253nm 的 DIAL 监测最近已有报道，分子氯（Cl_2）显示了在紫外谱区的宽带吸收，和 O_3 相似，在 Cl_2 的 DIAL 测量中也需要有足够大的波长分开。人造 Cl_2 云的 DIAL 测量的演示实验已经由 Edner 等开展。从焚烧船排放的 HCl 已经由 Weitkamp 用 3.6μm 的 DF 激光进行了监测。用混频技术，由 CO_2 激光已经产出了大约 5μm 的激光波长，用于 CO、NO、肼和其他燃料的 DIAL 监测。烃类化合物可以用 CH 伸展波长 3.4μm 进行测量，而实际的 DIAL 测量是由 Milton 等做的。也已建立了一套特殊的简化系统用于检测从天然气管道中漏出的 CH_4。在一个系统中气体相关激光雷达技术被用于泄漏的 CH_4 的检测。在 CO_2 激光波长（10μm）处直接的和外差的 DIAL 监测的一些实验已进行并用于氟利昂-12、乙烯、O_3、NH_3 和 SF_6 的测定。

随着激光器、光电子技术、计算机技术及信号探测技术的发展，激光雷达在大气探测领域的应用越来越广泛，并逐步在国际大气合作计划中得到应用。现就其发展过程和趋势归纳如下。

(1) 实验室研制到产品化、商品化

由于激光雷达能够监测多种重要大气成分的空间分布，并具有测量范围大和时空分辨率高等优点，具备其他地基手段不可替代的作用，因此其应用前景比较广阔。目前，单波长米散射激光雷达及测污染差分吸收激光雷达已商品化。例如，美国 SESI 公司研制的微脉冲激光雷达系列、德国 ELIGHT 公司开发的车载测污激光雷达、美国 ORCA 及加拿大 OPTECH 公司开发的激光雷达系列等，已经从实验室研究发展到商业公司的产品研制开发。

（2）单波长单功能向多波长多功能化发展

随着激光雷达技术的发展，激光雷达从最早的单波长米散射探测气溶胶的空间分布，到现在的多波长多功能化，可探测多种大气成分（气溶胶、云、水汽和臭氧等）的分布，并研究这些大气成分的光学特性、浓度分布及相互关系。同时，多波长激光雷达系统可以提供气溶胶及其他大气成分的更多信息。例如，A. Althausen 等发展的 6 个激光波长同时发射和 11 个接收通道同时接收的激光雷达系统，同时具备 Mie-Raman 散射和偏振功能，通过多波长回波反演气溶胶的消光、后向散射系数、尺度谱分布、有效半径及折射率指数以及探测卷云与水汽等的分布。

（3）地基固定式向车载、机载及空间平台发展

地基单点固定式激光雷达的长期观测十分必要，对于研究和统计分析一些重要大气成分的变化规律具有重要价值。但是，像车载、船载和机载式的可移动式平台，其机动性强，将更能发挥激光雷达的功能和作用，而且其观测资料更能代表区域性大气成分的分布。机载式和船载式激光雷达可以在海洋上空观测，它们在一些区域性乃至全球性大气辐射和环境研究的对比实验中发挥了重要作用。例如，印度洋实验（INDOEX）、对流层气溶胶辐射强迫观测实验（TARFOX）、全球对流层实验（GTE）、太平洋地区微量成分变化（TRACE-P）等。尤其是星载空间激光雷达，它能够进行全球范围内重要大气成分的主动遥感，并具有较高的时空分辨率和探测精度。米散射、差分吸收及多普勒（Doppler）激光雷达等已向星载平台发展。1994 年 9 月美国 NASA 成功进行了激光雷达空间技术实验（LITE），尽管只有十几天的观测，但由于其实验数据的特殊价值而引起了各国科学家的极大关注。随后日本 NASDA 开展了空间激光雷达项目（ELISE）。最近，美国 NASA 开展研制新一代空间激光雷达（PISSCO-CENA）。加拿大太空局和欧洲太空局研制了空间测风多普勒（Doppler）激光雷达。

（4）单站到多站及布网的联合观测

随着大气辐射和环境科学国际合作研究的需要，单站激光雷达观测的数据虽然十分重要，但由于大气气溶胶等重要大气成分的局地性变化较大，远远满足不了区域性乃至全球大气合作研究的需要，而且也要求进行长期的观测及大量的资料积累，这对于数值模式的检验和发展也十分必要。例如，全球火山灰气溶胶的演变过程、沙尘气溶胶的远距离输送、全球臭氧层的变化及温度分布的变化等均需要布网联合观测。一些国际合作研究计划，像全球平流层变化观测网（NDSC）、气溶胶特征实验（ACE-Ⅰ、Ⅱ）等均使用多个激光雷达对一些重要大气成分的空间分布进行观测。欧洲气溶胶研究激光雷达观测网包括

了欧洲不同国家21个地面激光雷达观测站，亚洲沙尘激光雷达观测网（AD-Net）对亚洲大陆沙尘气溶胶的光学特性及其远距离输送进行联合观测，拉丁美洲激光雷达观测网开展了对热带和南半球低纬度地区重要大气成分的合作观测。激光雷达技术的发展日趋成熟，激光雷达在大气探测领域的作用也越来越突出。但是目前激光雷达在大气探测领域的广泛应用仍面临着许多挑战。例如，白天观测受强背景光、噪声的影响，激光雷达的有效探测高度受到很大限制，窄带高截止滤光技术及整个系统如何压低背景光的干扰等仍有很多工作要做。另外，在气象和大气环境监测部门的业务化使用仍十分有限，它除了要求较高的探测精度和灵敏度外，还需要稳定性较好、操作方便以及用户可以接受的性价比等。

2.3 傅里叶红外光谱技术

红外光谱主要是研究分子中以化学键连接的原子之间的振动光谱和分子的转动光谱，与分子结构密切相关，是表征分子结构的一种有效手段。傅里叶变换红外光谱学是用于测量红外活性物质吸收和发射的主要方法。与传统的分光光谱学方法相比，该方法在信噪比、分辨率、测量速度和探测极限等方面具有很大优势。本节主要介绍傅里叶变换红外光谱原理、傅里叶变换红外光谱系统、傅里叶变换红外光谱数据分析和处理方法以及典型的傅里叶变换红外光谱技术应用。当电磁辐射在大气中传输时，其与大气分子发生相互作用，被大气组分吸收。吸收来源于组分中原子和分子在分立能级上的跃迁，具有很强的波长选择性，主要跃迁形式有转动分子跃迁、振动分子跃迁和分子、原子中电子跃迁。电子能级间跃迁所需能量较大，其吸收目标主要是紫外光子、可见光子和$<2\mu m$的近红外光子；分子转动能级间的跃迁所需能量较小，吸收主要在$>3\mu m$的远红外区域；分子振动能级间跃迁所需能量适中，吸收则发生在$2\sim20\mu m$的近中红外区。不是所有大气分子在产生转动和振动跃迁时都对红外辐射产生吸收，而只有跃迁引起电偶极矩变化的分子才发生红外辐射吸收。所以，地球大气中两个最丰富的成分氧气和氮气，由于其对称的共核分子形态，并不产生红外吸收。引起红外吸收的均是偶极矩不对称的多原子气体分子。

大气组分中对红外辐射有吸收作用的主要气体包括H_2O、CO_2、O_3、N_2O、CO和CH_4等。表2-2列出了这些组分在近中红外波段产生吸收的中心波长。

表 2-2 大气组分对红外辐射的吸收

大气组分	红外吸收带中心波长/μm
H_2O	0.94,1.1,1.38,1.87,2.70,3.2,6.27
CO_2	1.4,1.6,2.0,2.7,4.3,4.8,5.2,9.4,10.4
O_3	4.8,9.6,14
N_2O	3.9,4.05,4.5,7.7,8.6
CH_4	3.3,6.5,7.6
CO	2.3,4.7

图 2-14 分别给出了不同大气吸收组分在 1～14μm 区的低分辨率太阳吸收光谱。

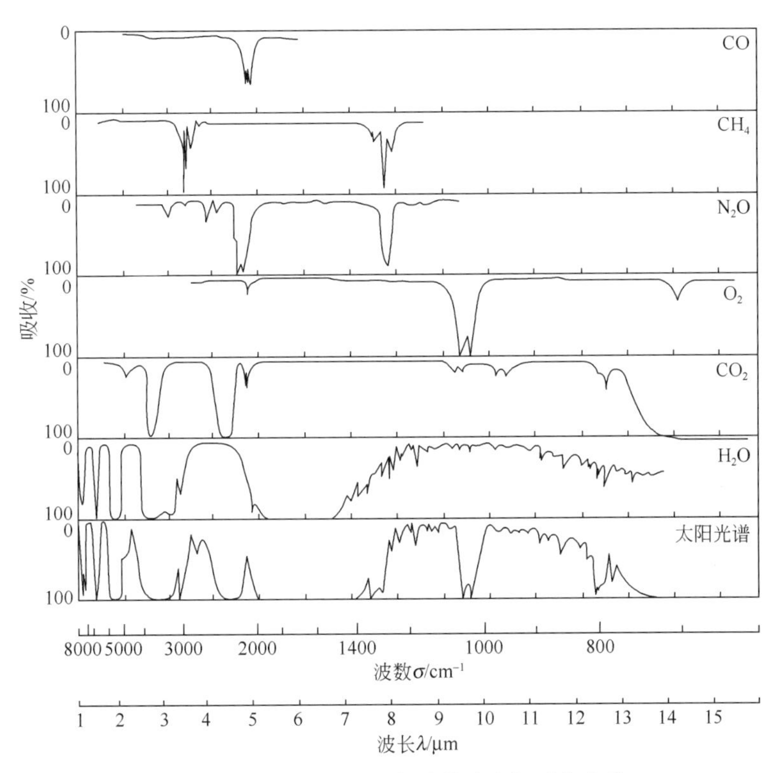

图 2-14 1～14μm 区的低分辨率太阳吸收光谱

由图 2-14 可以看出，地面红外观测在大多数波段上是不透明的，所以对大气中其他红外活性气体的探测分析一般是选择水蒸气和二氧化碳气体吸收较弱的波段，即通常称之为大气窗口的 3 个区域（800～1200cm^{-1}、2000～2300cm^{-1} 和 2400～3000cm^{-1}）。

红外辐射被大气分子吸收的主要特征如下：

① 吸收随波长迅速变化，而且在某些波长处有极大值；

② 气体分子的大量吸收谱线组成的谱带群，对红外辐射产生连续吸收，仅

在少数几个波长区域中无吸收或吸收很弱，形成所谓“大气窗口”区；

③ 每个吸收谱带都由大量的重叠或不重叠的谱线组成，这些谱线的相互重叠取决于谱线的位置、半宽度（因而与温度及气压有关）和谱线间隔；

④ 谱线的位置和强度分布与吸收分子的种类及数量有关。

2.3.1 傅里叶变换红外光谱原理

傅里叶变换红外光谱学基本原理是：红外辐射进入干涉仪（通常是改进后的迈克尔逊干涉仪），经干涉仪调制分光后产生干涉图，然后对测量到的干涉图进行傅里叶变换得到红外辐射光谱图。FTIR 技术是可专门用于测量物质的红外吸收、发射信号的光谱学技术。

2.3.1.1 谱线的展宽和线型

任何一条光谱线都不可能具有唯一确定的频率，而只能是以某一频率为中心，按某种方式在一定频率范围内连续分布。因此，实际的光谱线不可能用一条没有宽度的几何线表征，而是具有一定的宽度和光谱轮廓。在不同情况下，原子和分子发射或吸收光谱展宽的大小和类型是不同的。在地球大气条件下，谱线的形状主要由下面 3 个因素确定。

（1）谱线的自然展宽

即使在没有任何外界影响的情况下，光谱线也有一定宽度，称为谱线的自然宽度。当原子从高能级 E_2 自发跃迁到低能级 E_1 时，发射的辐射频率为：

$$\nu_{21}=\frac{E_2-E_1}{h} \tag{2-35}$$

式(2-35）中，h 为普朗克常数，原子和分子都具有一系列分立的量子化能级，根据 Heisenberg 测不准原理，如果原子或分子在能级 E 存留的平均寿命为 τ，则该能级的能量值 E 应该具有一个不确定量（或宽度）ΔE，并且二者满足下列关系：

$$\Delta E\tau=\frac{h}{2\pi} \tag{2-36}$$

该式表明，若原子处于较低能级 E_1 的平均寿命为 τ_1，则该能级应该有自然宽度 $\Delta E_1=h/(2\pi\tau_1)$；同理，若处于较高能级 E_2 的平均寿命为 τ_2，则该能级的自然宽度是 $\Delta E_2=h/(2\pi\tau_2)$。能级 E_1 和 E_2 实际上各自都有一定宽度，因此与频率 ν_{21} 相应的光谱线必然在该谱线 ν_{21} 附近有一个不确定的量，其大小为：

$$\Delta\nu=\frac{\Delta E_2+\Delta E_1}{h}=\frac{1}{2\pi}\left(\frac{1}{\tau_2}+\frac{1}{\tau_1}\right) \tag{2-37}$$

上式表明，即便是在无外界作用的情况下，原子和分子发射或吸收的辐射

频率 ν_{21} 仍不完全确定，而在某个频率间隔 $\Delta\nu$ 内连续分布。若能级 E_1 为基态，E_2 为激发态，因为热平衡时的基态寿命 τ_1 足够长，故 $\Delta E_1 \to 0$。于是，由式(2-37)，得到光谱线的自然宽度为：

$$\Delta\nu=\frac{\Delta E_2}{h}=\frac{1}{2\pi\tau_2} \tag{2-38}$$

由此得到结论：光谱线的自然宽度完全是由于原子或分子在激发态上的平均寿命或能级的自然宽度引起的。激发态的平均寿命越小（或激发态能级越宽），光谱线的自然宽度越宽；反之亦然。

由量子力学，分子在 i 能级的能量 E_i 在 E 和 $E+\mathrm{d}E$ 之间的概率可表示为：

$$P_i(E)\mathrm{d}E=\frac{\mathrm{d}E}{h\tau_i\left[\left(\frac{2\pi}{h}\right)^2(E-E_i)^2+\left(\frac{1}{2\tau_i}\right)^2\right]} \tag{2-39}$$

由于分子的基态寿命 $\tau \to \infty$，因此，当跃迁发生在激发态与基态之间时，辐射波数为 $\bar{\nu}=E/(hc)$ 的一个量子的概率为 $P_i(E)$。令 $E_i/(hc)=\bar{\nu}_0$，则由式(2-39) 可得线型因子 $f(\nu-\nu_0)$ 为：

$$f(\nu-\nu_0)=\frac{1}{\pi}\times\frac{\delta_N}{(\nu-\nu_0)^2+\delta^2} \tag{2-40}$$

式中 δ_N——自然展宽的半高全宽（FWHM），通常称其为洛伦兹（Lorentz）线型，对可见与紫外光谱约为 $10^{-6}\sim10^{-5}\mathrm{cm}^{-1}$，对红外光谱约为 $10^{-9}\sim10^{-5}\mathrm{cm}^{-1}$。

（2）压力展宽（碰撞展宽）

可以从两个角度来理解这种加宽。定态能量是在孤立分子的条件下推导出来的，但实际上分子间总有相互作用，它使定态能级能量连续变动，从而使谱线加宽；从能级寿命来看，由于分子间的碰撞，使激发态的寿命缩短而加宽了谱线。由于压力展宽的复杂性，至今都没有这一问题的精确解，从强碰撞近似理论出发，假设分子作用（碰撞、振子耦合）的时间与两次作用时间间隔相比可以忽略，并假定一次作用只发生在两个分子之间，那么碰撞加宽的线型因子 $f(\nu-\nu_0)$ 为：

$$f(\nu-\nu_0)=\frac{1}{\pi}\times\frac{\delta_L}{(\nu-\nu_0)^2+\delta_L^2} \tag{2-41}$$

式中 ν_0——中心频率；

δ_L——半高全宽（FWHM）。

可以看到，压力展宽的线型和自然展宽一样，都是 Lorentz 线型，在大气条件下分子谱线的压力展宽可以用 Lorentz 线型得到很好的近似。

（3）Doppler 展宽

在讨论谱线自然宽度时，实际上假设辐射分子相对于接收装置（观测者）

是静止的。如果辐射分子静止时的辐射频率为 ν_0，则当它以速度 v_x（$\ll c$）相对于实验室坐标系运动时，实际观测到的辐射频率为 ν，并且与相对运动速度 v_x 之间满足下列关系：

$$\nu=\nu_0\left(1+\frac{v_x}{c}\right) \tag{2-42}$$

该现象就是多普勒（Doppler）效应（或 Doppler 频移）。

由于气体分子不停地热运动，任何时刻都有一些辐射分子朝接收装置运动，也有一些离开接收装置运动，而且运动速度是连续分布的。因此，观察到的光谱线不可能有单一频率 ν_0，而是在一定频率范围内的连续分布，这就是 Doppler 光谱展宽的物理过程。

由平衡态的统计力学，可以得到 Doppler 光谱展宽的线性函数为：

$$f(\nu-\nu_0)=\frac{1}{\alpha_D\sqrt{\pi}}\exp\left[-\left(\frac{\nu-\nu_0}{\alpha_D}\right)^2\right] \tag{2-43}$$

$$\alpha_D=\nu_0\left(\frac{2kT\ln 2}{Mc^2}\right)^{1/2} \tag{2-44}$$

式中 α_D——Doppler 的半高全宽（FWHM）；
k——波尔兹曼常数；
T——温度；
M——分子量；
c——光速；
ν_0——吸收线中心频率。

由式(2-44) 可知，多普勒线宽与体系温度和分子质量有关，温度越高，分子量越小，那么分子运动速度越大，使得多普勒线宽也越大，所以多普勒展宽又叫温度展宽。在常温下，多普勒展宽约是 $10^{-3}\sim10^{-2}\text{cm}^{-1}$。通常，在地球大气系统中，谱线的 Doppler 线型和 Lorentz 线型是同时存在的，即通常所说的复合线型或 Voigt 线型。在低层大气条件下，碰撞或压力展宽占优势，独立的吸收谱线一般具有近 Lorentz 线型。在高层大气，由于气压低，此时 Doppler 线型占优势；而在低层大气和高层大气之间，两者大小相当。

红外光学系统是 FTIR 光谱仪的最主要部分。此外，还包括计算机、打印机等辅助设备。通常，红外光学系统由红外光源、光阑、干涉仪、激光器、检测器和几个红外反射镜组成。光源是 FTIR 光谱仪的关键部件之一，红外辐射能量的高低直接影响检测的灵敏度。理想的红外光源是能够测试整个红外波段，即能够测试远红外、中红外和近红外。但目前测试整个红外波段需要中红外光源、远红外光源和近红外光源 3 种光源。红外光谱中用得最多的是中红外波段，最常使用的光源是电阻加热的碳硅棒，它工作的典型温度为 1200～1600K。干涉仪是 FTIR 光谱仪的核心部件，决定了最高分辨率等性能指标，基本组件是动镜、定镜和分束器。干涉仪的种类有：空气轴承干涉仪，机械轴承干涉仪，双动镜机械转动式干涉仪，双角镜耦合、动镜扭摆式干涉仪，角镜型迈克尔逊干涉仪，角镜型楔状分束器干涉仪，皮带移动式干涉仪，悬挂扭摆式干涉仪，双臂扫描式干涉仪等。自 Herget 等创立傅里叶变换红外光谱检测方法以来，现今 FTIR 光谱法已成为一种重要的环境气体分析手段。在大气分析中，傅里叶变换红外光谱技术可以分为两大类，即主动测量技术和被动测量技术。其中，主动测量一般采用长光程开放光路（long open path）测量方式，由于 FTIR 具有高灵敏度、高分辨率、高信噪比和较宽的波段覆盖范围等优点，所以它和长光程（100～1000m）技术相结合可实现对测量区域内大气中污染气体的高时间分辨率、高灵敏度、动态、非接触、实时和在线测量。20 世纪 70 年代，Hanst 第一次利用开放光路 FTIR 光谱技术对大气中的气体浓度进行了定量研究。

2.3.1.2 迈克尔逊干涉仪

干涉仪是整个 FTIR 光谱仪的核心部件，其基本功能是产生两束相干光束，并使之以可控制的光程差相互干涉以给出干涉图。目前用于红外光谱学研究的大多数光谱仪的设计，都是基于 1891 年迈克尔逊（Michelson）最初设计的双光束干涉仪。后来设计的很多其他类型的双光束干涉仪也许在某一特殊应用领域比迈克尔逊干涉仪更为有效，但是所有扫描双光束干涉仪的理论都是相似的。

图 2-15 给出了最简单的 Michelson 干涉仪的光路结构，它包括两个互相垂直的平面镜，其中一个平面镜位置固定（称为定镜），另一个可以沿镜面法线方向移动（称为动镜），两镜中间是分束器。外部光源的辐射一部分被分束器反射到定镜上，另一部分透射到动镜上，这两束光被动镜和定镜反射回来，在分束器上发生干涉，并且再次一部分被反射（被探测器接收），另一部分透射（返回光源）。由于干涉效应，进入探测器的光强度是两束光的光程差函数。探测器上光强变化反映了引起光程变化的物理量的信息。

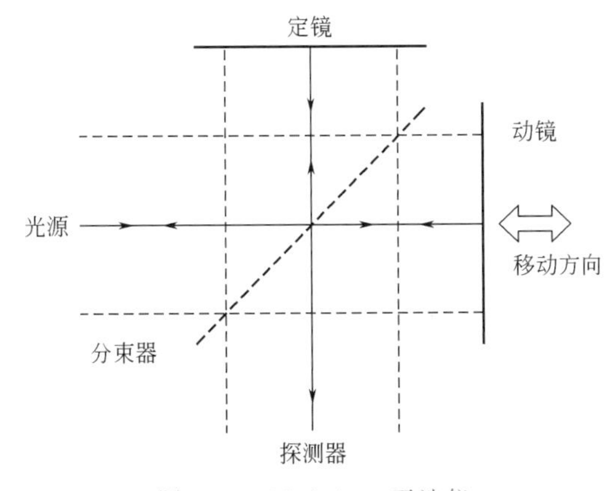

图 2-15 Michelson 干涉仪

2.3.1.3 干涉图与光谱图

光在分束器上经过相干调制产生干涉条纹，从干涉仪中射出后被探测器接收，得到干涉图。瑞利首先认识到，可以通过傅里叶积分变换的数学运算从干涉图中还原得到光谱信息，Rubens 等采用双光束干涉仪实现了干涉图的准确实验测量。

理想准直单色光源 $B_0(\bar{\nu})$ 发出的辐射经过干涉仪调制后，探测器上所接收到的信号强度可以表示为：

$$I_D(\delta)=2RTB_0(\bar{\nu})[1+\cos(2\pi\bar{\nu}\delta)] \tag{2-45}$$

式中 R，T——分束器的反射比、透射比；

$B_0(\bar{\nu})$ ——输入光束强度；

$\bar{\nu}$——波数；

δ——光程差。

式(2-45) 表明，探测器接收到的信号强度是输入光束强度的两光束间光程差的函数，为一个沿着光程差方向无限扩展的余弦函数。进入探测器的光强度可以看作由直流和交流两部分组成，恒定的直流部分等于 $2RTB_0(\bar{\nu})$，相干调制过的交流部分为 $2RTB_0(\bar{\nu})\cos(2\pi\bar{\nu}\delta)$。对光谱测量来说，只有相干调制的交流成分是重要的，这部分交流信号被定义为干涉图。

如果辐射光束是宽带光谱 $B(\bar{\nu})$，可以设想式(2-45) 所表达的单色辐射为一具有无限窄线宽 $\mathrm{d}\bar{\nu}$ 的谱元，因而式(2-45) 可以改写为：

$$\mathrm{d}I_D(\delta)=2RTB(\bar{\nu})[1+\cos(2\pi\bar{\nu}\delta)]\mathrm{d}\nu \tag{2-46}$$

对所有波数进行积分，则得到宽带光谱的干涉图表达式：

$$I_D(\delta)=\int \mathrm{d}I_D(\delta)=\int_0^{\infty} 2RTB(\bar{\nu})[1+\cos(2\pi\bar{\nu}\delta)]\mathrm{d}\bar{\nu} \tag{2-47}$$

如只考虑交流成分，且 R、T 为常数，式(2-47) 可以改写为：

$$I(\delta)=\int_0^{\infty} B(\bar{\nu})\cos(2\pi\bar{\nu}\delta)\mathrm{d}\bar{\nu} \tag{2-48}$$

可以看出干涉图的交流部分 $I(\delta)$ 与光谱 $B(\bar{\nu})$ 之间是傅里叶变换关系：

$$B(\bar{\nu})=\int_0^{\infty} I(\delta)\cos(2\pi\bar{\nu}\delta)\mathrm{d}\delta \tag{2-49}$$

式(2-48)、式(2-49) 两式构成傅里叶变换光谱学的基础。

图 2-16 为几种简单谱线或光谱带及对应的干涉图。

2.3.1.4 仪器分辨率与线型函数

由式(2-49) 可知，理论上可以获得从 0→∞的完整光谱，但是需使干涉仪动镜从零移至无穷远（即 δ 的变化范围需要无穷大），并需用无限小间隔对干涉图采样，以便得到无限多个采样点使干涉图数字化。实际上这种测量是无法实

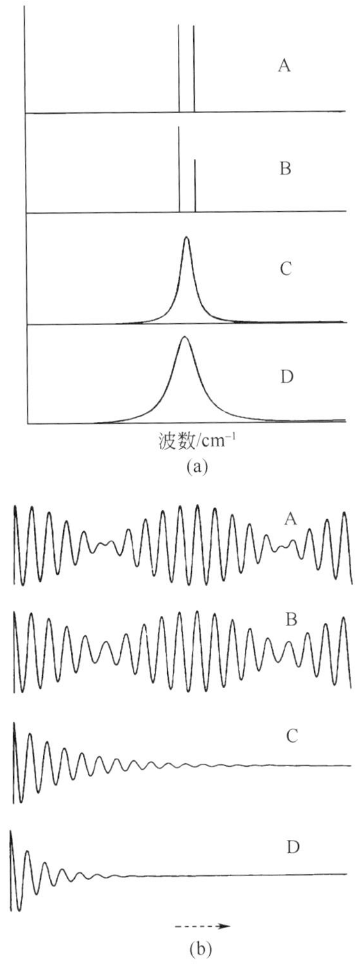

图 2-16 几种简单谱线或光谱带及对应的干涉图

现的，动镜的移动距离有限，干涉图采样也只能采用有限个点的近似。假设光谱仪的动镜移动范围是$\pm\Delta$，那么实际采集到的干涉图相当于理想干涉图乘以一个矩形截断函数 $D(\delta)$：

$$D(\delta)=\begin{cases}1 & -\Delta\leqslant\delta\leqslant\Delta \\ 0 & \delta>|\Delta|\end{cases} \tag{2-50}$$

$D(\delta)$ 称为矩形（boxcar）截断，其傅里叶变换为 $f(\nu)$：

$$f(\nu)=\frac{2\delta\sin(2\pi\nu\delta)}{2\pi\nu\delta}\equiv 2\delta\,\mathrm{sinc}(2\pi\nu\delta) \tag{2-51}$$

截断函数的傅里叶变换式 $f(\nu)$ 被称为仪器线型 ILS(Instrument Line Shape)、仪器函数或者设备函数，可以理解为整个傅里叶变换光谱仪系统对单色谱线的响应函数。

那么实际得到的光谱图为：

$$B(\nu)=\int_{-\infty}^{\infty} I(\delta)D(\delta)\cos(2\pi\nu\delta)\mathrm{d}\delta \tag{2-52}$$

根据傅里叶变换性质：两式乘积的傅里叶变换等于它们傅里叶变换的卷积，则：

$$B(\nu)=B_0(\nu) * f(\nu)=\int_{-\infty}^{+\infty} B_0(\nu')f(\nu-\nu')\mathrm{d}\nu' \tag{2-53}$$

矩形函数的傅里叶变换及矩形函数与波数为 $\bar{\nu}$ 的谱线卷积如图 2-17 所示。

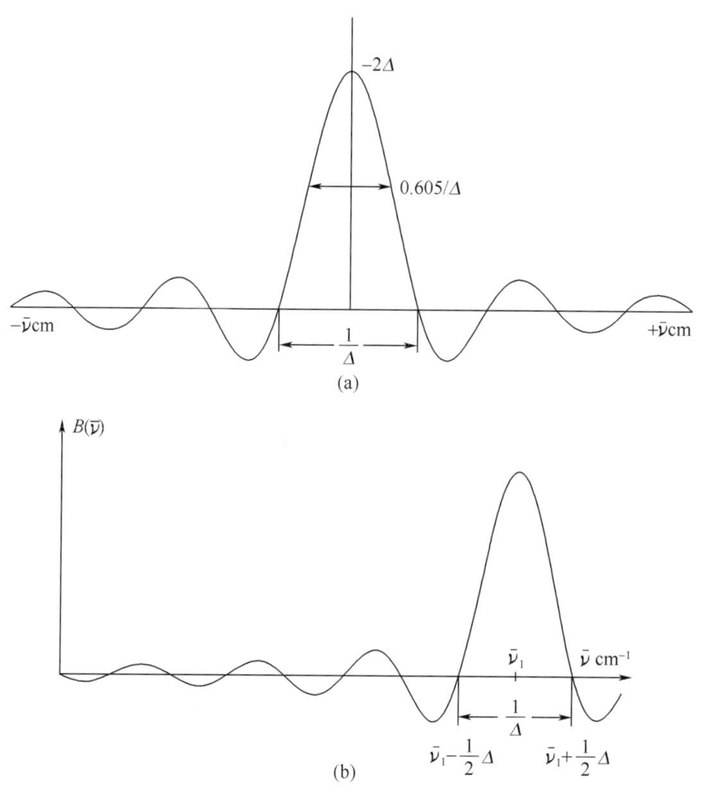

图 2-17 矩形函数的傅里叶变换及矩形函数与波数为 $\bar{\nu}$ 的谱线卷积

由式(2-52) 和式(2-53) 可以看出，最大光程差 Δ 决定仪器的光谱分辨率，截断函数决定仪器线型。图 2-18 给出了几种典型的截断函数及相应的仪器线型函数。

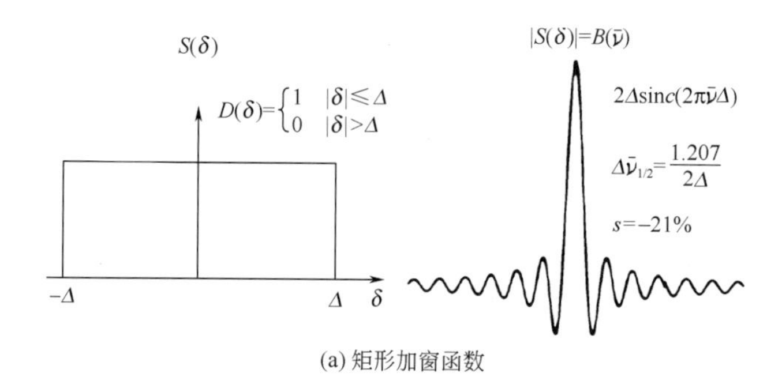

(a) 矩形加窗函数

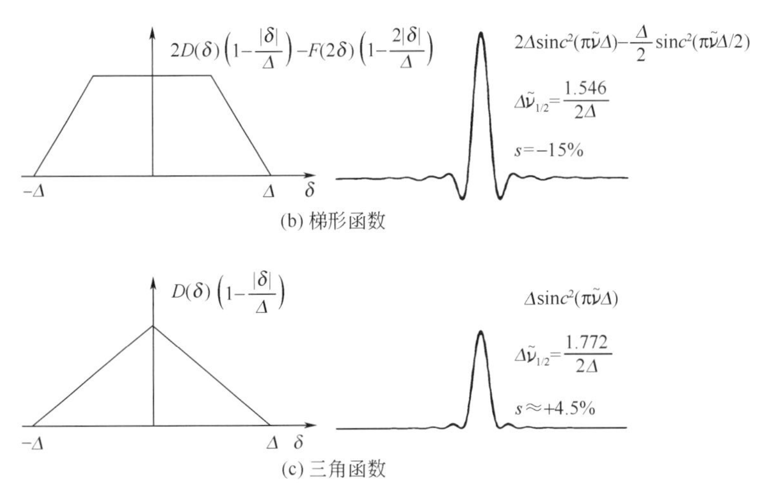

图 2-18 几种典型的截断函数及相应的仪器线型函数

从图 2-18 可以看出，不同截断函数对应的仪器线型函数不同，且各有优缺点，旁瓣较小时主峰半宽度增加，分辨率下降。在实际应用中具体使用哪种函数进行切趾应根据实际测量条件来确定。

2.3.2 傅里叶变换红外光谱系统

开放光路 FTIR 测量系统采用双站式架构设计，图 2-19 给出了整个系统的组成，具体包括 4 个部分：

① 红外发射光源及发射望远镜系统，其功能主要为产生稳定的高强度红外信号并通过望远镜准直输出；

② 接收望远镜单元，用于接收传输路径中目标气体吸收后的红外辐射；

③ FTIR 光谱仪，接收并检测包含气体吸收信息的干涉图；

④ 软件处理系统，用于光谱处理、多组分定量分析、设备的自动连续控制。

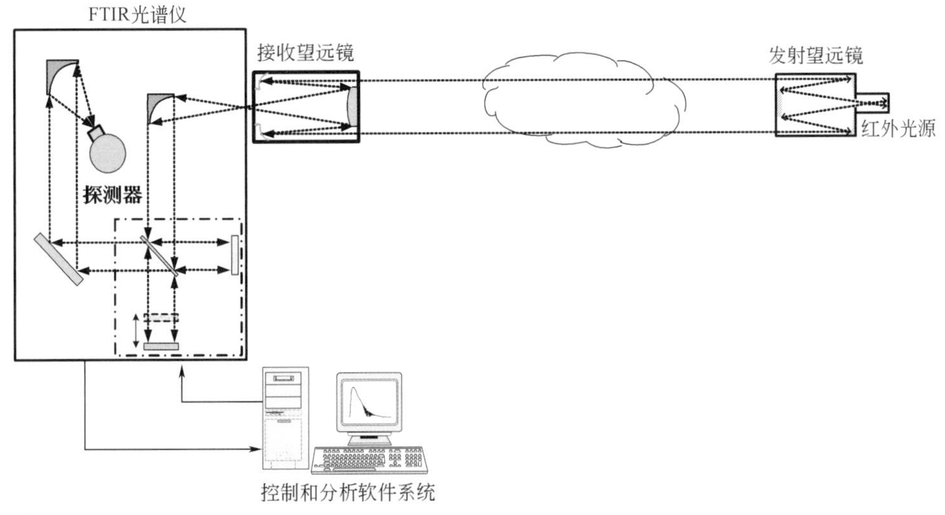

图 2-19 开放光路 FTIR 测量系统的组成

系统工作时，首先红外光源发射的红外光束经过发射望远镜准直，并穿过外界开放式环境中的待测污染气体后，由接收望远镜接收，并聚焦汇聚于干涉仪腔内，通过动镜移动和探测器接收检测干涉信息，最后将采集到的干涉图发送至控制和分析计算机。计算机通过 FFT 将干涉图转换为光谱，由此得到整个测量区域的吸收光谱，吸收光谱包含了待测气体的浓度信息。

下面具体说明开放光路 FTIR 系统的各个硬件部分。

2.3.2.1 红外光源

光源是 FTIR 测量系统的关键部件之一，红外辐射能量的高低直接影响检测的灵敏度，它的稳定性决定了系统测量数据的可重复性。理想的红外光源是能够覆盖整个红外波段，而目前红外光谱中用得最多的是中红外波段。常用的中红外光源基本上可分为碳硅棒（SiC）光源和陶瓷光源两类。按照冷却方式分类，红外光源又分为水冷却和空气冷却两类。使用水冷却光源时，需要用水循环系统，给仪器使用带来诸多不便，因此本节的 OP-FTIR 测量系统采用空气冷却的碳硅棒作为光源。它是一种 SiC 烧结的两端粗中间细的实心棒，中间发光体 43mm×30mm，顶端 47mm×27mm，电阻为 3.6～4.69Ω，供电电流 4～5A，供电电压 12V，工作温度 1200～1500℃，使用寿命可达 1000h。碳硅棒发光面积大，价格便宜，操作方便。

2.3.2.2 发射望远镜

由于采用碳硅棒作为辐射源，出射光将以较大的立体角向周围空间发散，如果不采取任何措施，那么当经过数十米乃至数百米的距离传输后，接收装置将无法接收到能量密度足够高的红外辐射，所以需要在出射口加装发射望远镜对出射光进行扩束和准直，以保证足够强的红外辐射进入 FTIR 光谱仪。

考虑到红外材料的性价比问题，大孔径望远镜设计一般不考虑使用透射式结构，而使用反射式结构。本节 OP-FTIR 测量系统的发射望远镜采用卡塞格伦式结构设计，并设计了光路准直观察辅助部件，提高了系统在实际测量过程中光路调整的效率，具体光机结构如图 2-20 所示。

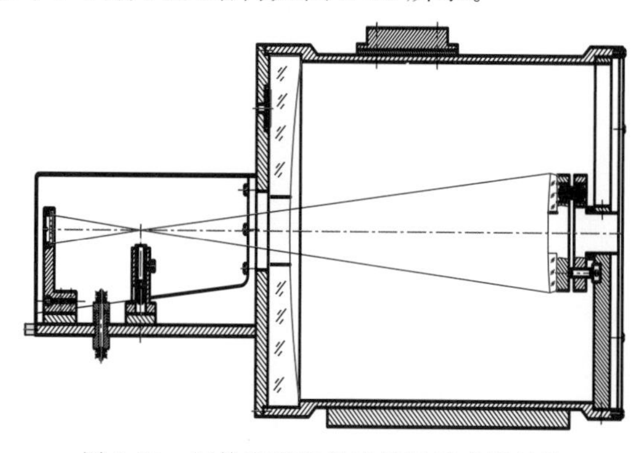

图 2-20　红外光源发射光路及其光机结构

光源（碳硅棒）与副镜间距为420mm，主镜口径尺寸为250mm，曲率半径为790mm，副镜口径尺寸为86mm，曲率半径为424mm，两镜间距$d=260$mm。碳硅棒中间大约有1.5mm×1.5mm的镂空，在沿主光轴方向放置一球面镜（焦距为90mm），放置位置和主镜曲率半径相近，这样由红外光源发射的背向输出方向的一部分红外辐射就可以由该球面镜反射回来，从而增大主镜接收的光能量。经计算，利用球面镜系统，红外光束发散角为0.16°，红外光传输300m以后出射光斑半径约为1.1m。

图2-21为发射望远镜实物图。

图2-21 发射望远镜实物图

高温碳硅棒发射的红外光一部分经球面反射镜反射到达副镜，再由副镜反射到主镜上，另一部分直接由副镜反射到达主镜，最终通过主镜输出为准平行光。

2.3.2.3 接收望远镜

接收望远镜的作用是将发射望远镜发出的红外平行光汇聚，以保证足够强的红外辐射导入FTIR光谱仪。其光学系统设计采用与红外发射望远镜系统一致的卡塞格伦式结构，这样的设计有助于光学镜片的通用，降低系统加工和装配的成本。

接收望远镜结构如图2-22所示，因后继光学系统直接进入光谱仪，抛物镜焦距是100mm，进入光谱仪内两次转折光路的光程长共150mm，焦点应设在抛物镜（主镜）前100mm处，即在光谱仪入射光瞳前端至少要留有50mm的汇聚光程。考虑到主镜厚度（30mm），中间加上连接装置，由于主镜和副镜均采用球面镜，因此最小弥散斑的位置可能较非球面镜聚焦位置前移20mm左右，因此要留出光学调整的余量（Δ），综合考虑Δ在120～160mm之间。接收望远镜各部件具体参数如下：主镜口径尺寸250mm，焦距400mm，曲率半径为800mm；副镜口径尺寸86mm，焦距200mm，曲率半径为400mm；遮拦比为0.33，两镜间距267mm，焦点伸出量Δ=133mm。

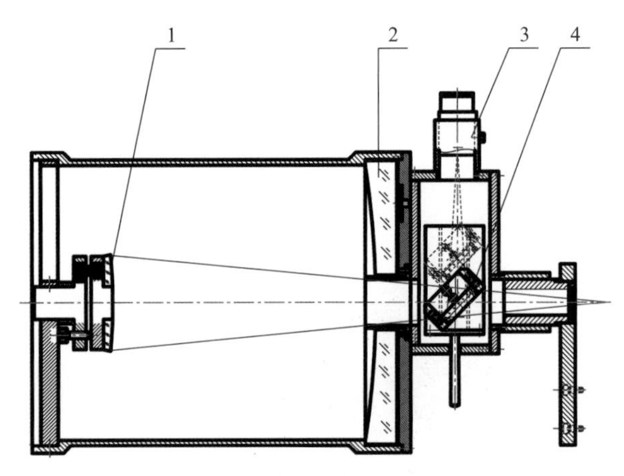

图2-22　接收望远镜系统光路及其光机结构

1—副镜；2—主镜；3—目镜；4—45°反射镜

被接收的红外平行光由主镜反射到副镜，再由副镜反射汇聚到望远镜后端，进入FTIR光谱仪入射光阑。为了更方便地调整开放光路FTIR测量系统光路，在接收望远镜上还加上了辅助观察机构。在调整光路时将45°反射镜放下来，汇聚的红外光被45°反射镜反射到目镜上。通过目镜观察和调整接收望远镜的水平角度和俯仰角度，使发射望远镜和接收望远镜处于同一光轴上。调整好后，将45°反射镜推上去，让聚焦后的红外光进入傅里叶变换红外光谱仪。

2.3.2.4 FTIR光谱仪

FTIR光谱仪是整个开放光路FTIR系统的核心装置，傅里叶变换红外光谱仪的基本原理是：红外辐射进入迈克尔逊干涉仪，经干涉仪调制后产生干涉图，然后对测量到的干涉图进行傅里叶变换得到红外辐射光谱图。所以，干涉仪是FTIR光谱仪的核心组件，干涉仪的基本功能是产生两束相干光束，并使之以可控制的光程差相互干涉以给出干涉图。辐射光投射到分束器，被分束器等分成两束，两束光经两块反射镜反射后再次通过分束器，由于两块反射镜作用使到达探测器时的两束光产生了光程差，在探测器上测量到干涉图信号。

该光谱仪的最大分辨率为$1cm^{-1}$，且光谱分辨率可调，因此根据测量的具体要求不同，可以选择不同的仪器分辨率。光谱分辨率越高，可分辨的两条特征谱线的彼此间隔就越小，但是，基线噪声也相应越高，完成一次干涉图信号采集所需要的时间也就越长。对于指定的应用场合，仪器的分辨率的选择是非常重要的，最佳的仪器分辨率并不一定是越高越好，而是与仪器自身设置和测量的化学成分特性有关。在使用红外光谱仪进行主被动探测时，可选的分辨率一般为 $1cm^{-1}$、$2cm^{-1}$、$4cm^{-1}$、$8cm^{-1}$ 和 $16cm^{-1}$。

OP-FTIR 红外接收系统实物如图 2-23 所示。

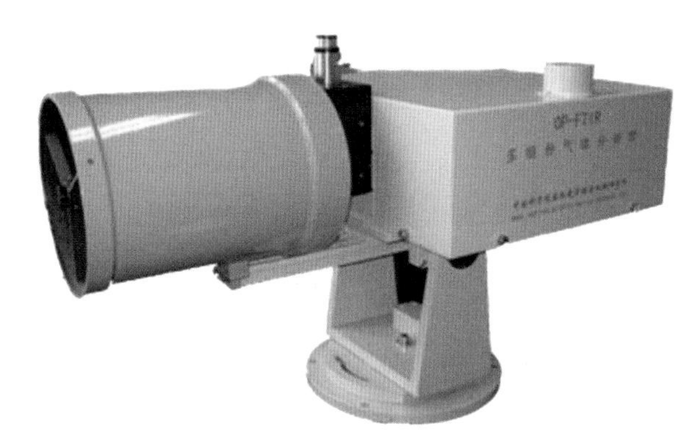

图 2-23 OP-FTIR 红外接收系统实物图

2.3.2.5 红外探测器

探测器的作用是检测红外干涉光通过红外样品后的能量，因此对使用的探测器有高的检测灵敏度、低噪声、快的响应速度和较宽的测量范围 4 点要求。FTIR 光谱仪使用的探测器种类很多，但目前还没有一种探测器能检测整个红外波段。测定不同波段的红外光谱需要使用不同类型的探测器。

目前中红外光谱仪使用的探测器可分为两类：一类是 DTGS 探测器；另一类是 MCT 探测器。虽然 MCT 类型探测器的检测范围比 DTGS 窄，但它的响应速度比 DTGS 快得多，灵敏度高，噪声低，适用于快速扫描和步进扫描等光谱的检测。综合考虑，开放光路 FTIR 测量系统采用 MCT 探测器作为红外检测器，其光谱响应范围为 $500\sim5000cm^{-1}$，探测灵敏度 D^* 为 $1\times10^{10}cm\cdot Hz^{1/2}\cdot W^{-1}$。MCT 探测器需要在液氮制冷下工作，因此探测器配有不锈钢杜瓦瓶，如图 2-24 所示。

2.3.2.6 开放光路 FTIR 测量系统的测控软件

前面介绍了开放光路 FTIR 测量系统的硬件组成，下面将介绍系统的测控软件。大多数光谱仪生产厂家都会针对各自的光谱仪开发相应的光谱仪控制和光谱采集软件，例如加拿大 ABB Bomem 公司的 Research Acquire® 软件，其功能包括光谱仪的测量控制、基本的数据处理和光谱文件的格式转换；德国 Bruker 公司的 OPUS 软件，其功能主要是采集光谱、光谱的格式转换以及光谱的简单处理。然而开放光路 FTIR 系统在实际测量大气组分时，需要对大气的红外吸收实现在线、连续的测量。显然，使用 Research Acquire® 软件或者 OPUS

图 2-24 MCT 探测器及液氮制冷杜瓦瓶

等软件的既有功能是无法直接实现光谱的连续采集及保存的，因此必须开发适合于 OP-FTIR 系统连续监测的光谱采集软件。

以此为目的，笔者所在课题组开发了 FTIR 光谱仪干涉数据采集与处理软件，实现了光谱的自动连续采集、显示及保存，软件运行界面如图 2-25 所示。

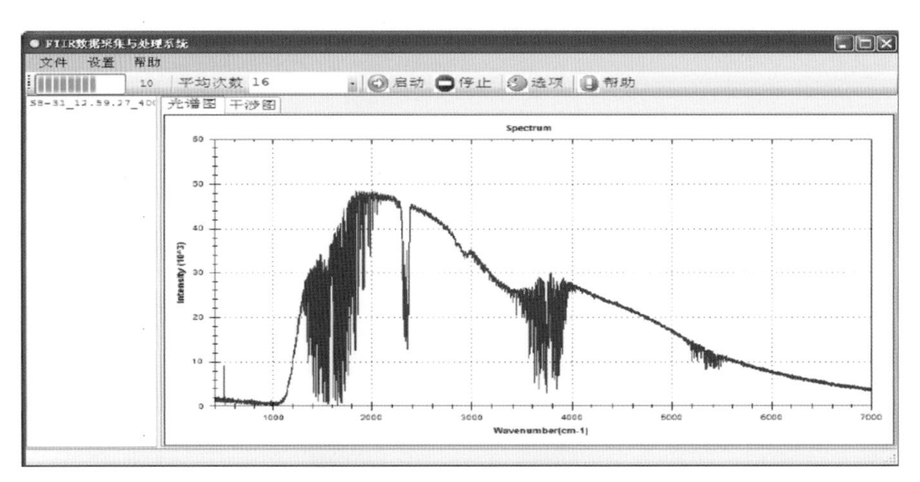

图 2-25 FTIR 光谱仪干涉数据采集与处理软件

软件在完成基本的干涉数据采集与处理的同时，还针对各种不同应用需求情况，设计了灵活的结构，从而使软件易于扩展和升级，通用性较强。支持多种采集设备和接口（采集卡、数据文件、串口等），能够方便地添加新的数据源；可以根据不同分辨率的选择采集不同长度的干涉数据进行处理，支持单边和双边扫描采集数据的处理；针对不同测量要求，提供了矩形、三角、余弦、高斯、Happ-Genzel、Norton-Beer、Blackman-Harris 等几种常用的切趾函数；用户可以选择采用 Mertz 法或 Forman 法进行相位校正；采用了平均、高通、低通滤波和小波去噪方式以提高信噪比，通过优化的快速傅里叶变换算法得到光谱图数据。软件系统运行稳定可靠，满足了 FTIR 光谱仪干涉数据采集与处理的实际需求。

2.3.2.7 FTIR 光谱仪的噪声和信噪比

光谱仪的噪声是仪器本身固有的，仪器的噪声越小，仪器的性能越好。在中红外波段，不同区间仪器的噪声水平不尽相同，高频端比低频端噪声小，而中间波段噪声则最小。测量 FTIR 光谱仪的噪声通常选用 2500～2600cm^{-1} 或者 2100～2200cm^{-1} 区间，因为这两个区间受空气中水汽和二氧化碳影响较小。

仪器的噪声有透过率表示法和吸光度表示法两种表示方法。

① 透过率表示法是在没有目标气体的情况下，分别用相同的扫描次数测量背景光谱和目标吸收谱，然后得到透过率光谱，测量 2500～2600cm^{-1} 或者 2100～2200cm^{-1} 区间透过率谱的峰-峰值 N。N 的数值越小，说明光谱仪的噪声越小。由于光谱仪的噪声是随机的，通常以 6 次测量计算得到的峰-峰值的均值作为光谱仪的噪声指标。

② 吸光度表示法的原理与透过率表示法类似，区别仅为将透过率光谱转化为吸光度光谱。

2100～2200cm^{-1} 区间 FTIR 光谱仪透过率光谱如图 2-26 所示。

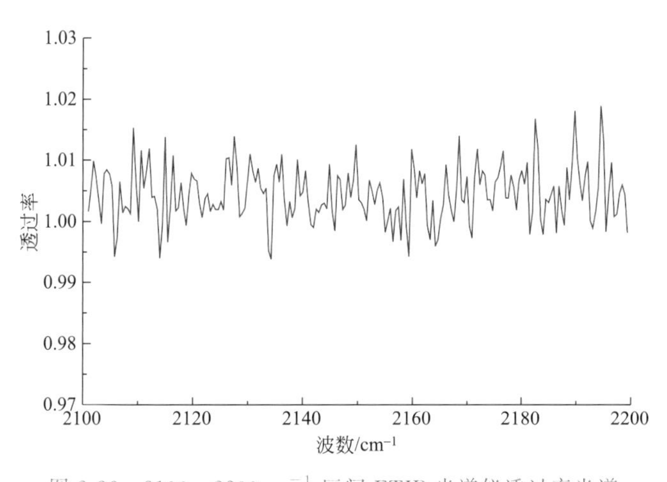

图 2-26 2100～2200cm^{-1} 区间 FTIR 光谱仪透过率光谱

图 2-26 给出了在没有目标气体情况下，采用 16 次扫描平均采谱方式得到的 2100～2200cm^{-1} 区间的透过率光谱，其峰-峰值为 0.03262。依此做 6 次重复性测量，得到 6 条透过率光谱，各光谱的峰-峰值具体计算结果如表 2-3 所列。取 6 次测量得到的透过率光谱的峰-峰值的均值作为光谱仪的噪声，大小为 0.0295。

表 2-3　6 次测量得到的透过率光谱峰-峰值

测量次数	峰-峰值	测量次数	峰-峰值
1	0.03262	4	0.02737
2	0.02382	5	0.03417
3	0.03537	6	0.02379

仪器信噪比（SNR）是衡量红外光谱仪性能好坏的一个重要指标。信噪比是用 100 除以透过率表示法测得的噪声峰-峰值 N，即：

$$\mathrm{SNR}=100/N \tag{2-54}$$

物理意义是：100 是透过率光谱的信号，N 是透过率光谱的噪声，二者之比即为仪器的信号噪声比。事实上，在采用透过率法测定光谱仪的噪声时并没有目标气体，只是假设在测得的透过率光谱中有一个谱带透过率为 0，即 100% 吸收。光谱仪的信噪比越高，表示其性能越好。前面测量计算得到开放光路 FTIR 光谱仪的噪声 $N=0.0295$，代入式(2-54) 得到光谱仪的信噪比 $\mathrm{SNR}=3.39\times10^3$。

在进行傅里叶变换红外光谱的测量时，红外探测器在接收样品光谱信息的同时也接收了噪声信号。这些噪声具体包括探测器自身的噪声、红外光源强度微小变化引起的噪声、杂散光噪声、外界环境干扰带来的噪声、干涉仪动镜移动引起的噪声、电子线路噪声等。红外光谱的噪声是指在样品的红外光谱中，在没有吸收谱线带的基线上的噪声水平，可以看出红外光谱的噪声和光谱仪的仪器噪声在数值上相等。红外光谱的信噪比是指实测红外光谱吸收峰强度与基线噪声的比值。对于吸光度光谱，光谱信噪比 SNR 为：

$$\mathrm{SNR}=A/N \tag{2-55}$$

式中　A——吸光度光谱中最强吸收峰的吸光度值；

N——基线噪声。

图 2-27 给出的是开放光路 FTIR 系统测量 34×10^{-6} 浓度乙炔得到的吸光度光谱，选取水汽干扰较小波段（$850\sim950\mathrm{cm}^{-1}$）的吸光度光谱作为基线噪声的计算波段，计算得到基线噪声 $N=0.00878$。吸光度光谱中最强吸收峰的吸光度值 $A=0.69955$，代入式(2-55) 得到红外光谱的噪声 SNR 为 79.675。

对于 FTIR 光谱测量系统来说，红外光谱信噪比与光谱分辨率、测量时间等参数有着相互制约的关系，可由下式表示：

$$\frac{S}{N}=\frac{U_\nu(T)\theta\Delta\nu t^{1/2}\xi D^*}{A_{\mathrm{D}}^{1/2}} \tag{2-56}$$

式中　$U_\nu(T)$——亮温度 T 的黑体辐射在频率 ν 处的光谱能量密度；

θ——光谱仪系统的光通量；

$\Delta\nu$——光谱分辨率；

t——测量时间；

ξ——干涉仪效率；

D^*——探测率；

A_D——探测器面积。

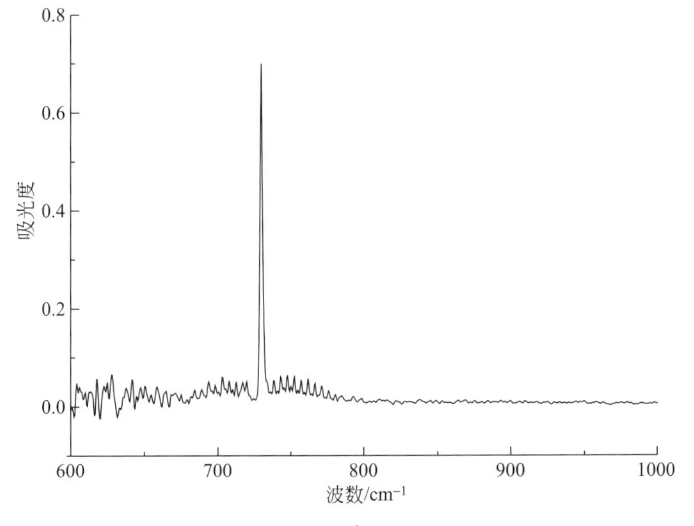

图 2-27 600～1000cm^{-1} 区间乙炔吸光度光谱

从式(2-56) 可以看出，影响光谱信噪比的因素有光谱分辨率 $\Delta\nu$、测量时间 t、红外光通量 θ、干涉仪动镜扫描速度以及所使用的探测器、切趾函数等。

(1) 信噪比与测量时间 t 的平方根成正比

式(2-56) 中的测量时间 t 指的是干涉仪动镜扫描时采集数据点所用的时间（动镜移动但不采集数据的时间不计算在内）。根据动镜的扫描速度和每次扫描采集的数据点数，可以计算出每次扫描采集数据的时间。由于信噪比正比于测量时间 t 的平方根，而测量时间又正比于扫描次数，所以信噪比正比于扫描次数 n 的平方根，即：

$$\mathrm{SNR} \propto \sqrt{n} \tag{2-57}$$

从式(2-57) 可以看出，扫描次数越多，光谱的信噪比越高。在实际测量中，为了提高吸收光谱的信噪比，在其他条件不变的情况下可以采用增加扫描次数的方法。

图 2-28 给出的是不同扫描次数下利用开放光路 FTIR 系统测量环境大气吸收得到的吸收光谱噪声，吸收光程为 360m，扫描次数分别为 1 次、4 次、8 次、16 次、32 次、64 次、128 次和 256 次。从图 2-28 中可以看出，随着扫描次数的增加，光谱的噪声越来越小，光谱信噪比越来越大。

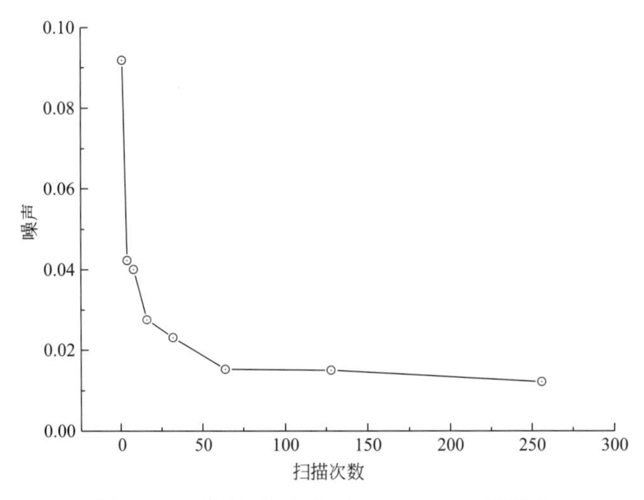

图 2-28 不同扫描次数下 OP-FTIR 光谱噪声

（2）信噪比与分辨率 Δν 成正比

对于光谱信号非常弱的光谱，通过增加扫描次数来提高光谱信噪比往往很难奏效，这时提高信噪比的最好办法是增加光谱分辨率。

图 2-29 给出了不同分辨率下（$1cm^{-1}$、$2cm^{-1}$、$4cm^{-1}$ 和 $8cm^{-1}$）1300～$1900cm^{-1}$ 区间的水汽吸收光谱，可以看出，分辨率越高，可从光谱中分辨出的吸收线型就越多，吸光度值也越大，分辨率每提高 1 倍，吸光度平均提高 1.08 倍。

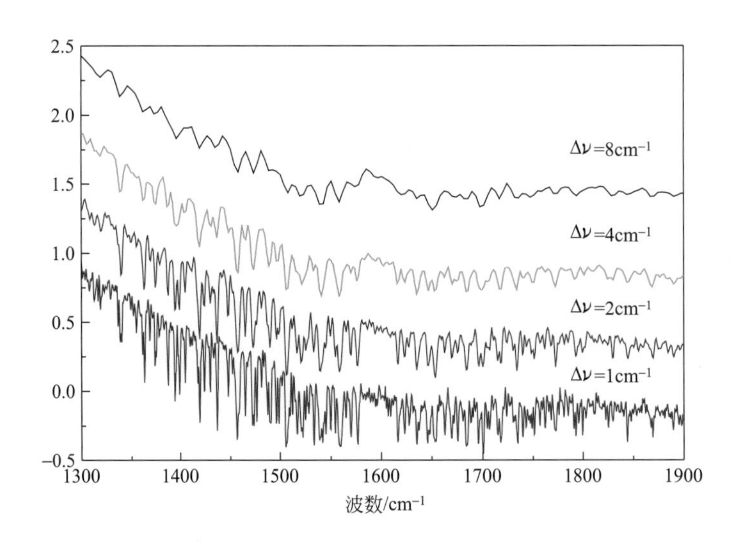

图 2-29 1300～$1900cm^{-1}$ 区间不同分辨率下水汽吸收光谱

实际测量中，提高分辨率并不一定就可以增加发现弱吸收物质的概率。对于一些宽带弱吸收的组分如大分子的吸收波段的细微结构在光谱上并不能分辨，这些分子的吸收波段可能有 10～$20cm^{-1}$，所以使用 4～$8cm^{-1}$ 分辨率就可以很好地分辨出来。在这种情况下，所观察的峰高将与分辨率无关，而只由吸光度和吸收物质的浓度来决定，也就是说分辨率的提高并不能使微弱的吸收表现得更强。只有在这种情况下才可以通过使用较低的分辨率来获取较好的信噪比。

(3) 信噪比与光通量成正比

从式(2-56)可以看出，光谱信噪比 SNR 与光通量成正比。一般情况下，光谱仪前端都会设置一个可调光阑，以控制进入光谱仪的光通量大小。通过光阑的红外光通量并不是均匀分布的，光阑中心能量较高，偏离中心越远，能量越低。所以，光阑面积成倍增加时，光通量并不是成倍增加。测量高分辨率光谱时，光阑孔径小；测量低分辨率光谱时，光阑孔径大。

红外光谱的信噪比除了受上述几个因素影响外，还跟接收信号所使用的红外探测器、切趾函数有关。目前 FTIR 光谱仪在中红外区使用的探测器大致可分为 MCT 探测器和 DTGS 探测器。相比之下，MCT 探测器检测灵敏度更高，扫描速度更快。使用 MCT 探测器的噪声比 DTGS 探测器的噪声低两个数量级。

对于低分辨率光谱，干涉图乘以不同的切趾函数所得光谱的噪声会有些许差别，使用矩形（boxcar）截断函数比使用其他切趾函数的噪声要大，一般情况下，使用矩形截断函数所得红外光谱的噪声是使用三角截断函数 1.7 倍。由傅里叶变换红外光谱仪得到的红外光谱原始数据是定性定量分析的基础。高质量的红外光谱往往受测量方法、仪器分辨率、扫描次数等因素影响，因而需要对测得的红外光谱进行初步的数据处理。其中，光谱数据归一化和光谱平滑是较常用的两种方法。傅里叶变换红外光谱测量系统的最终目的常常是对实测光谱进行定量分析。实际的气体测量过程中基本上是复杂的多组分体系，针对这样的体系，准确反演待测气体浓度有很多方法，其中常见的有峰值高度或峰值面积分析、差谱方法、经典最小二乘法、偏最小二乘法、非线性最小二乘定量分析方法。光谱平滑数据处理技术是对光谱数据中的纵坐标值进行数学平均计算，可以降低光谱噪声，改善光谱形状。通过光谱平滑可以看清楚被噪声掩盖的光谱信息，通常采用的是 Savitsky-Golay 算法。采用光谱平滑数据处理技术后，光谱噪声降低的同时光谱的分辨能力也降低了。平滑的数据点数越多，所得光谱的表观分辨率越低，当平滑的点数达到一定程度时光谱的有些肩峰会消失。随着光谱平滑点数的增加，吸收峰变得越来越宽。平滑是一种补救方法，是对已采集的光谱信噪比达不到要求而采取的一种处理方法。实际上，在采集光谱数据时，如果发现光谱的信噪比达不到要求，可以采用降低分辨率的方法，以提高光谱信噪比。这样得到的光谱就不需要进行平滑了。平滑降低了光谱的“表观”分辨率，尽管“真正”分辨率没有降低。所以，实际过程中可以在光谱平滑与降低分辨率方法之间灵活选择。

在 120km 以下的高空中，大气的主要组成是氮分子和氧分子，惰性气体也有相当的含量，这是大气长期演化的结果，它们在大气中存在的时间很长，因此可以认为在相当长的时间内它们的含量是不变的。此外大气中还有微量痕量气体，如 CO_2、CO、N_2O、SO_2、O_3、NO、NO_2、CH_4、NH_3、H_2S、卤化物、有机物等。它们中有一些是天然排放的，但由于人类活动大量排放各种微量痕量气体，这些微量痕量气体受到各种物理的、化学的、生物的、地球过程的作用并参与生物地球化学的循环，对全球大气环境及生态产生重大的影响，例如光化学烟雾、酸雨、温室效应、臭氧层破坏等无不与这些气体有关。在 CO_2、CO、CH_4、NO_2 四种气体中，CO_2 和 CH_4 是两种普遍公认的最重要的温室气体，NO_2 虽只是一个次要温室气体，但它是破坏臭氧的同温层氮氧化物主要气源，而CO在大气背景光化学反应中起关键作用。这四种气体也是洁净空气中最丰富的大气红外吸收痕量气体（除 H_2O 外）。在国内，中国科学院安徽光学精密机械研究所使用自主开发的开放光路 FTIR 测量系统和多次反射池 FTIR 测量系统在北京市和珠江三角洲地区对 CO_2、CO、CH_4、NO_2 进行了测量。

开放光程 FTIR 的实验场地如图 2-30 所示。

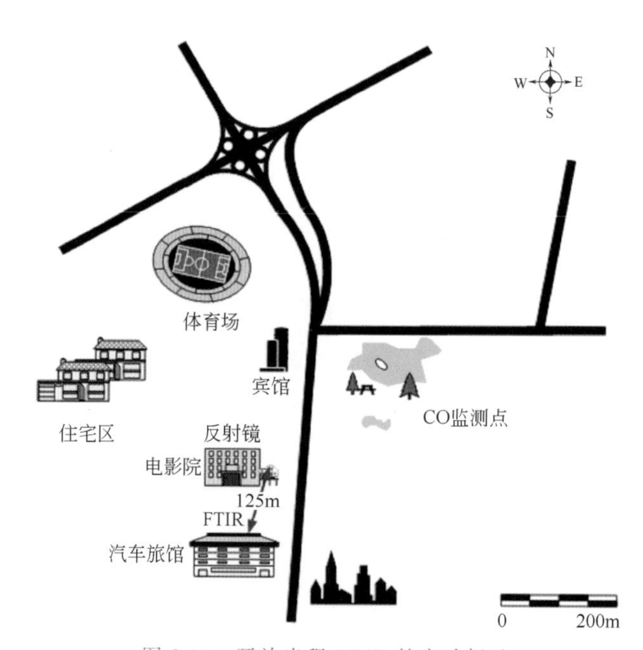

图 2-30 开放光程 FTIR 的实验场地

实验场地位于北京市丰台区的西四环路南段，开放式 FTIR 的收发端安装于聚峰宾馆（北纬 39°51′，东经 116°16′）六楼室内，距地面约 19m，与四环的主干线垂直距离约为 50m。角反射器阵列置于与四环路平行的一幢建筑物的楼顶，与发射望远镜的距离为 125m，由此得到的系统总检测光程为 250m。夏季观测时间从 2005 年 8 月 18 日到 2005 年 9 月 10 日，冬季观测时间从 2006 年 2 月 16 日到 2006 年 2 月 28 日。该地区位于北京市的西南面，一般认为这里是北京工业区的下风口，同时附近的西四环高速公路交通繁忙，此处的污染气体信息具有非常典型的代表性。图 2-31 为开放光程 FTIR 系统实测的一条光谱，在这条光谱中主要分析 CO_2、CO、CH_4、NO_2 的两个波段：2920～3140cm^{-1} 和 2140～2220cm^{-1}。

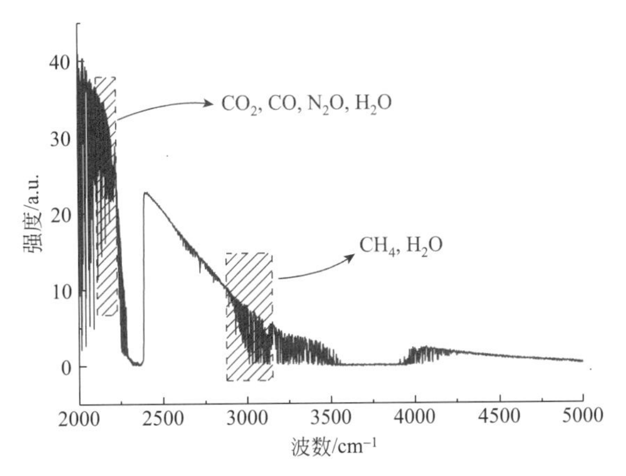

图 2-31 开放光程 FTIR 采集到的光谱

图 2-32 给出了 CO_2 的测量结果。其中，图 2-32（a）给出了 2005 年 9 月 4～10 日共 7 天的观测数据，图 2-32（b）显示的是 2006 年 2 月 17～25 日共 9 天的观测数据。CO 的浓度测量结果见图 2-33。其中图 2-33（a）为 2005 年 9 月 4～10 日的观测数据，图 2-33（b）显示的是 2006 年 2 月 17～25 日的观测数据。

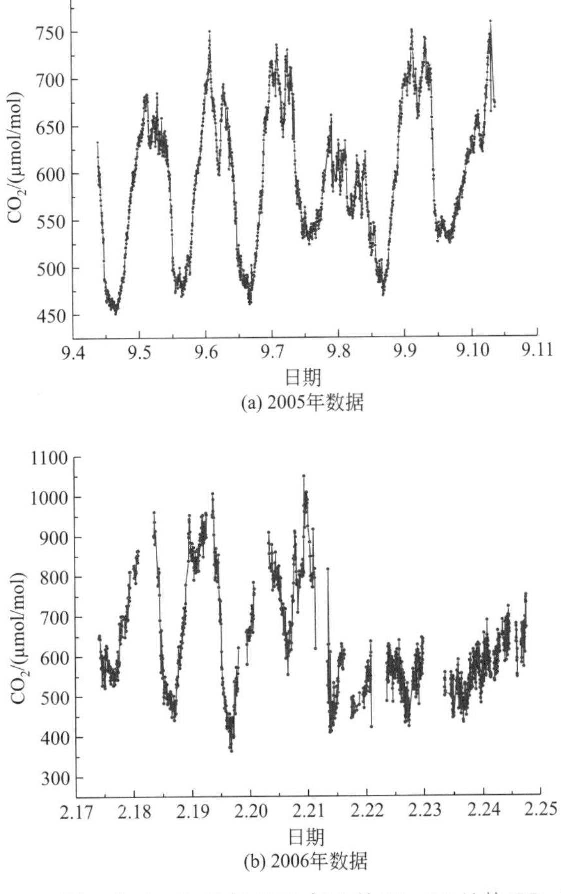

图 2-32 2005 年 9 月 4～10 日与 2006 年 2 月 17～25 日的 CO_2 测量结果

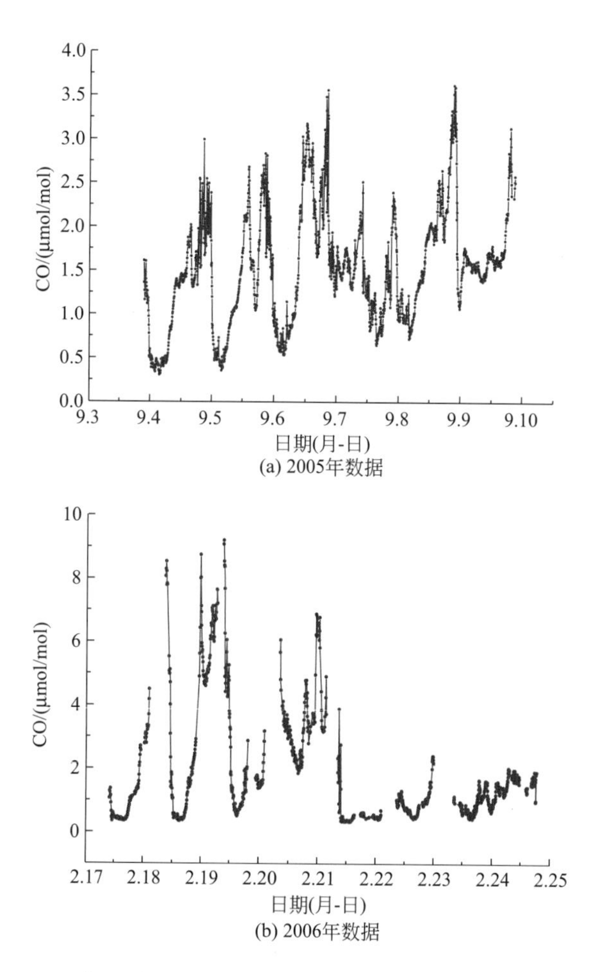

图 2-33 2005 年 9 月 4～10 日与 2006 年 2 月 17～25 日的 CO 测量结果

由测量结果可见，不论季节如何，CO_2 和 CO 的浓度均维持在一个较高的水平，这主要是由于观测的地理位置决定的，实验场地位于工业排放区的下风口，西四环高速公路旁边，CO 和 CO_2 浓度受机动车尾气和工业排放的影响较大。而且 CO 的日平均浓度分别为 1.52μmol/mol 和 2.64μmol/mol，CO_2 的日平均浓度分别为 592.67μmol/mol 和 646.79μmol/mol，可见冬季的 CO 和 CO_2 浓度明显高于夏季浓度。而 CO_2 和 CO 浓度的日变化趋势均表现为白天低，晚上高，冬季白天 CO_2 浓度大约在 410μmol/mol，而夜里 CO_2 浓度上升到 610μmol/mol 左右，CO 的浓度变化也是从白天的 100～200nmol/mol 至夜间的 6～9μmol/mol。气体浓度晚上增高，可能主要是由于在夜间，边界层大气的对流输送降低，导致工业生产、机动车尾气排放在近地层大气中逐渐积累造成的，而且直到日出左右出现峰值。而在白天，由于对流输送，浓度逐步降低。

从图 2-32 中还可以看到，不论是夏季观测数据还是冬季观测数据，这两种气体均有几天的浓度变化规律不同以往，这是由于在这几天里，伴随降雨和大风，空气中的污染气体得到迅速扩散造成的。

从总体上看，CO 和 CO_2 的变化趋势的表现较为类似，对其作相关性分析。图 2-34 给出了两种气体的相关性分析结果。冬夏两季的 CO 和 CO_2 均具有较好的相关性，相关系数 R 分别为 0.896 和 0.856。其中冬季的相关性方程为 $Y_{[CO_2]} = 446.06 + 96.30X_{[CO]}$；夏季的相关性方程为 $Y_{[CO_2]} = 456.14 + 69.17X_{[CO]}$。这种相关性提示，该地区这两种气体的排放源具有某种程度的一致性，初步估计机动车尾气排放和化石燃料燃烧为这一地区 CO 和 CO_2 的主要来源。

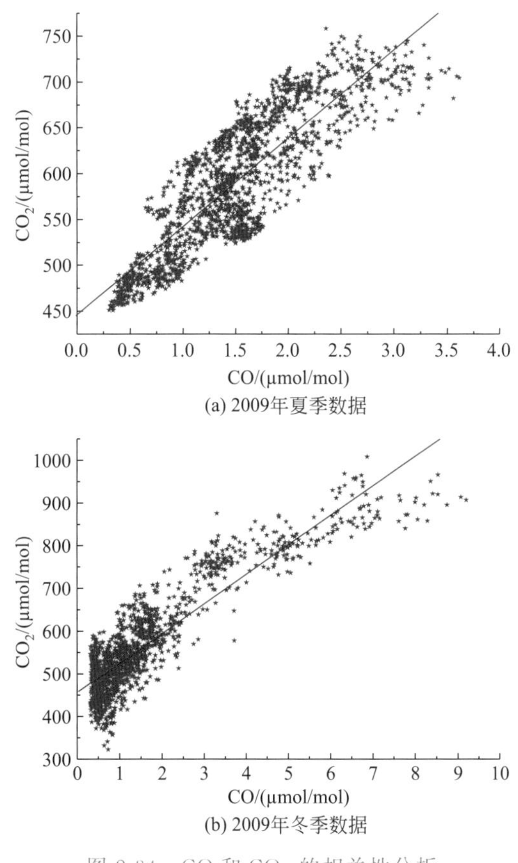

图 2-34 CO 和 CO_2 的相关性分析

2.3.3 傅里叶变换红外光谱技术的应用

与常用的定点采样方法相比，FTIR 在红外光谱分析方面有着明显优势，如一次可以获得全部光谱（2～20μm）数据，不需要进行光谱扫描；没有分光元件，光强利用效率高；对样品没有任何限制，可以对多种分子进行同时测量。这使得傅里叶变换红外技术在探测和鉴定环境中的气相污染物方面的应用日益增多。截至目前，该技术已经在各种典型的大气科学应用场合，如精确测定环境大气中的多种痕量组分、生物燃烧气体测量、大气中 VOCs 测量、太阳掩星法遥测、热烟羽被动测量等方面，发挥出一定的作用，显示了广阔的应用前景。

2.3.3.1 CO_2、CO、CH_4、NO_2 和 $^{13}CO_2/^{12}CO_2$ 的高精度测量

在 CO_2、CO、CH_4、NO_2 四种气体中，CO_2 和 CH_4 是两种普遍公认的最重要的温室气体，NO_2 虽只是一个次要温室气体，但它是破坏臭氧的同温层氮氧化物主要气源，而 CO 在大气背景光化学反应中起关键作用。这四种气体也是洁净空气中最丰富的大气红外吸收痕量气体（除 H_2O 外），相应的混合比的典型值为 $360mL/m^3$（CO_2）、$1.7mL/m^3$（CH_4）、$310\mu L/m^3$（NO_2）和 $50\sim100\mu L/m^3$（CO）。

大气 CO_2 中的 $^{13}C/^{12}C$ 比值的变化是说明大气中 CO_2 丰度的可用判据，由于不同的物理、化学和生物学过程产生着不同的同位素比例，并在最终的 CO_2 中留下特征同位素的“指印”。CO_2 的主要同位素有 3 种：$^{12}C^{16}O^{16}O$ 占 98.42%，$^{13}C^{16}O^{16}O$ 占 1.09%，$^{12}C^{16}O^{18}O$ 占 0.40%。FTIR 测量同位素 $^{13}C/^{12}C$ 比的基础是它们具有不同的振动与转动光谱。由于不同同位素的区别往往是很小的，通常在 0.1% 的量级，因此需要高精度的测量。然而，对于 CO_2 来说，$^{13}CO_2$ 的 ν_3 吸收带相对于 $^{12}CO_2$ 在低波数方向有 $66cm^{-1}$ 的位移，用 $1cm^{-1}$ 分辨率的光谱仪足以分辨。

2.3.3.2 生物燃烧气体测量

生物燃烧是许多大气痕量气体的主要来源。开放光路 FTIR 测量非常适合于生物燃烧时的烟羽分析，因为它们可应用于很宽的组分范围并且对于这样相对集中的样品具有足够的灵敏度。热烟羽中的许多化合物是相互反应的，易发生变化，直接采样较为困难，此时使用非介入测量的 FTIR 方法的优势得以体现。

另外还可以通过离线分析方法，从生物燃烧源采集热烟羽样品进行分析。由于非介入和多组分分析等优势，FTIR 测量技术也被广泛应用于工业焚化炉和电厂烟囱气体的分析。通常，一种方法是直接将光路横置于烟囱进行在线测量；另一种方法是将烟气采样，充入样品池，然后使用 FTIR 进行离线分析。后一种方法，必须采用加热的管道和样品池以避免在较冷的表面上热气体特别是水蒸气的冷凝。

2.3.3.3 大气中 VOCs 测量

挥发性有机物（VOCs）是一类危害极为严重的大气污染物，目前常用的

定量分析方法以气相色谱（GC）和色谱-质谱（GC-MS）联用的方法为主，其检测过程为：采集气体样品、进行预处理、富集、气相层析分离，以适宜的检测器（FID、PID、MS 等）进行检测。实验室分析具有明显的滞后性，难以满足实时、自动、连续监测的需要。因为 VOCs 在红外波段有着显著的吸收或发射特征，FTIR 光谱法灵敏度高、选择性好，且无需进行样品的预处理，具有快速、非破坏、高效、动态等优点，适用于 VOCs 现场快速检测和实时在线分析，能够避免采样方式的烦琐过程以及采样过程带来干扰的可能，因此测量结果更为准确，开放光路 FTIR 光谱法是美国环保署推荐的 VOCs 在线测量方法。

2.3.3.4 太阳掩星法遥测

太阳光的有效黑体温度为 5800K，角度尺寸足以充满常见的 FTIR 光学系统的视场，因此是一种很好的 FTIR 辐射源。传统的傅里叶变换红外光谱遥测技术（主动遥测、被动遥测）在气体监测应用中，通常只是对某一点进行监测、分析，但在某一较大区域内（例如某化工区周边）污染气体的排放及分布状况测量中，普遍存在机动性能不强的问题；而基于太阳跟踪仪实现的 SOF-FTIR 方法以太阳为光源，可以快速移动扫描污染排放区域，测量大气中污染气体的柱密度并结合气象数据获取污染源的分布及扩散信息。通过太阳跟踪仪的校正，使得运动过程中光谱仪仍能不间断地对太阳光谱进行记录，结合背景谱得到测量区域内目标气体的透过率，反演出其浓度分布。SOF-FTIR 技术在化工厂区以及其他污染气体排放源区的周边实时检测污染气体排放总量及进行扩散状况分析等应用领域前景广阔。掩日通量（solar occultation flux，SOF）监测方法是以太阳作为光源，通过测量和分析太阳光经过气体吸收后的吸收光谱来确定气体成分并反演气体浓度的。太阳在红外波段有较强的辐射强度，同时大部分分子在红外波段都有特征吸收，加之 FTIR 光谱仪有一系列其他色散型光谱仪无法比拟的优点。掩日通量（SOF）监测方法与 FTIR 技术相结合的 FTIR-SOF 监测方法早在 20 世纪 80 年代就被提出和应用。1989 年 T. Blumenstock 等在位于北极圈内的瑞典基律纳市（Kiruna），以太阳为辐射源，用地基 FTIR 光谱仪对大气透过率进行了测量。目前，国际大气成分地基观测网络（NDACC）的红外工作团队一直在利用 FTIR-SOF 监测方法，通过地基高分辨率 FTIR 光谱仪测量太阳吸收光谱，对大气痕量气体整层浓度廓线进行反演。

2.3.3.5 车载遥测

研究太阳辐射多层传输模型可用于地基高分辨率 FTIR 光谱仪大气痕量气体整层浓度廓线反演。将太阳辐射多层传输模型简化为两层传输模型，根据污染源排放气体特性和比尔定律，就可以通过中等分辨率或低分辨率 FTIR 光谱仪测量的太阳吸收光谱反演污染源排放气体柱浓度，结合气象参数进一步可以得到区域污染源有害气体排放通量。这里主要介绍基于掩日通量（SOF）监测方法和中等分辨率 FTIR 光谱仪的车载 FTIR-SOF 系统。

因为污染源排放气体主要位于近地面，为简化分析，笔者及其团队将大气层分为高空大气层和排放气体扩散层，即从地面到排放气体抬升和扩散的最高位置为排放气体扩散层，该层中的气体成分和浓度受污染源排放的影响，随时间和地点的不同在变化。排放气体扩散层之上为高空大气层。高空大气层中气体种类和浓度相对比较稳定，在一次测量时间内没有较大变化。排放气体扩散层的气体成分包括常规气体和排放气体，有些常规气体如水汽和二氧化碳随时间和地点在变化。如图 2-35 所示，假定太阳辐射到达排放气体扩散层时强度为 $I_0(\nu)$，经过排放气体扩散层被排放气体选择吸收后的强度为 $I(\nu)$，那么：

$$I(\nu)=[1-\tau(\nu)]B(\nu,T)+\tau(\nu)I_0(\nu) \tag{2-58}$$

式中 T——排放气体平均温度；

$[1-\tau(\nu)]B(\nu,T)$——排放气体自身的发射强度；

$\tau(\nu)$——排放气体的透过率。

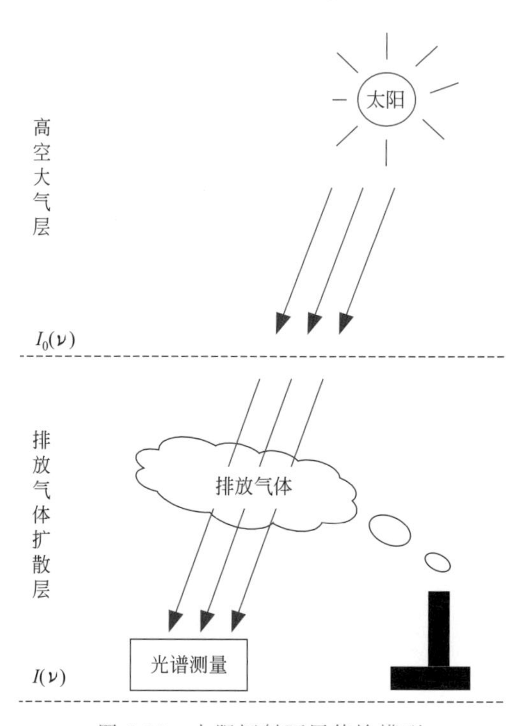

图 2-35　太阳辐射两层传输模型

车载 FTIR-SOF 系统主要由太阳跟踪器、FTIR 光谱仪、GPS 接收机、计算机、风速风向仪、车速仪、升降台组成。图 2-36 为系统整体设计示意以及监测车实物图，图中太阳跟踪器负责跟踪太阳并将太阳光导入 FTIR 光谱仪；FTIR 光谱仪负责测量经气体吸收后的太阳光谱；GPS 接收机通过接收定位系统卫星信号，计算并记录测量点的经纬度；计算机是整个装置的控制中心，负责协调各部分工作。

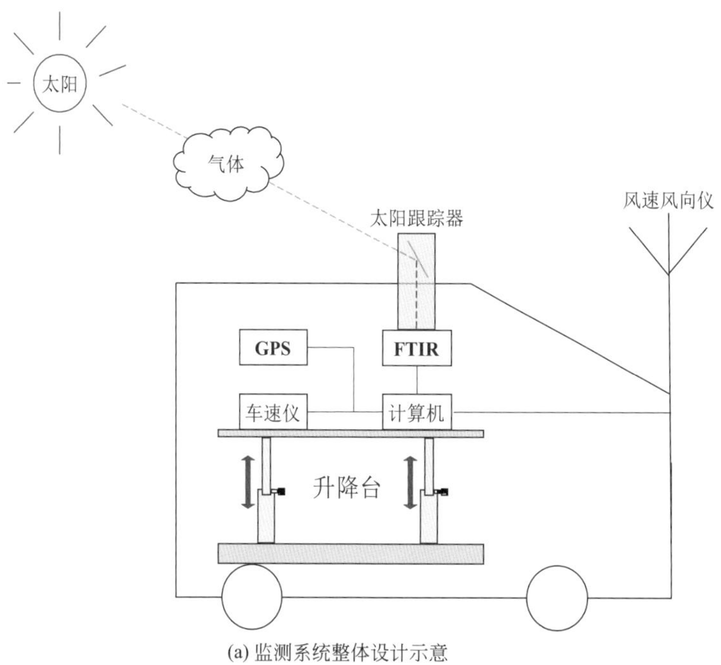

(a) 监测系统整体设计示意

(b) 监测车实物图

图 2-36 监测系统整体设计示意及监测车实物图

整个系统的几大组成部分中（太阳跟踪器、FTIR 光谱仪、GPS 接收机、计算机、风速风向仪、车速仪、升降台），太阳跟踪器的设计是整个系统光机部分的关键。根据太阳跟踪的基本原理，这里采用了太阳运行轨迹跟踪和光电四象限跟踪两种跟踪方式。任何地点任何时间太阳高度角和太阳方位角可以通过太阳运行规律计算得到。太阳运行轨迹跟踪方式就是基于这一规律进行初步太阳定位。光电跟踪方式是通过一个光电探测器感知太阳位置的变化来反馈控制电机旋转实现太阳跟踪。这样，通过太阳运行轨迹跟踪方式对太阳进行粗略跟踪，为光电跟踪方式提供初始位置，使其能够做到全自动跟踪。

为了保证监测车在运动过程中，太阳光线始终能够进入 FTIR 光谱仪，需要设计一种特殊的光机结构。图 2-37 是一种反射转台式太阳跟踪器示意图，整套装置放置在固定台 2 上。固定台 1 支撑电机 2 和旋转台。电机 1、光电探测单元、控制单元、反射镜 1、反射镜 2 和反射镜 3 固定于旋转台上，跟随旋转台转动。电机 1 带动反射镜 1 跟踪太阳高度角，电机 2 带动旋转台跟踪太阳方位角。反射镜 2 放置在一个可以二维调整的调整架上，通过调整反射镜 2，使得太阳光照到光电探测单元某一特定位置时，通过反射镜 3 反射的光线方向（图 2-37 中光线 3）与旋转台的法线方向相同，这样可以保证车子在运动或转弯过程中，光线 3 相对于固定台和 FTIR 光谱仪始终不发生变化。这个特定位置为系统的基准位置，旋转台法线方向为系统的基准方向，通常选择光电探测器的中心位置为系统的基准位置。图 2-38 是太阳跟踪器实物图。

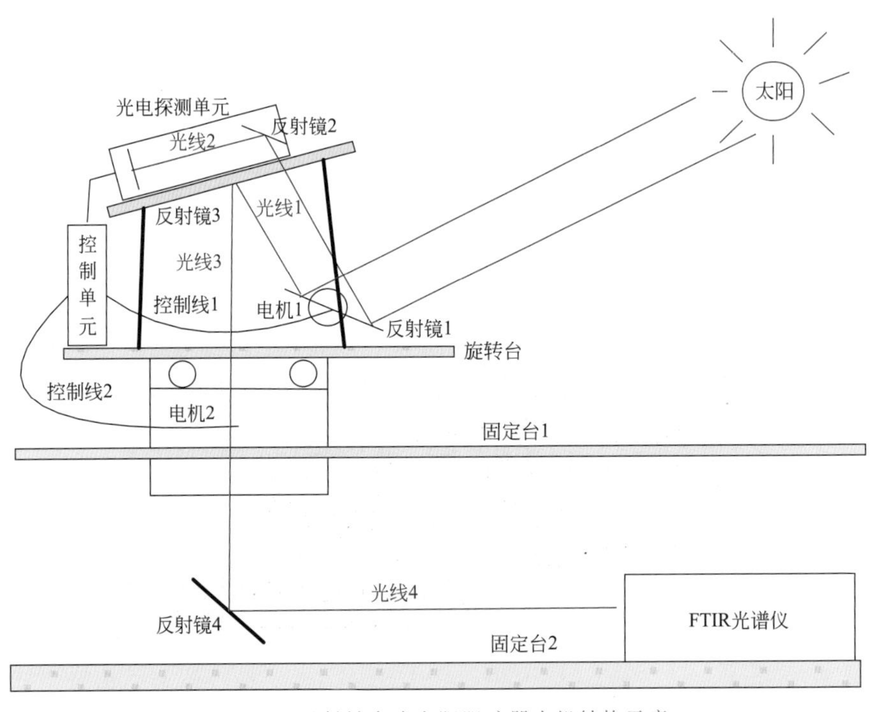

图 2-37 反射转台式太阳跟踪器光机结构示意

2.3.3.6 热烟羽被动测量

利用 FTIR 光谱法进行热烟羽测量时，通常有两种方法：采用直接横穿烟

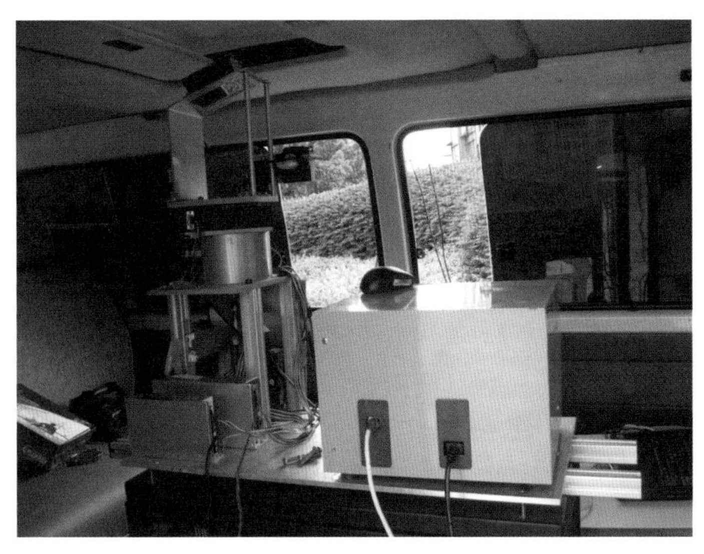

图 2-38 反射转台式太阳跟踪器实物图

羽的开放光路进行测量；将目标气体采样进 FTIR 光谱仪的样品池进行分析。在这方面的应用主要是火山、发电厂、工业锅炉所排放的污染气体监测，战场化学战剂的监测，火灾以及突发性污染事故的应急监测。

烟囱喷发的热烟羽温度比较高，它们的红外辐射高于环境背景的发射，因此不需要另外的红外发射光源，可以直接将这些热气源作为被动的、单站工作方式的 FTIR 遥测痕量气体，测量的原理如图 2-39 所示。

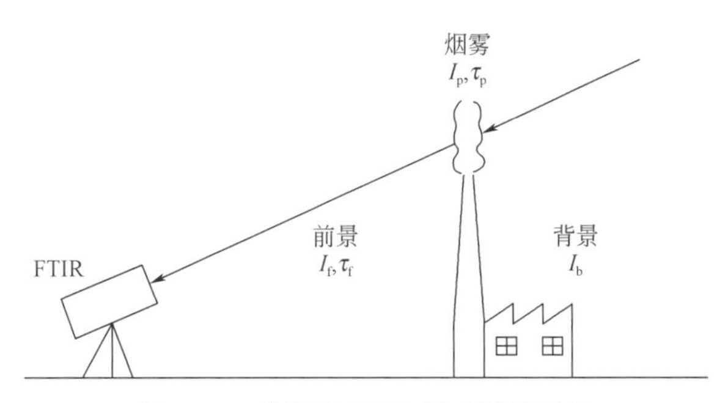

图 2-39 热烟羽 FTIR 被动遥测示意

如图 2-39 所示，烟囱喷发的热烟羽由 FTIR 光谱仪所观察，其望远镜限定了所观察的视场大小。被 FTIR 光谱仪所接收的总光强可以表示成 3 个部分：

① 透过热烟羽的和前景大气传输的背景辐射 I_b；

② 穿过前景大气传输的烟羽辐射 I_p；

③ 前景大气的自身热辐射 I_f。

假设热烟羽和前景的大气透过率分别为 τ_p 和 τ_f，则光谱仪接收到的总光强可以写为：

$$I=I_b\tau_p\tau_f+I_p\tau_f+I_f \tag{2-59}$$

上式中的各项都与频率 $\tilde{\nu}$ 有关。热烟羽发射光强 I_p 为：

$$I_p=B(\tilde{\nu},T_p)(1-\tau_p) \tag{2-60}$$

式中　T_p——热烟羽的温度；

$B(\tilde{\nu},T_p)$——热烟羽的普朗克函数；

$1-\tau_p$——热烟羽发射率。

分析光谱 $I(\tilde{\nu})$ 需要计算大气透过率和热烟羽发射光谱，并用最小二乘拟合测量的光谱。背景项 I_b 分量可以通过测量热烟羽近旁的大气光谱获得，然后通过计算去除背景的贡献，因此得差分辐射为：

$$I_D=[B(\tilde{\nu},T_p)\tau_f+I_f](1-\tau_p)-(1-\tau_p)I_{OS} \tag{2-61}$$

式中　I_{OS}——模拟辐射。

与传统色散型光谱仪相比，傅里叶变换红外（FTIR）光谱仪具有下列优点。

（1）多通道（Fellgett 优点）

对于 FTIR 光谱仪，入射光被干涉仪调制成声频波，不同频率的光被调制成不同的值，所用探测器既获得强度信息，又获得频率信息。各种频率光同时落到探测器上，无需分光测量。相对于色散仪器每次仅能测量全光谱很小的一部分，FTIR 光谱仪却能测得全部光谱信息。如在（$\nu_1-\nu_2$）波段范围内，光谱分辨率为 $\Delta\nu$，则测量所需分辨单元数 $m=(\nu_2-\nu_1)/\Delta\nu$。用色散型光谱仪在 T 时间内对（$\nu_1-\nu_2$）波段测量时，每个分辨单元所需的测定时间为 T/m。与此相应，FTIR 则为 T。由于随机噪声引起的信噪比 S/N 与测量时间成正比，所以 FTIR 比色散型光谱仪信噪比高得多，并且分辨率越高，S/N 提高越大。在 0.1cm^{-1} 分辨率时，S/N 提高近 190 倍。显然多通道的优点使 FTIR 的信噪比增加，检测灵敏度也相应地大幅提高。

（2）高光通量（Jacquinot 优点）

FTIR 光谱仪中通常不设限光狭缝或其他限光元件，从而保证了较高的光通量。光学系统的光通量 Φ 指通过它传送的光的总能量。光通量定义为光束的面积与立体角的乘积，即光阑面积与准直镜孔径所张立体角的乘积，如下式所示：

$$\Phi=\frac{\pi}{4}d_1^2\Omega_1=\frac{\pi}{4}d_2^2\Omega_2 \tag{2-62}$$

式中　d_1，Ω_1——光圈直径和在光圈焦点处光的立体角；

d_2，Ω_2——准直光源的直径和发散立体角。

对于半角为 α 的圆锥光，立体角 $\Omega=2\pi(1-\cos\alpha)$。如果 α 为小量，则通过

$\cos\alpha$ 的级数展开，有 $\Omega \approx \pi\alpha^2$。一个发散光束通常用它的 f 数来描述，f 数为收集反射镜或透镜的焦距对直径的比值。因此 $f/4$ 光束表示反射镜或透镜焦点距离与直径的比值为 4，即光束发散半角 α 为光束 f 数的 2 倍。在一些低分辨率的光谱仪中没有准直光阑，光源或探测器起着有效光阑的作用，限制了光通量的大小。

为了获得理想准直的光束，光阑必须无穷小，于是光通过量为零。光阑越大，光通量越大，但被准直的光束也越发散。然而，干涉仪中光束的发散度，或者它的光通量，是受到所要求的光谱分辨率限制的。因为对于一个给定的动镜位移，以不同的角度通过干涉仪的光线到达真正光轴有不同的光程差，它们各自对总干涉图信号的贡献将会模糊掉每个动镜位移的光程差。因此，分辨率要求越高，光发散要求越小。最佳的通过量与所研究的最高频率处的光谱分辨率是完全一致的。最大光通量与光谱分辨率成比例，实际上，大多数中等或者高分辨率商用光谱仪，可以按照式(2-63) 选择入射光阑直径 d_1，得到最优的光通量 Φ_1。

$$d_1 = 2f_c\sqrt{\frac{\Delta\bar{\nu}}{\bar{\nu}_{max}}} \tag{2-63}$$

式中 f_c——准直仪的焦距；

$\Delta\bar{\nu}$——光谱分辨率；

$\bar{\nu}_{max}$——测量的最大波数。

(3) 高测量精度（Connes 优点）

傅里叶变换红外（FTIR）光谱仪中运动部件少，且动镜的运动和数据的采集受波长稳定的 He-Ne 激光干涉信号的反馈控制，保证极高的测量精度。

(4) 测量波段宽，全波段内分辨率一致

色散型光谱仪测量时，用色散法配以光阑狭缝取得单色光，但这些不同频率的单色光能量又不尽相同。为了保持所获得的能量近似不变，常常需要不断改变狭缝宽度，或用其他技术来调节光通量。这在技术上是很困难的，一种简化的办法是在中红外测量全波段光谱时使用两种分辨率；色散型光谱仪无法在全波段范围内分辨率一致。

傅里叶变换红外（FTIR）光谱仪通过数学上的傅里叶变换将测量到的干涉图信号转换为光谱图，由于傅里叶变换卷积性质，转换后的光谱在全波段分辨率一致。极宽的测量波段也是 FTIR 光谱仪特有的优点。它可用改换光源、分束器、探测器的办法，在同一台 FTIR 光谱仪上实现多波段测量。光谱技术的发展日趋成熟，相关的大气辐射传输理论、模型不断发展，使光学监测技术在大气探测领域的作用也越来越突出。对于差分吸收光谱技术，随着

DOAS技术本身的不断成熟，主动DOAS广泛应用在紫外和可见波段范围，进行标准污染物O_3、NO、SO_2等的日常监测，也应用了污染源在线监测中，被动DOAS系统目前已经由单轴发展到了多轴DOAS（Multi-Axis DOAS）系统，利用不同天顶角的太阳散射光在通过污染层时所经历的光程不同，有着不同的吸收，通过测量和分析这些散射光，就可知道污染层中所研究气体的浓度情况及其分布。同时该技术还被用于机载、星载平台，机载DOAS是利用飞机和热气球等运载工具，以太阳光为光源，让DOAS仪器进入对流层和平流层中，研究大气中痕量气体的变化和分布情况，如测量大气对流层中NO_x和CO_2，测量大气平流层中的BrO的分布，研究北极等温层O_3的破坏过程和大气中的·OH化学自由基浓度等；对于雷达技术，激光雷达从最早的单波长Mie散射探测气溶胶的空间分布，到现在的多波长多功能化同时具备探测多种大气成分（气溶胶、云、水汽和臭氧等）的分布，并研究这些大气成分的光学特性、浓度分布及相互关系。同时，多波长激光雷达系统可以提供气溶胶及其他大气成分的更多信息。傅里叶变换红外光谱技术（FTIR）利用干涉图和光谱图之间的对应关系，通过测量干涉图和对干涉图进行傅里叶积分变换的方法测定和研究光谱图。傅里叶变换红外光谱学方法具有分辨率高、光通量大、测量精度高、测量频带宽等优点，已经发展为目前红外和远红外波段中最有力的光谱工具。自美国环保总署公布洁净空气1990年规范以来，FTIR环境气体监测技术得到了飞速的发展，已成为环境气体光谱学监测技术的一个重要分支。此外，地基单点固定式激光雷达的长期观测十分必要，对于研究和统计分析一些重要大气成分的变化规律具有重要价值。但是，像车载、船载和机载式的可移动式平台，其机动性强，将更能发挥光学监测技术的功能和作用，而且其观测资料更能代表区域性大气成分的分布。机载式和船载式激光雷达可以在海洋上空观测，它们在一些区域性乃至全球性大气辐射和环境研究的对比实验中发挥了重要作用。

参考文献

[1] Hulst H C, Van de. Light scattering by small particles. John Wiley and Sons, Inc, 1957.

[2] Kerker M. The scattering of light and other electromagnetic radiation. Academic Press, 1969.

[3] Deirmendjian D. Electronmagnetic scattering on spherical polydispersions. Elsevier, 1969.

[4] 盛裴轩，毛节泰，等. 大气物理学. 北京：北京大学出版社，2003：423-429.

[5] Kunz G L. Vertical Atmospheric Profiles Measured with Lidar. Appl. Opt., 1983, 22: 1955-1957.

[6] Pappalardo G, Amodeo A, Pandolfi M, et al. Aerosol lidar intercomparison in the framework

of the EARLINET project. 3. Raman lidar algorithm for aerosol extinction, backscatter, and lidar ratio. Applied Optics, 2004, 43: 5370-5385.

[7] Albert Ansman, Ulla Wandinger, Maren Riebesell, et al. Independent measurement of extinction and backscatter profiles in Cirrus Clouds by using a combined Raman elastic-backscatter lidar. Applied Optics, 1992, 31 (33): 7113-7131.

[8] Whiteman D N. Application of statistical methods to determination of slope in lidar data. Applied Optics, 1999, 38: 2571-2592.

[9] Felicita Russo, David N. Whiteman, Belay Demoz, et al. Validation of the Raman lidar algorithm for quantifying aerosol extinction. Applied Optics, 2006, 45 (27): 7073-7088.

[10] Wu Yonghua, Hu Shunxing, Qi Fudi, et al. Raman lidar measurement of aerosol and cloud optical properties in the troposphere. Chinese Journal of Lasers, 2002, B11 (1): 73-78.

[11] Ansmann A, Riebesel M, Weitkamp C. Measurement of Atmospheric Aerosol Extinction Profiles with a Raman Lidar. Opt. Lett. , 1990, 15: 746-748.

[12] Ferrare R A, Melfi S H, Whiteman C N, et al. Raman Lidar Measurements of Aerosol Extinction and Backscattering 1. Methods and Comparisons. J. Geo. Res. , 1998, 103 (16): 19663-19672.

[13] Malm W C, Sisler J F, Huffman D, et al. Spatial and seasonal trends in particle concentration and optical extinction in the United States. Journal of Geophysical Research, 1994, 99: 1347-1370.

[14] Malm W C, Gebhart K A, Sisler J F. Introduction to visibility. FortCollins: Colorado State University Press, 1999.

[15] David Avis, Godfried T Toussaint. An Optimal Algorithm for Determining the Visibility of a Polygon from an Edge. Ieee Transactions on Computers, 1981 (C-30), 12: 910-914.

[16] Evsikova L G, Puisha A E. Means of measuring the visibility of objects through aerosol media. J. Opt. Technol, 1999, (66) 7: 639-641.

[17] 章澄昌，周文贤. 大气气溶胶教程. 北京：气象出版社，1995：297.

[18] Dharmavani B, Venkata V. Bokka, Himabindu Gurla, et al. Time-Optimal Visibility-Related Algorithms on Meshes with Multiple Broadcasting. Ieee Transactions on Parallel and Distributed Systems, 1995, 7 (6): 687-703.

[19] Farmer W M. Visibility of large spheres observed with a laser velocimeter: a simple model. Applied Optics, 1980, 21 (19): 3660-3667.

[20] Seibert Q D, Jacqueline I G, John H T, et al. Visibility. Applied Optics: 1964, 5 (3): 549-598.

[21] Bertolotti M, Muzii L, Sette D. On the Possibility of Measuring Optical Visibility by Using a Ruby Laser. Applied Optics , 1969, 1 (8): 117-120.

［22］ 陈安军. 基于前向散射的能见度激光测量系统. 河南科学，2001，2（19）：129-233.

［23］ Legal T，Legal L，LehnW. Measuring visibility using digital remote video cameras. American Meteorological Society 9th SymponMet Observ & Instr，1994：87-89.

［24］ 阎宁，徐荣甫. 一种便携式大气能见度、目标距离综合测试仪. 激光技术，1992，3（16）：129-132.

［25］ Gerard J. Kunz，Gerrit de Leeuw. Inversion of lidar signals with the slope method. App. Opt. 1993，18（32）：3249-3256.

［26］ Rhodes W T，Atlanta，LIDAR. Range-Resolved Optical Remote Sensing of the Atmosphere. Springer Series in Optical Sciences，2004：166-167.

［27］ Czitrovszky A，Oszetzky D，Nagy A，et al. Laser monitoring of the air pollution by aerosols. Proc. of SPIE，2005，6024：602408-1-602408-6.

［28］ Liquan Yang，Jinhuan Qiu，Siping Zheng，et al. Lidar Measurement of Aerosol，Ozone and Clouds in Beijing. Proceedings of SPIE，2003，4893：45-52.

［29］ Takashi Fujii，Tetsuo Fukuchi. Laser Remote Sensing. CRC Press，Taylor & Francis Group，2005.

［30］ Claus Weitkamp. Lidar Range-Resolved Optical Remote Sensing of the Atmosphere. Springer series in optical sciences. Germany，2004.

［31］ Fang Haitao，Huang Deshuang. Lidar signal de-noising based on wavelet trimmed thresholding technique. Chinese Optics Letters，2004，2（1）：1-3.

［32］ David Earl Bates. Lidar Measurement of Marine Aerosol with Improved ananlysis techniques. University of Miami，2003.

［33］ SHEN Zhenxing，CAO Junji，LI Xuxiang，et al. Mass Concentration and Mineralogical Characteristics of Aerosol Particles Collected at Dunhuang During ACE-Asia. Advances in Atmospheric Sciences，2006，2（23）：291-298.

［34］ 孙景群，张海福. 激光遥测大气尘埃质量浓度的理论分析. 环境科学学报，1982，2（1）：36-43.

［35］ Christoph Münkel，Stefan Emeis，Wolfgang J M，et al. Aerosol concentration measurements with a lidar ceilometer：results of a one year measuring campaign. Proc. of SPIE，2004，5235：486-496.

［36］ 孙景群. 激光大气探测. 北京：科学出版社，1986：132-134.

［37］ 胡欢陵，吴永华，谢晨波，等. 北京地区夏冬季颗粒物污染边界层的激光雷达观测. 环境科学研究，2004，17（1）：59-73.

［38］ A. Althausen，D. Muller，et al. Scanning 6-wavelength 11-channel aerosol lidar. J. Atmos. Ocean Technol，2000，30：1469-1482.

［39］ Ansmann A，Althausel A D，et al. Vertical profiles of the Indian aerosol plume with six-wavelength lidar during INDOEX，Geophy. Res. Lett，2000，27（7）：963-966.

［40］ Ferrare R A，et al. Comparison of LASE，aircraft and satellite measurement of aerosol optical properties and water vapor during TARFOX. J. Geophsy. Res.，2000，105：9935-9948.

[41] Atlas E，Ridley B，et al. A comparison of aircraft and ground-based measurements at Mauna Loa Observatory，Hawaii during GTE PEM-West and MLOPEX2. J. Geophys. Res.，1996，101：14599-14612.

第3章

区域空气污染测量的风场数据及综合处理

3.1 风廓线雷达

边界层风廓线雷达是一种检测和处理湍流回波强度和运动信息的全相参脉冲多普勒雷达。采用五波束相控阵天线、全固态大占空比发射机、微电子模块化接收机、脉冲相位编码压缩以及先进的信号处理方法，可在无人值守状态下，以遥感方式连续实时获取风廓线仪上空大气边界层内不同高度上的风速、风向和垂直气流等数据。

车载DOAS在进行监测时，在市区1.77km处布置了一台风廓线雷达（图3-1），为车载DOAS监测提供50m、100m、200m、250m等不同高度的风速、风向数据。

图3-1 风廓线雷达

实验地点及测量设备分布如图 3-2 所示。

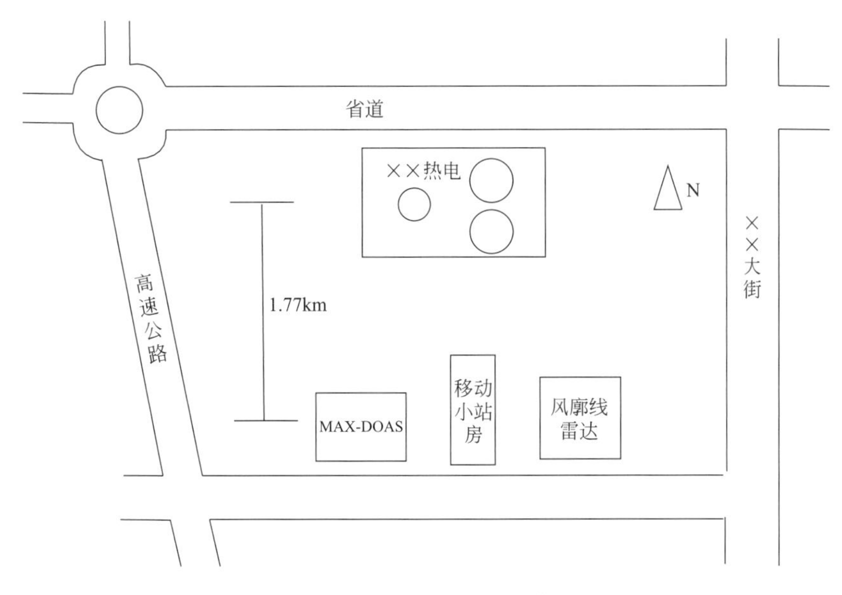

图 3-2 实验地点及测量设备分布

3.2 模型风场

根据 Pasquill-Turner 稳定度分类法，用近地面不同来源的风场实测数据考察了中尺度大气模式 MM5 的模拟风场数据的准确性。不同大气稳定度条件下 2 种风场数据的对比分析结果表明，当大气稳定度被判别为弱不稳定（C 类），MM5 模式输出的风速数据与地面气象站实测的风速、风廓线雷达的风速数据变化趋势一致，误差较小，但风向误差偏大；当大气稳定度判别为中性（D 类）时，MM5 模式输出的近地面（10m，150m）风速数据与地面气象站实测风速、风廓线雷达的风速数据的变化趋势一致（相关度＞0.6），误差较小，盛行风向一致。因此，提出当大气稳定度在中性级别时，用 MM5 模式为监测提供风场条件，以弥补气象实测条件受限等情况带来的数据不足。

3.3 多种不同数据风场对比分析

图 3-3、图 3-4 为 MM5 气象模型数据与风廓线雷达数据对比分析，由图可以看出，MM5 气象模型通过数值模拟得到的小时风速和地面气象站的 10m 小时风速趋势一致性好，相关度为 0.65，误差平均值为 1.05。150m 风速对比可以看出，模拟风速值和观测风速值趋势一致性很好，相关度达 0.74，误差平均

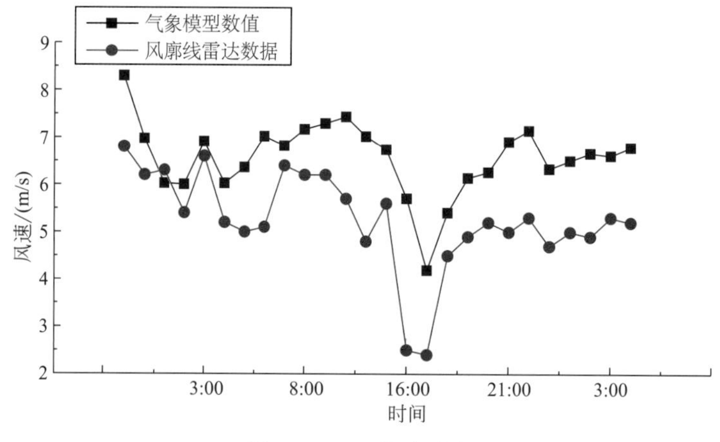

图 3-3　10m 风速对比

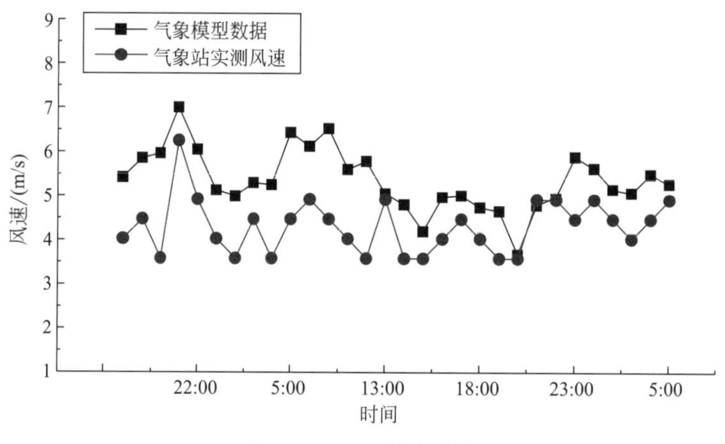

图 3-4　150m 风速对比

值为 1.35，MM5 模拟值偏大。

如图 3-5 所示，对 10m 风向进行小时均值的数值模拟显示是东南风、南风；观测值也能显示该日是东南风、东南偏东风，结果略有误差。如图 3-6 所示，150m 风向对比，当日模拟风向值显示当日盛行东南风、东南偏南风、南风，观测值也能显示该日主要是东南风、东南偏东风，结果比较吻合，略有误差。

使用模型风场时车载 DOAS 与在线 CEMS 数据对比如图 3-7 所示。可见：10 月 16 日、10 月 24 日、10 月 26 日的大气稳定度分别为 D、D、C-D，SO_2 排放浓度分别是 0.086kg/s、0.043kg/s、0.029kg/s，与在线 CEMS 数据吻合。因此，在 C-D 类或 D 类大气稳定度条件下，车载 DOAS 可以使用中尺度气象模型 MM5 数值模拟风场数据，该方法解决了风廓线雷达部署困难、地面气象站点不足等风场数据难以获得的难题。

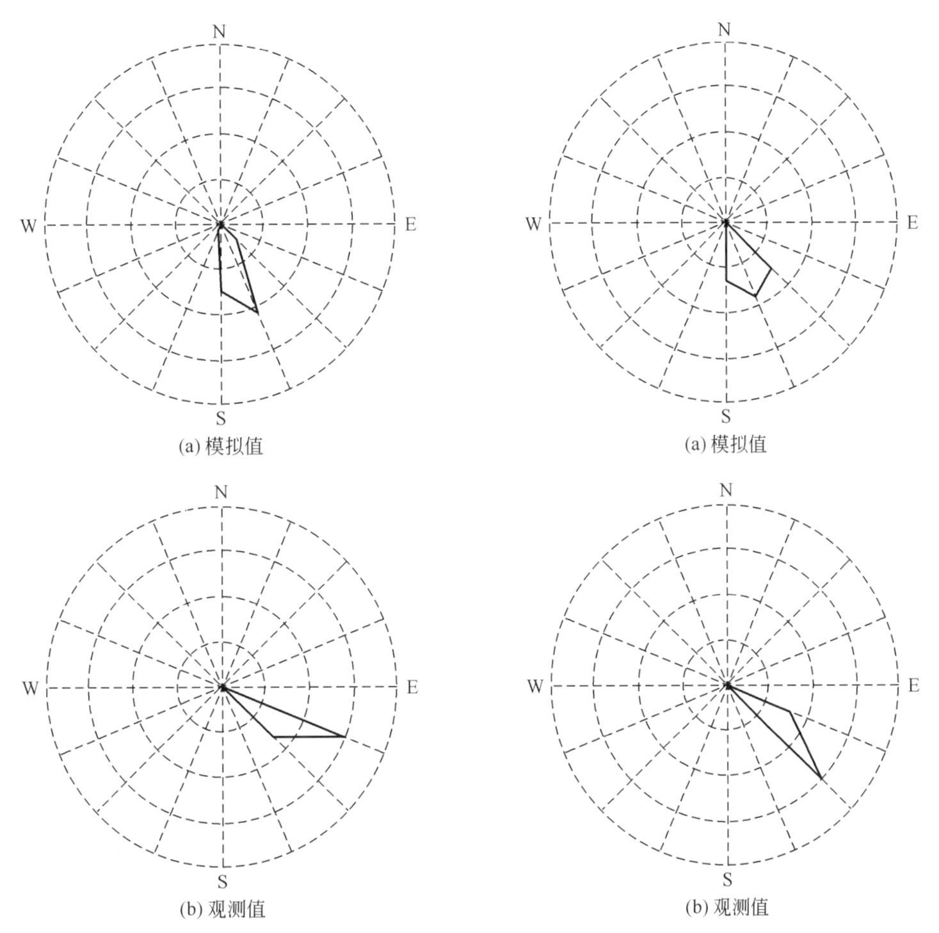

图 3-5 10m 模拟值、观测值风玫瑰对比

图 3-6 150m 模拟值、观测值风玫瑰对比

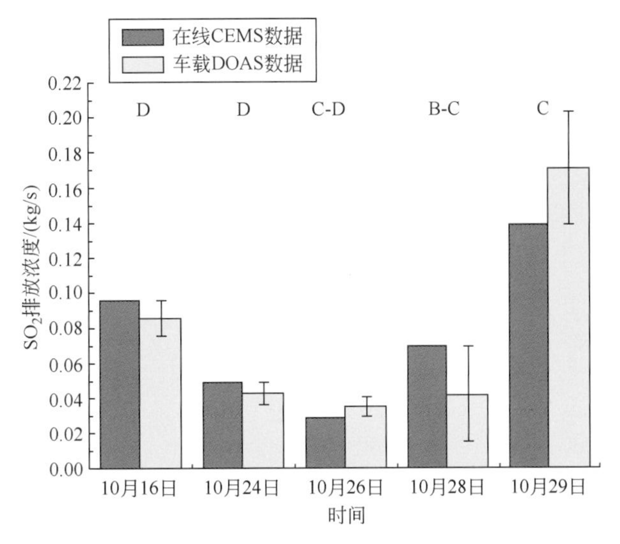

图 3-7 使用模型风场时车载 DOAS 与在线 CEMS 数据对比

3.4 风廓线数据的综合处理

3.4.1 风廓线数据在车载 DOAS 中的处理

车载 DOAS 系统对烟羽剖面进行扫描测量（图 3-8），假设在每条测量谱的积分时间（采样点）Δt 内，仪器运动了 Δx 距离，而烟羽在风的作用下移动了 Δy 距离，此时测量过程中采样点的气体的垂直柱浓度 VCD 反映的是图中这个立方体所包围着的烟羽的平均柱密度（单位 $\mu g/m^2$）。假设烟羽运动方向（即风向）与观测面（车行方向）$BCGF$ 成 α 角，因此 Δt 内垂直通过面 $BCGF$ 的通量（单位时间垂直通过单位面积的污染物的量）可以写作：

$$\mathrm{Flux}_{i,j}=\mathrm{VCD}_{i,j}V_{车,j}V_{风\perp,j}\Delta t$$

式中，$V_{风\perp,j}=V_{风,j}\sin\alpha$，表示风向垂直于运动方向的分量。

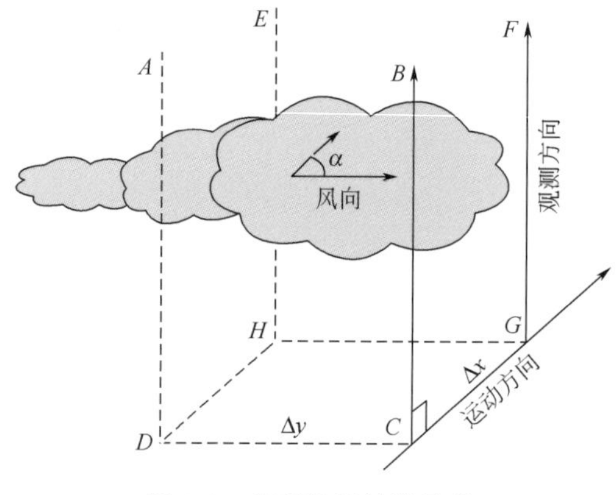

图 3-8　烟羽通量计算示意

在通量测量计算中，通过与点源的对比验证，车载 DOAS 选取烟羽高度上的风廓线数据代入计算通量。

在车载 DOAS 测量中，采用的是烟羽高度上的风速来计算排放通量，烟羽高度上的风速一般通过风廓线雷达获取，但有时在测量过程中无法获取风廓线数据。根据以上分析，当大气稳定度在中性级别时，地面气象站数据和高空数据具有较好的一致性，所以在此情况下采用地面站风数据。在点源验证实验（详见外场实验部分）中，采用了布置在测量点附近的风廓线 200m 上空数据计算了电厂污染物排放通量，并与在线数据对比，得出了较好的一致性。

3.4.2 风廓线数据在车载 FTIR 中的处理

类似于车载 DOAS 系统，车载 FTIR 系统对烟羽剖面进行扫描测量，共设计了两种监测方式。当工业区周围有监测车可以通过的闭合路径时可以采用闭合路径监测模式，该方式测量到的工业区有害气体排放通量更准确。当工业区周围没有监测车可以通过的闭合路径时，如果风速较大且比较稳定，工业排放气体几乎都被吹到下风向，此时可以采用下风口监测模式，监测到的有害气体的排放通量可以近似为工业区的排放通量。

为减少由于风场近似带来的误差，需根据污染气体扩散规律和烟气抬升模式估算稳定变平后烟羽的中心高度，结合位置较高气象站提供的风速、风向信息，前期研究证实，根据风速廓线经验公式估算烟羽中心高度处的风速、风向，分析误差通常在30%之内。为了较精确地监测工业区的气体排放量，本研究将风廓线雷达放置在监测区域的中心位置，风廓线雷达可以给出不同时刻不同高度准确的风速、风向数据（见图3-9），从而大幅度提高通量计算的精度。

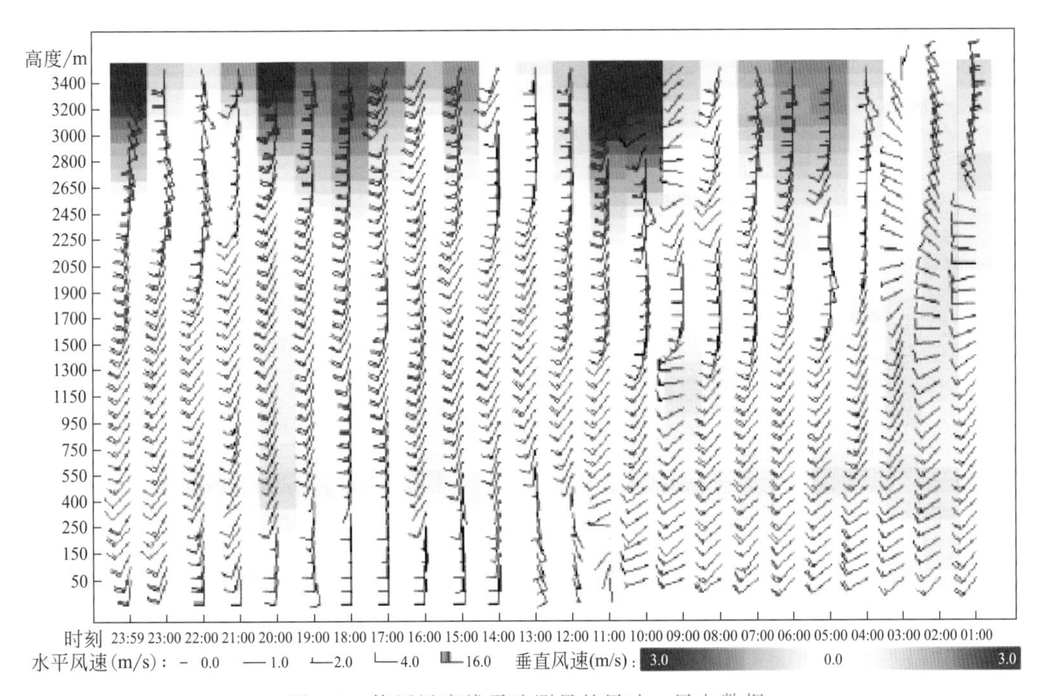

图3-9　使用风廓线雷达测量的风速、风向数据

与车载DOAS类似，车载SOF测量时应选择烟羽高度上风场数据，但若无法获取高空风场数据，当大气稳定度在中性级别时可采用地面气象站数据，以尽可能地减小风场引起的误差。

3.4.3 风廓线数据在颗粒物输送中的处理

在获得了颗粒物质量浓度的空间分布后，可以结合三维风场数据，按照如下步骤进一步得到颗粒物的区域输送通量：

① 激光雷达水平测量，获取地面的颗粒物消光系数；同时在同一地点测量颗粒物质量浓度。质量浓度可由振荡天平（TEOM）测得。

② 把相同条件下的消光系数与质量浓度对放在一起，二者之间存在一定的线性关系，积累一定量的数据，通过迭代法可以得到关系式的系数。在不同的气象条件下，温度和相对湿度对颗粒物质量浓度测量有一定的影响，需要根据实际情况对这个模型进行调整和优化，这个过程称为校准。

③ 由这个关系式，可以根据垂直方向的消光系数反演颗粒物质量浓度的空间垂直分布 PM_{10} (z)(垂直方向的消光系数由激光雷达垂直观测得到)。

④ 结合三维风场数据 V，可以计算不同高度上颗粒物输送通量 Flux(z)，最终可以估算输送总量。

在形成了风场数据的使用规范及风廓线数据与立体监测数据的综合处理后，开展了点源验证对比实验，将风廓线数据与立体监测数据的处理方法应用于通量计算中（详见外场示范实验章节）。

参考文献

[1] 徐祥德. 城市化环境大气污染模型动力学问题. 应用气象学报，2002，13：1-12.

[2] 张志刚，高庆先，韩雪琴，等. 中国华北区域城市间污染物输送研究. 环境科学研究，2004，17 (1)：14-20.

[3] 王艳. 长江三角洲地区大气污染物水平输送场特征研究. 中国学术期刊网，2007.

[4] Solomon P A. Planning and Managing Regional Air Quality Modeling and Measurement studies：A Perspective Through the San Jpaquin Valley Air Quality Study and AUSPEX. Chelsea：Lewis Publishers，1994.

[5] Hoell，J M，Davis，et al. The Pacific Exploratory Mission—West Phase A B：February -March 1994. Journal of Geophysical Research，1994，102：28223-28239.

[6] April Lynn Hiscox. Aerosol Transport and Dispersion Measurements in the Near Surface Boundary Layer. University of Connecticut，2006.

[7] Christian C. Marchant，Algorithm Devolopment of the Aglite-Lidar Instrument. UTAH State University，2008.

第4章 区域空气污染输送通量的光学遥感技术及风场数据指南

4.1 区域空气污染输送通量的光学遥感技术指南

4.1.1 适用范围

本指南适用于环境保护部门、科研单位等利用区域空气污染输送通量观测的光学遥感方法所进行的高架点源、无组织面源排放监测以及区域输送监测活动。

4.1.2 术语与定义

（1）污染源

污染源是指排放气态污染物的各种工业点源和面源。

（2）被动 DOAS 区域污染气体输送通量监测系统

利用太阳光为光源，在移动平台上对污染源排放气体进行扫描测量，以得到污染气体空间分布及排放的一种光学遥测技术。

（3）气体柱浓度

气体柱浓度是指气态污染物浓度和大气中光的传输路径长度的乘积。

（4）排放通量

排放通量是指单位时间内垂直通过被动 DOAS 区域污染气体输送通量监测系统监测截面单位面积的气体的质量。

（5）激光雷达

激光雷达是以激光为光源，通过探测激光与大气相互作用的辐射信号来遥感大气的一种光学技术。

（6）消光系数

消光系数就是当辐射穿过介质时，由于受到散射和吸收而产生的衰减。

（7）光学厚度

光学厚度是介质的消光系数在垂直方向上的积分。

（8）偏振光

偏振光是指光矢量的振动方向不变，或具有某种规则变化的光波。

（9）车载 FTIR 区域污染气体输送通量监测系统

利用太阳直射光源，在移动平台上对污染源排放挥发性有机物气体进行扫描测量，以得到污染气体柱浓度空间分布及排放的一种光学遥测技术。

4.1.3 工作任务和监测项目选择

区域空气污染输送通量观测的光学遥感方法包括被动 DOAS、车载 FTIR 和激光雷达 3 种方法。针对不同的监测项目和不同的排放源可选择所需的光学遥感方法。

监测项目如表 4-1 所列。

表 4-1 监测项目

被动 DOAS	二氧化硫（SO_2）
	二氧化氮（NO_2）
车载 FTIR	化工园区相关 VOCs
激光雷达	气溶胶消光系数，后向散射系数

（1）高架点源排放监测

在高架点源 SO_2、NO_2 排放通量监测中，采用被动 DOAS 区域污染气体输送通量监测系统；

在高架点源 VOCs 排放通量监测中，采用车载 FTIR 区域污染气体输送通量监测系统。

（2）无组织面源排放监测

在无组织面源 SO_2、NO_2 排放通量监测中，采用被动 DOAS 区域污染气体输送通量监测系统；

在无组织面源 VOCs 排放通量监测中，采用车载 FTIR 区域污染气体输送通量监测系统。

（3）区域输送通量监测

在区域颗粒物输送通量监测中，采用激光雷达输送通量监测系统。

同时要求以上各个系统还应经过验证合格，其检出限、准确度和精密度应能达到质控要求（详见《区域空气污染输送通量观测的光学遥感应用方法和技术规范研究——设备指标体系》)。

4.1.4 系统通量测算原理

（1）高架点源排放监测

被动 DOAS 系统和车载 FTIR 系统原则上在烟羽下风向对烟羽剖面进行扫描测量，假设在每条测量谱的积分时间（采样点）Δt 内，仪器运动了 Δx 距离，而烟羽在风的作用下移动了 Δy 距离，若烟羽运动方向（即风向）与观测面（车行方向）成 α 角，则 Δt 内垂直通过面的通量（单位时间垂直通过单位面积的污染物的量）可以写作：

$$\mathrm{Flux}_{i,j}=\frac{\mathrm{VCD}_{i,j}\,\Delta x\,\Delta y\sin\alpha}{\Delta t} \tag{4-1}$$

因为 $\Delta x=V_{车,j}\Delta t$，$\Delta y=V_{风,j}\Delta t$，$V_{风\perp,j}=V_{风,j}\sin\alpha$

所以，式(4-1) 可以写作：

$$\mathrm{Flux}_{i,j}=\mathrm{VCD}_{i,j}V_{车,j}V_{风\perp,j}\Delta t \tag{4-2}$$

式中 $\mathrm{VCD}_{i,j}$——第 i 种物质在第 j 个 Δt 间隔内的垂直柱浓度；

$V_{车,j}$——第 j 个 Δt 间隔内的车速；

$V_{风\perp,j}$——第 j 个 Δt 间隔内垂直于车行驶方向上的风场。

（2）无组织面源排放监测

被动 DOAS 监测车和车载 FTIR 监测车对无组织区域面源围绕测量，按照高架点源排放监测原理［式(4-2)］可计算区域面源上风向的 SO_2、NO_2、VOCs 排放通量为 $\mathrm{Flux}_{上}$ 和下风向的 SO_2、NO_2、VOCs 排放通量为 $\mathrm{Flux}_{下}$，则无组织面源 SO_2、NO_2、VOCs 的净排放通量为 $\mathrm{Flux}_{净}=\mathrm{Flux}_{下}-\mathrm{Flux}_{上}$。

（3）区域输送通量监测

采用激光雷达系统对颗粒物区域输送通量进行监测，监测原理为：将激光雷达水平测量，获取地面的颗粒物消光系数；同时在同一地点测量颗粒物质量浓度；然后把相同条件下的消光系数与质量浓度对放在一起，二者之间存在一定的线性关系，积累一定量的数据，通过迭代法可以得到关系式的系数。垂直方向的消光系数可由激光雷达测得。把激光雷达垂直放置，将接收到的雷达回波信号代入雷达方程，即可反演出不同高度的气溶胶消光系数。反演时，间隔相应的距离，将模型参数和对应的消光系数值代入计算，即获得该高度的质量浓度值，把所有点的消光系数都计算一遍，就可以得到观测站上空的气溶胶质量浓度空间垂直分布。结合不同高度上的风场数据，按照式(4-3) 即可计算颗粒物输送通量。

$$Flux(z)=PM_{10}(z)\times V \tag{4-3}$$

式中 PM_{10}——颗粒物的质量浓度；

V——风场廓线。

4.1.5 监测条件和测量方法

(1) 监测路线选择原则

由于激光雷达系统是定点监测，所以不存在路线选择问题，下面说明两种移动观测系统——被动 DOAS 系统和车载 FTIR 系统监测时的路线选择。

(2) 高架点源排放监测路线选择

当所监测的高架点源上风向没有监测项目的污染源，并且下风向观测时能够完整包含烟羽截面时，则被动 DOAS 系统和车载 FTIR 系统原则上只需在高架点源的下风向扫描测量即可。除此之外，可采用围绕高架点源一周测量的方式。如果在高架点源上风向存在监测项目的污染源，则必须进行围绕测量。这些根据监测期间的风场情况、周边污染源和道路情况而定。此外，要保证在测量路线的上空无遮挡物，例如树枝、高架桥等。

(3) 无组织面源排放监测路线选择

对于无组织面源排放监测，被动 DOAS 系统和车载 FTIR 系统必须对待测区域进行围绕测量。此外，要尽量保证在测量路线的上空无遮挡物，例如树枝、高架桥等（在对无组织面源排放监测时由于遮挡产生的无效数据原则上应小于总数据量的 5%）。

4.1.6 监测时的车速选择

(1) 高架点源排放监测

被动 DOAS 系统对高架点源 SO_2、NO_2 排放通量进行监测时，车辆在道路上的行驶速度应控制在 30～40km/h 以内。车载 FTIR 系统对 VOCs 排放通量进行监测时，应保证监测路径上充足的太阳直射光，在交通法规许可的情况下车速控制在 20km/h 以内。

(2) 无组织面源排放监测

对于无组织面源排放监测，根据道路状况、天气以及待测区域大小情况，采用被动 DOAS 系统进行封闭测量时，一周测量时间一般不超过 2h；若测量一周的时间超过 2h，为了减小由于风场变化及污染气体转化带来的误差影响，可采用两台车同时测量。而采用车载 FTIR 系统进行封闭监测时，单次监测周期不宜超过 60min，若车载 FTIR 系统测量一周时间超过 60min，为了减小由于风场变化及污染气体转化带来的误差影响，可采用两台车同时测量。

4.1.7 监测环境原则

安装电源、计算机控制系统与雷达距离保持在 2m 以内。激光器出光部位没有障碍物遮挡。

4.1.8 监测时应满足的气象条件

以下监测时应满足的气象条件适用于高架点源、无组织面源排放监测以及区域输送监测。

被动 DOAS 区域污染气体输送通量监测系统监测污染源排放通量时，应避免阴雨天、雾天等情况，同时也应避免在静风、风场不稳定的天气进行。根据 Pasquill-Turner 稳定度分类法，在风场为 C（弱不稳定）、D（中性）类时风场较为稳定，在此条件下风速＞3m/s 时测量效果较好。测量的过程中根据实际光强的变化，当单条光谱的采集时间超过 20s 可认定当日不适合车载 DOAS 测量。

车载 FTIR 区域污染气体输送通量监测系统监测污染源排放通量时，除阴雨天、雾天以外，还应避免天空背景大范围有云导致太阳光线频繁被云层遮挡等情况。

激光雷达区域污染气体输送通量监测系统监测污染源排放通量时，还应避免在静风、风场不稳定的天气进行；根据 Pasquill-Turner 稳定度分类法，在风场为 C（弱不稳定）、D（中性）类时风场较为稳定，在此条件下风速＞3m/s 时测量效果较好。

4.1.9 监测时的风速获取

以下监测时的风速获取适用于高架点源、无组织面源排放监测以及区域输送监测。

被动 DOAS 以及车载 FTIR 区域污染气体输送通量监测系统监测污染源排放通量时，在有气象设备支持时应使用烟羽高度上的风场；如无气象设备，根据 Pasquill-Turner 稳定度分类法，当大气稳定度在 C（弱不稳定）、D（中性）类条件下，可以使用中尺度气象模型 MM5 数值模拟风场数据（详见《风场数据在区域污染监测中的使用规范》）。

4.1.10 监测时的颗粒物质量浓度的选择

在激光雷达计算颗粒物质量浓度时要尽可能选择天气状况及其他因素相同或接近的消光系数与质量浓度对进行计算。实际计算时，考虑到天气及气溶胶分布在很短的时间内可认为是相对稳定的，因此可选择天气和气溶胶组分及浓度变化不大且时间临近的数据对进行分组计算。

4.1.11 测量方法

被动DOAS区域污染气体输送通量监测系统对区域排放通量进行测量时，应严格按照《区域设备作业指导手册——被动DOAS区域污染气体输送通量监测系统》操作；

车载FTIR区域污染气体输送通量监测系统对区域排放通量进行测量时，应严格按照《区域设备作业指导手册——车载FTIR区域污染气体输送通量监测系统》操作；

激光雷达区域污染气体输送通量监测系统对区域排放通量进行测量时，应严格按照《区域设备作业指导手册——激光雷达区域污染气体输送通量监测系统》操作。

4.1.12 通量监测中获得的数据

按照以上监测条件和测量方法，可实现区域污染输送通量的光学遥感系统的正确测量。

被动DOAS和车载FTIR区域污染气体输送通量监测系统对污染源排放通量进行测量时，可以获取每个测量点上的经纬度、车速、汽车行驶方向信息以及每个测量点上的污染气体垂直柱浓度。

激光雷达系统在对区域污染输送通量进行测量时，可获取气溶胶的消光廓线。

4.1.13 监测数据的处理及误差来源

(1) 监测数据处理

被动DOAS和车载FTIR区域污染气体输送通量监测系统对污染源排放通量进行测量时，系统输出数据为经纬度、车速、汽车行驶方向以及每个测量点上的污染气体垂直柱浓度。采用测量时间内的平均风向和风速（详见4.2风场数据使用规范），按照式(4-2)可计算每个测量时间间隔内的排放通量。

$$\mathrm{Flux}_i = \sum \mathrm{Flux}_{i,j} \tag{4-4}$$

根据式(4-4) 对所有时间间隔内的通量求和即可获取污染源排放通量。

激光雷达系统对区域污染气体输送通量进行测量时，系统输出数据为气溶胶的消光系数廓线，由 3.4.3 部分所述原理建立消光系数与颗粒物质量浓度之间的关系，即可获取不同高度上的质量浓度，代入不同高度上的风场数据根据式(4-3) 即可计算颗粒物输送通量。

(2) 通量计算误差来源

被动 DOAS 污染气体区域输送通量监测系统对污染源排放通量进行监测，由通量计算式(4-2) 可得到，系统主要误差由式(4-5) 决定：

$$\sigma_{\text{total}} = \sqrt{\sigma_{\text{wind}}^2 + \sigma_{\text{DOAS}}^2 + \sigma_{\text{Vcar}}^2} \tag{4-5}$$

误差主要来源于采用 DOAS 方法的柱浓度反演误差（σ_{DOAS}）、车速误差（σ_{Vcar}）以及风场误差（σ_{wind}），其中风场不确定性是最大的误差来源。

车载 FTIR 污染气体区域输送通量监测系统对污染源排放通量进行监测，系统主要误差由式(4-6) 决定：

$$\sigma_{\text{total}} = \sigma_{\text{wind,sys}} + \sqrt{\sigma_{\text{retrieval}}^2 + \sigma_{\text{cross}}^2} \tag{4-6}$$

车载 FTIR 系统的误差主要来源于风场估算误差（$\sigma_{\text{wind,sys}}$）、光谱反演误差（$\sigma_{\text{retrieval}}$）和光谱数据库截面不确定度误差（$\sigma_{\text{cross}}$）。

激光雷达通量测算误差由式(4-7) 决定：

$$\sigma_{\text{total}} = \sqrt{\sigma_{\text{lidar}}^2 + \sigma_{\text{wind}}^2} \tag{4-7}$$

激光雷达通量测量误差主要来源于雷达测量误差（σ_{lidar}）和风廓线测量误差（σ_{wind}）。

4.1.14 质量保证与质量控制

对区域污染输送通量进行监测时，按照《区域空气污染输送通量观测的光学遥感应用方法和技术规范研究——设备指标体系》要求，分别选用被动 DOAS 区域污染气体输送通量监测系统测量区域 SO_2、NO_2 排放通量，车载 FTIR 区域污染气体输送通量监测系统测量区域 VOCs 排放通量，激光雷达监测颗粒物输送通量系统测量区域颗粒物输送通量。

4.1.15 被动 DOAS 区域污染气体输送通量监测系统

采用被动 DOAS 区域污染气体输送通量监测系统对 SO_2、NO_2 排放通量进行监测前，在实验室采用样品池充入已知浓度气体的方法对系统进行标定，以达到测量需要。并依据 4.1.5 部分的监测路线选择原则选择好测量路线。

对区域 SO_2、NO_2 排放通量进行监测时，按照 4.1.6、4.1.8 部分要求合理安排测量时间段。

现场监测人员根据 4.1.6 要求在监测过程中选择合适的测量车速，并根据 4.1.11 所述测量方法对仪器进行操作。

数据处理人员利用监测数据，包括污染气体垂直柱浓度、车速、车辆行驶方向，依据《风场数据在区域污染监测中的使用规范》代入合适的风向、风速信息计算区域 SO_2、NO_2 排放通量。

监测结束后，对监测仪器做好日常检查和维护，保证仪器处于良好的状态。

4.1.16 车载 FTIR 区域污染气体输送通量监测系统

采用车载 FTIR 区域污染气体输送通量监测系统对 VOCs 排放通量进行监测前，对系统进行检查，并按照《区域空气污染输送通量观测的光学遥感应用方法和技术规范研究——设备指标体系》中规定的方法对系统的“垂直柱浓度测量下限”和“通量探测下限”等性能指标进行测试，以达到测量需要；并依据 4.1.5 监测路线选择原则选择好测量路线。

对区域 VOCs 排放通量进行监测时，按照 4.1.6、4.1.8 要求合理安排测量时间段。

现场监测人员根据 4.1.6 要求在监测过程中选择合适的测量车速，并根据 4.1.11 所述测量方法对仪器进行操作。

监测结束后，对监测仪器做好日常检查和维护，以保证仪器处于良好的状态。

4.1.17 激光雷达监测颗粒物输送通量系统

激光雷达使用过程中，禁止激光器在有水情况下存放于 0℃ 以下环境，以免对激光器造成永久性伤害；非工作人员远离工作区域；移除可能产生反射的物体。

按照《区域空气污染输送通量观测的光学遥感应用方法和技术规范研究——作业指导手册》开启激光雷达，利用激光回波信号获取颗粒物消光系数廓线。

利用消光系数-颗粒物质量浓度转换模型获取颗粒物质量浓度垂直分布，计算时要尽可能选择天气状况及其他因素相同或接近的消光系数与质量浓度对进行计算。

按照《风场数据在区域污染监测中的使用规范》，利用风场矢量数据计算颗粒物输送通量，避免在静风或风场不稳定的天气进行。

监测结束时，若雷达短时间不使用，应关闭系统电源；若雷达长时间不工作，应将激光器中的冷却水放尽，有条件的应用 N_2 吹干，将整个系统放于干燥处保存。

4.2 风场数据使用规范

4.2.1 适用范围

本规范适用于三种大气环境监测系统——车载 DOAS（differential optical absorption spectroscopy）污染源排放通量测量系统、激光雷达通量测量系统、车载 SOF 系统进行空气质量监测。

4.2.2 术语与定义

（1）中尺度气象数值模式

中尺度是尺度谱中的一段，研究水平空间尺度 $10^0 \sim 10^3$km 量级、时间尺度 $10^3 \sim 10^5$ 秒量级的大气现象。大气预测中采用的即为此种空间、时间尺度，例如 MM5（The PSU/NCAR mesoscale model）、WRF（weather research and forecasting model）。

（2）大气稳定度

大气稳定度是大气湍流运动强弱的标志，也是确定扩散参数的重要依据。国际上通常采用 Pasquill 稳定度分类法。

（3）有效云量

即总云量与低云量之和的 1/2。

（4）Pasquill-Turner 稳定度分类法

由于大气湍流运动极其复杂，受到时空尺度、下垫面状况等多种因素的影响，1987 年我国国家核安全局根据 IAEA（国际原子能署）的规定，使用修订的 Pasquill-Turner 改进法，估算近地面排放的污染源的扩散，该方法可以比较好地反映近地层大气的稳定状况。

（5）风速廓线

风速廓线是指大气层不同高度处的风速、风向数据。

（6）污染物通量

污染物通量是指经过某一界面的污染物总量。

（7）风速质量因子

风廓线雷达对每个风速测量值评定一个0～100%的等级，90%以上为A，80%以上为B，以此类推。这是风廓线雷达测量数据质量评定的最基本参数。

4.2.3 区域污染环境监测系统原理和对风场数据的要求

气象条件一直是大气环境监测的重要影响因素：天气系统的稳定控制是大气环境监测获取理想测量结果的必备条件，处于天气系统调整时段，大气环境监测测量结果的不确定性会增大；其中，风场信息严重影响着大气环境监测的精确度，尤其是近地面风速估算烟羽高度风速带来的误差，在总误差中贡献最大，各层风速、风向的不一致也是对烟羽层大气污染排放通量计算最大的不确定性来源。

4.2.4 被动DOAS污染源排放通量测量系统对风场数据的使用和要求

车载被动DOAS系统对烟羽剖面进行扫描测量，假设在每条测量谱的积分时间（采样点）Δt内，仪器运动了Δx距离，而烟羽在风的作用下移动了Δy距离，若烟羽运动方向（即风向）与观测面（车行方向）成α角，则Δt内垂直通过面的通量（单位时间垂直通过单位面积的污染物的量）可以写作：

$$\mathrm{Flux}_{i,j}=\frac{\mathrm{VCD}_{i,j}\Delta x\Delta y\sin\alpha}{\Delta t} \tag{4-8}$$

因为$\Delta x=V_{车,j}\Delta t$，$\Delta y=V_{风,j}\Delta t$，$V_{风\perp,j}=V_{风,j}\sin\alpha$，所以式(4-8)可以写作：

$$\mathrm{Flux}_{i,j}=\mathrm{VCD}_{i,j}V_{车,j}V_{风\perp,j}\Delta t \tag{4-9}$$

则第i种气体总的通量Flux_i为各个位置的通量的和，也就是

$$\mathrm{Flux}_i=\sum_j \mathrm{Flux}_{i,j} \tag{4-10}$$

车载DOAS污染源排放通量测量系统对风场数据的使用要求：

① 在测量时间段内，测量区域具有稳定的风场；

② 水平风速>3m/s；

③ 测量区域内，可获取供通量计算使用的污染层高度上的风场数据。若测量区域中无法获取，需尽量使用监测区域周边相同地形环境下20km左右半径范围内的风廓线雷达数据，并根据情况对数据做修正处理。

4.2.5 车载 SOF 系统污染源排放通量测量系统对风场数据的使用和要求

车载 SOF 系统中的太阳跟踪器及光路传输部分将污染气体选择吸收后的太阳光引入光谱仪，从标准数据库中提取污染物分子的标准吸收截面，结合仪器参数（如分辨率、仪器线型函数）和气象参数（温度、压强），计算出污染物的柱浓度，结合风速、风向信息，即可计算出污染物穿过某一个竖直平面的通量。监测车环绕某一区域或者下风口进行测量，利用 GPS 系统提供的各个光谱采集点的经纬度位置信息，就可以测量出经过该区域的污染物通量 Flux：

$$\mathrm{Flux}=\int_{X_1}^{X_2}\overline{C}_{1i}(x)u(x)\cos\theta(x)\mathrm{d}x=\sum_{X_1}^{X_2}\mathrm{flux}(x) \tag{4-11}$$

式中 X_1——测量起始点的位置；

X_2——测量终点位置；

$\overline{C}_{1i}(x)$——$\mathrm{d}x$ 路径上的平均竖直柱浓度；

$u(x)$——x 处的风速；

$\theta(x)$——x 处风速与监测车行驶方向的夹角。

（1）车载 SOF 污染源排放通量测量系统对风场数据的使用要求：

① 在测量时间段内，测量区域具有稳定的风场；

② 水平风速>3m/s。

测量区域内，可获取供通量计算使用的污染层高度上的风场数据，若测量区域中无法获取，需尽量使用监测区域周边相同地形环境下 20km 左右半径范围内的风廓线雷达数据，并根据情况对数据作修正处理。

（2）激光雷达系统对风场数据的使用和要求

将激光雷达水平测量，获取地面的颗粒物消光系数；同时在同一地点测量颗粒物质量浓度；然后把相同条件下的消光系数与质量浓度对放在一起，二者之间存在一定的线性关系，积累一定量的数据，通过迭代法可以得到关系式的系数。垂直方向的消光系数可由激光雷达测得。把激光雷达垂直放置，将接收到的雷达回波信号代入雷达方程，即可反演出不同高度的气溶胶消光系数。根据激光雷达和采集卡的性能，消光系数的空间分布距离不同，每隔一定的距离即可获得一个消光系数值。反演时，间隔相应的距离，将模型参数和对应的消光系数值代入计算，即获得该高度的质量浓度值，将所有点的消光系数都计算一遍，就可以得到观测站上空的气溶胶质量浓度空间垂直分布。

将风场矢量数据与输送通道方向矢量 $\bar{r}$ 进行矢量相乘，获取风向在输送通道上的投影值，然后乘以 PM_{10} 质量浓度，半定量获取不同高度的颗粒物输送通量 Flux(z)；对不同高度的输送通量求和从而获得颗粒物输送总量 Sum

(Flux)，即：

$$\mathrm{Flux}(z)=\mathrm{PM}_{10}(z)\cdot\vec{V}\times\vec{r}$$

$$\mathrm{Sum}(\mathrm{Flux})=\sum^{n}\mathrm{Flux}(z) \tag{4-12}$$

式中 $\vec{V}$——风场矢量；

$\vec{r}$——输送通道方向矢量。

(3) 激光雷达监测颗粒物输送通量系统风场数据使用要求

① 时间分辨率：≤15min，采用数据插值获取和激光雷达 PM_{10} 质量浓度同时间段的风场数据。

② 有效数据高度：0～2km。

③ 高度分辨率：50m。

④ 风向分辨率：1°。

⑤ 风速分辨率：0.1m/s。

4.2.6 区域污染环境监测中风场数据主要来源

风场数据是计算输送通量的关键数据，其质量的好坏直接决定了最终计算结果的可信度。风场数据的主要来源为风廓线雷达、中尺度气象模型、地面气象站点。风廓线雷达垂直方向探测范围大，并可以实时提供数据，它利用多普勒效应能够探测其上空风向、风速等气象要素随高度的变化情况，具有探测时空分辨率高、自动化程度高等优点，在高架污染源监测以及区域性气体污染监测中，首选风廓线雷达的高空数据。但在区域风场测量中，存在部署困难的问题。风场数据的另一种获得方式主要是利用 MM5、WRF 等中小尺度气象模型，结合实测数据，利用资料同化的手段，模拟给出数据。在大气稳定度为中性的天气条件下，认为模型的数据是可靠的，在没有风廓线雷达的情况下也可选择来参与区域污染物的监测。最后，地面气象站点也可以获得风场数据，但仅有近地面 10m 的风场数据，并且站点的位置、数量都受限，在测量对象为点源或可近似为点源的情况下可以用 10m 风场数据估算高空风场。

4.2.7 风廓线雷达使用方法

风廓线雷达是一种检测和处理湍流回波强度和运动信息的全相参脉冲多普勒雷达。以遥感方式，连续实时获取风廓线雷达上空大气边界层内不同高度上的风速、风向和垂直气流等数据。采用五波束相控阵天线、全固态大占空比发射机、微电子模块化接收机、脉冲相位编码压缩以及先进的信号处理方法，可在无人值守状态下，以遥感方式连续实时获取风廓线雷达上空大气边界层内不同高度上的风速、风向和垂直气流等数据。

风廓线雷达是一种检测和处理湍流回波强度和运动信息的全相参脉冲多普勒雷达。天线采用由 10×10 个辐射单元组成的五波束相控阵天线，按一定时间间隔轮流生成五个固定方向的波束：一个铅垂波束和四个偏离天顶 20°倾角在方位上相互正交的倾斜波束。信号处理器产生的波束控制信号，按预先编制的顺序（或扫描模式）把发射机送来的射频脉冲向选定的波束方向发射出去，在每个波束方向上都发射近百万个包括两种不同周期和脉冲宽度的脉冲串，然后再转换到下一个波束方向，如此循环。安装地点要求如下：

① 风廓线雷达安装场地应尽可能平坦、地面不能有积水等，以保证天线的水平；场地不能保证平坦的情况下天线的翻滚与倾斜不能大于±10°；

② 应保证相控阵天线上方 45°角内无固定物体，如树木、建筑、高压线等，以避免杂波的干扰；

③ 安装场地周围 300m 范围内不能有电信、移动、联通等发射基站，避免干扰信号；

④ 安装完成以后在风廓线雷达器中设置天线方位角以及翻滚、倾斜角度。

天线方位角是指风廓线雷达天线北角的正北偏东方向角度值。

风廓线数据结果运用风羽图的形式，风羽图是指用风羽图的方法表示一段时间内在测量区域不同高度的风速、风向变化趋势。有效测量高度不小于 3000m。高度分辨率为每间隔 50m 一个数据点。水平方向使用风羽箭头表示风速、风向，上下垂直气流使用伪彩图来表示，并且提供色阶图标。

4.2.8 风廓线雷达数据质量控制

在使用前风廓线雷达数据需要进行筛选，以去除低质量或者虚假数据。以 Second Wind 公司的 Triton 风廓线雷达为例：

① 风速质量因子≥90%；

② 垂直风速（绝对值）≤1.5m/s。

一般白天对流旺盛，垂直风速较大，湍流较强；夜间对流相对较弱，垂直速度较小，湍流也较弱，大部分的垂直风速在 0.3m/s 以下。但是当垂直风速大于 1.5m/s，认为风廓线雷达获得的数据属于虚假数据。

4.2.9 中尺度气象模型

（1）中尺度气象模型工作原理及使用方法

中尺度模式是尺度谱中的一段，研究水平空间尺度 $10^0 \sim 10^3$ km 量级、时间尺度 $10^3 \sim 10^5$ s 量级的大气现象。考虑到不同规模的中尺度系统有相异的特征，在中尺度谱段中再分为三类，即中 α 尺度（10^2～10^3km，1～5d）、中 β 尺度（10^1～10^2km，3h～1d）和中 γ 尺度（1～10km，1h），它们分别和飓风、飑线、雷暴单体等中尺度天气系统相对应。相对应的，大气预测中采用的即为此种研究空间和时间，例如 MM5（The PSU/NCAR mesoscale model）、WRF（weather research and forecasting model）。

由于常规气象资料的时空密度无法分辨中小尺度对流系统，而数值模拟可以输出高时空分辨率的各种变量，中尺度气象模型广泛地应用在气象预报、空气质量预报、风资源评估以及各种大气科学研究中，特别是对于中小尺度的理论和业务预报都具有独特的优势。恰好符合区域性污染物监测的需求，为车载 DOAS 监测提供区域性、高时空分辨的风场数据。

本指南以中尺度气象模型 MM5 为例，垂直方向采用地形追随坐标，从模式结果中仅能直接提取 10m 高度的风场数据，无法直接得到不同高度的风场数据，需要转换为风廓线雷达常用的离地坐标。因此，可参考 MM5 用户手册中介绍的方法：参考大气满足压力平衡和理想温度廓线的假设，进行垂直方向上坐标与几何高度的转换，得到各层的离地高度和风场。

（2）模拟过程主要流程

① 选取模拟区域，生成水平网格，将地形与土地利用资料插值到所选择的中尺度区域网格上。

② 输入美国国家环境预报中心（NCEP）1°×1°的全球对流层分析数据作为背景数据，该数据由全球资料同化系统生成，是通过无线电通信系统收集了全球观测资料进行分析生成的，该资料每 6 小时发布一次。

③ 读取该数据中气压层上的气象分析资料，将大尺度经纬度格点的气象、海温和雪盖资料从原有的格点和地图投影上插值到上述地形中。

④ 处理等压面和地面分析资料，在这些层上进行二维插值。同时生成侧边界条件以及下边界条件。

⑤ 根据 MM5 定义的大气运动方程组合上述过程选定的参数方案、时空步长来进行数值天气预报。

4.2.10 地面气象站

（1）地面气象站风场使用方法

地面气象站对于风场数据的观测一般采用仪器自动观测，每天 24 次定时观测；风速以米/秒（m/s）为单位，取 1 位小数。最大风速是指在某个时段内出现的最大 10min 平均风速值，瞬时风速是指 3s 的平均风速。风向符号与度数对照表见表 4-2。

表 4-2 风向符号与度数对照表

方位	符号	中心角度/(°)	角度范围/(°)
北	N	0	348.76～11.25
北东北	NNE	22.5	11.26～33.75
东北	NE	45	33.76～56.25
东东北	ENE	67.5	56.26～78.75
东	E	90	78.76～101.25
东东南	ESE	112.5	101.2～123.75
东南	SE	135	123.7～146.25
南东南	SSE	157.5	146.2～168.75
南	S	180	168.7～191.25
南西南	SSW	202.5	191.2～213.75
西南	SW	225	213.76～236.25
西西南	WSW	247.5	236.26～258.75
西	W	270	258.76～281.25
西西北	WNW	295.5	281.26～303.75
西北	NW	315	303.76～326.25
北西北	NNW	337.5	326.26～348.75
静风	C	风速小于或等于 0.2m/s	

（2）地面气象站风场数据质量控制

地面气象站风场数据测量中，应测定距地面 10m 高度处的风向和风速。风速记录以米每秒（m/s）为单位，取 1 位小数。风向以 16 个方位或度（°）为单位。地面气象站风场数据仅适用于点源污染物监测，或者区域较小可近似为点源的污染物监测。

（3）区域污染环境监测三大系统使用风场的规范

根据上述三种环境监测系统的测量原理和要求，风场数据按照具体实验环境及情况分别选用风廓线雷达数据、中尺度气象模型数据或者地面气象站点数据。优先采用风廓线雷达的实测数据，在区域风场测量中，如果存在部署困难的问题，可在质量控制合格的情况下选用中小尺度气象模型数据，在测量对象为点源或可近似为点源的情况下可以用 10m 风场数据估算高空风场。

4.2.11 实际应用

针对车载 DOAS 污染物通量测量系统和车载 SOF 污染物通量测量系统，一方面，系统在移动中实时地进行大气环境监测；另一方面，测量时需要烟羽层高度风场数据；这两方面的特点，造成风廓线雷达部署困难，而如果使用地面气象站数据，又会引入高空风垂直切变的影响。因此，根据地面气象站点和风廓线雷达部署条件，本规范将风场数据的使用分为下面几种情况。

（1）监测区域时设置风廓线雷达

进行区域污染环境监测时，尽量将风廓线雷达设置在区域测量的中心位置，风廓线雷达可以给出不同时刻、不同高度准确的风速、风向数据，该情况下需要过滤掉质量低的数据和虚假数据，根据上述质量控制方法选取合格的风廓线雷达数据使用。

（2）监测区域周边设置风廓线雷达

如果在进行区域污染环境监测时，碰到风廓线雷达部署困难，可选用周边相同地形情况下 20km 以内气象站点风廓线雷达数据。该情况下需要过滤掉质量低的数据和虚假数据，根据上述质量控制方法选取合格的风廓线雷达数据使用。

（3）无法获得风廓线雷达数据

在没有风廓线数据的情况下，选择天气条件在 C 类、D 类或更高稳定度条件下，使用中尺度大气模型 MM5 数据进行实验观测。

（4）仅有地面气象站风场数据

用地面风场数据推导高空风场数据，适用于点源污染物监测，或者区域较小可近似为点源的污染物监测。

附　录

附录 1：Pasquill-Turner 稳定度分类法

国际上通常采用 Pasquill-Turner 稳定度分类法，根据地面风速和太阳辐射大小，当风速越大或云量越多时，在白天和夜间大气都是中性的；当风速越小或云量越小时，在白天大气是不稳定的，在夜间大气是稳定的；中间会有个过渡时间，大气也是中性的，空气的垂直运动和大气湍流都会对大气稳定度产生影响，大气湍流使上下层空气之间相互掺混，减弱大气稳定或不稳定的程度。该方法将大气稳定度分为强不稳定、不稳定、弱不稳定、中性、较稳定和稳定六级，它们分别表示为 A、B、C、D、E、F。

由于实际观测数据的现实，很难定量地将总云量/低云量分组，使用有效云量与太阳高度角（度）确定辐射指数，再结合地面风速确定稳定度级别。确定稳定度等级时首先计算出太阳高度角按附表 1 查出太阳辐射等级数，再由太阳辐射等级数与地面风速按附表 2 查找稳定等级。其中，附表 2 中（E）、（F）处表示强稳定，表示该时刻垂直扩散能力很差，水平大尺度“湍流”即所谓 meander 现象明显。

有效云量数据使用的是 GOME-2（The Global Ozone Monitoring Experiment-2，全球臭氧监测实验）卫星遥感资料。

附表 1 有效云量和太阳高度角所决定的辐射指数

有效云量	夜晚	太阳高度角			
		≤15°	15°～30°	30°～55°	>55°
≤3	−2	−1	1	2	3
4～6	−1	0	1	2	2
7	0	0	1	1	1
8	0	0	0	1	1
9～10	0	0	0	0	0

附表 2 由辐射指数及地面风速确定的稳定度级别

风速/(m/s)	辐射指数					
	3	2	1	0	−1	−2
<2	A	A～B	B	D	(E)	(F)
2～3	A～B	B	C	D	E	F
3～5	B	B～C	C	D	D	E
5～6	C	C～D	D	D	D	D
>6	C	D	D	D	D	D

附录 2：地面风场数据推导高空风场数据的方法

在高空没有建筑影响的情况下，风速剖面符合幂指数分布规律，其表达式如下：

$$u/u_0=(z/z_0)\alpha$$

式中，u，z 为风场中任一点的风速和高度；u_0，z_0 为参考高度处的风速和参考高度，我国将标准高度取为 10m；α 为地面粗糙度，假设 10m 高度上的参考风速 $u(10)=4$m/s，风速随高度变化系数 $\alpha=0.3$。实测结果表明，湍流强度会随着高度的增加而减小，近地面处的湍流强度一般为 20%～30%。

参考文献

[1] 李昂，谢品华，刘文清，等. 被动差分光学吸收光谱法监测污染源排放总量研究. 光学学报，2007 (09)：1537-1542.

[2] Pasquill. F，Smith F B. Atmospheric Diffusion. Third Edition. Ellis Horwood Limited 1983：336-337.

[3] Gordon，Beals A. Guide to Local Diffusion of Air Pollutants. A. W. S.，Scott A. F. Billiois，AD 726-984. May 1971：85.

[4] 范绍佳，鲍若峪，罗小芬，等. 广东沿海地区大气稳定度及其分类探讨. 中山大学学报(自然科学版)，1997 (01).

[5] 李智边. 几种大气稳定度分类法的适用性研究. 环境科学研究，1990 (02)：14-21.

[6] 毕雪岩，刘烽，吴兑. 几种大气稳定度分类标准计算方法的比较分析. 热带气象学报，2005 (04)：402-409.

[7] 徐大海. 关于帕斯奎尔稳定度类别的云量判别及入射太阳辐射量判别方法的研究. 气象，1990 (12)：21-25.

[8] 胡学英，高玉春，马舒庆，等. 三种测风设备测量精度的对比分析——风廓线雷达、风能梯度塔、微型探空飞机. 中国气象学会雷达气象学委员会第三届学术年会文集. 北京：2008.

第5章 外场示范实验

2011年10～11月在华北地区开展点源验证对比实验。选定某热电厂作为常规污染气体（SO_2、NO_2）的排放通量监测示范点，将不同条件下的车载DOAS测量结果与在线监测数据对比；选定在市区中心布置一台激光雷达，结合点式仪器PM_{10}监测数据研究颗粒物消光系数与质量浓度垂直分布的转换方法，并对比了激光雷达数据与电视塔上不同高度的点式仪器测量数据结果。2011年5～9月选某重点化工企业作为SOF-FTIR点源验证示范点，研究了SOF-FTIR系统测量VOCs排放通量。2012年6月在西部地区观测点建立重点工业区及周边区域污染观测系统，沿主要污染输送通道，实时测量颗粒物、SO_2和NO_2等的输送通量，快速定量监测重点工业区污染源特征污染物（VOCs）及排放量（SO_2、NO_2），研究重点工业区及周边区域空气污染物传输对主城区空气质量的影响。

（1）监测站点位置选定及协商

为了科学合理地设置课题要求的监测站点，考察实验地点及周边地区，并与当地环境监测中心进行了协商，选定合适的站点位置作为监测站点。在当地环境监测中心的大力协调下，落实了站点并开始站房的建设。外场实验设备安装见表5-1。实验站点及仪器分布见表5-2。

表5-1 外场实验设备安装

设备	监测参数	站点位置	监测时段
激光雷达	消光系数、退偏	监测站	2011.10.13～2011.11.30
振荡天平	颗粒物	电视塔	2011.10.13～2011.11.30
粒谱仪	粒谱分布	电视塔	2011.10.13～2011.11.30
车载DOAS	SO_2、NO_2排放通量	某热电厂	2011.10.13～2011.11.14
MAX-DOAS	SO_2、NO_2柱浓度	某热电厂	2011.10.13～2011.11.30

表 5-2 实验站点及仪器分布

设备	监测参数	监测时间
激光雷达	颗粒物垂直廓线	2012-6-8～2012-7-25
MAX-DOAS	NO_2、SO_2 柱浓度	2012-6-8～2012-7-25
SOF-FTIR	VOCs 排放通量	2012-6-8～2012-7-25
车载 DOAS	SO_2、NO_2 排放通量柱浓度分布	2012-6-8～2012-7-25
风廓线雷达	风廓线数据	2012-6-15～2012-7-20

（2）实验设备安装

单台设备正常工作后，由网络技术人员进行联机调试和网络通信测试，保证测量数据自动上传。

（3）实验设备的装调和质控

在完成所有设备的安装后，对各测量设备进行了测试、标校。采用标气对设备进行了标定等质量控制过程。

（4）数据传输网络和数据上传

各实验站点子网通过 HUB 连接各个测量仪器建立了星形局域网络，每台实验设备把各自的测量数据或工作日志文件主动提交给站点服务器，站点服务器再采用 GPRS 通信方式组网，连接网络并上传到数据服务平台进行数据传输。实验站点服务器软件主要完成 Internet 网络的连接，FTP 服务器的连接，实验数据或工作日志文件的提取、备份和上传，模块化设计提高了整个软件的稳定性和可靠性。

5.1 点源验证实验

5.1.1 车载 DOAS

将不同车速下测量的车载 DOAS 测量柱浓度结果，按照风廓线数据的综合处理方法与不同高度上的风场数据进行融合，计算排放通量结果。将不同状况下的车载 DOAS 测量结果与在线监测数据（CEMS）对比，得出在用车载 DOAS 监测污染源排放通量时，使用烟羽高度上的风场较为合适（表 5-3），并采用统计的方法得出车速控制在 30～40km/h 时为最佳（图 5-1）。

表 5-3 不同车速、不同高度风下车载 DOAS 测量结果

日期	CEMS/(kg/s)	高度/m	车速/(km/h)					
			20	30	40	50	60	70
			测量结果/(kg/s)					
10 月 16 日	0.096	10	−0.04	−0.58				
		200	0.041	0.072	0.092			
10 月 26 日	0.029	10	0.068	0.054	0.061	0.067	0.062	0.084
		200	0.043	0.029	0.027	0.042	0.039	0.014
10 月 27 日	0.042	10	0.033	0.015	0.017			
		200	0.026	0.041	0.03			
10 月 28 日	0.062	10		0.09	0.085	0.121	0.105	
		200		0.082	0.078	0.065	0.041	
10 月 29 日	0.139	10	0.021	0.031	0.025	0.03	0.025	0.015
		200	0.028	0.041	0.033	0.04	0.034	0.02
11 月 6 日	0.064	10	0.049	0.034	0.047	0.04	0.023	0.044
		200	0.04	0.038	0.053	0.045	0.029	0.048

注：标红数字为最近 CEMS 的 DOAS 测量结果值，以此为依据。

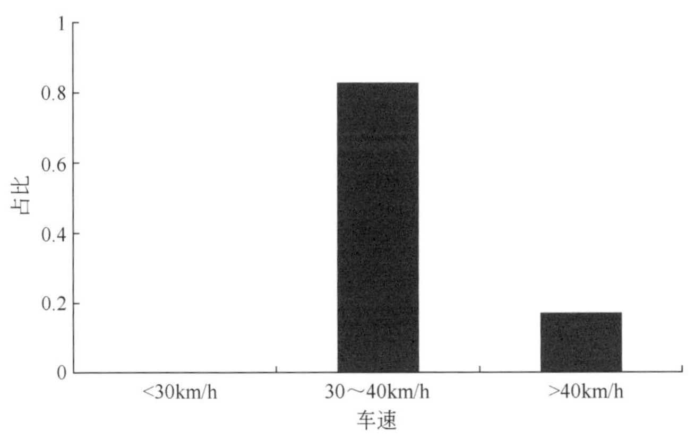

图 5-1 车速统计

采用烟羽高度上的风场数据，车速在 30～40km/h 时，计算了整个测量期间车载 DOAS 的 SO_2 排放监测结果，测量均值为（0.073±0.03）kg/s，在此期间 CEMS 的 SO_2 均值为（0.072±0.03）kg/s，两者较为吻合，并将车载 DOAS 数据和 CEMS 数据进行相关性分析，两者具有较好的相关性，相关系数 R^2＝0.83（图 5-2），表明两者的变化趋势一致。

通过以上对比分析，当采用烟羽高度上的风场数据，车速控制在 30～40km/h 时车载 DOAS 对点源的测量结果与在线监测结果较为吻合，两者的相关性也为 0.83。结果表明对于单个点源测量来说车载 DOAS 的测量能很好地反映电厂的排放情况，由于其快速、非接触等优势，是现有在线监测技术的

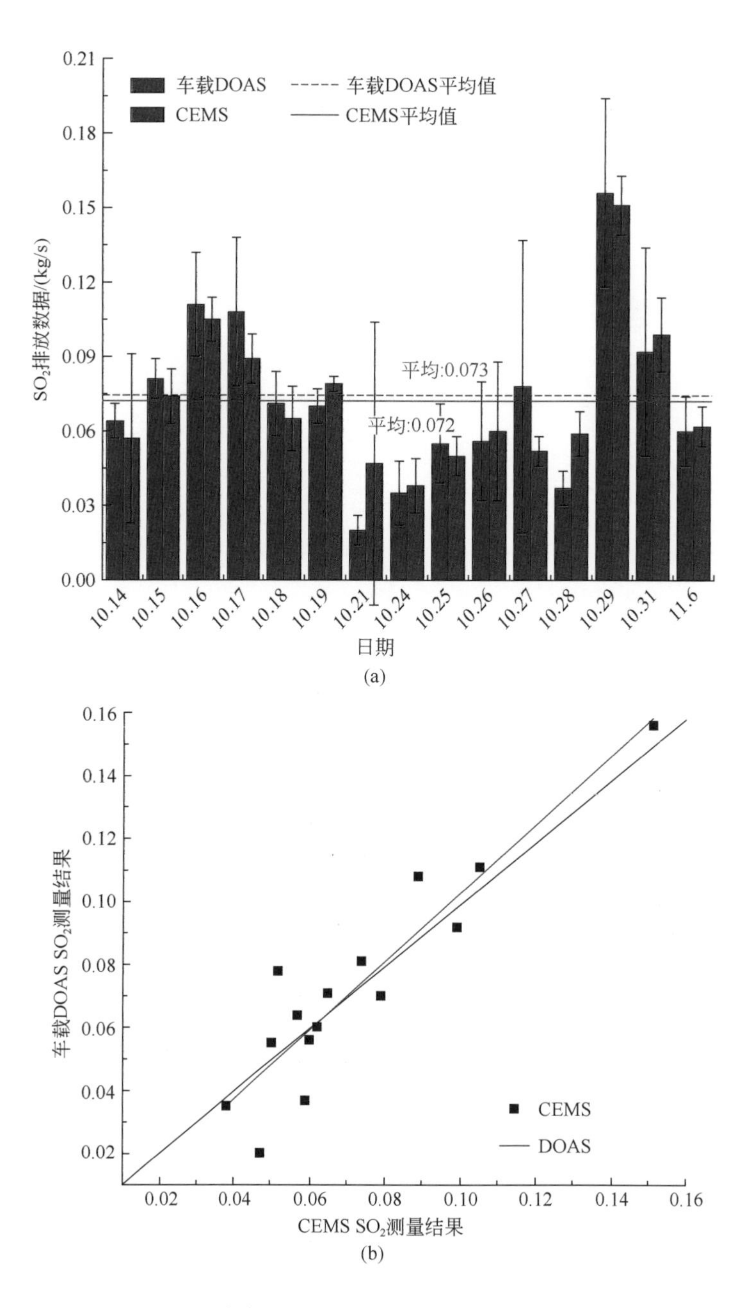

图 5-2 车载 DOAS 与 CEMS 测量结果及对比

很好补充。

5.1.2 SOF-FTIR

2011 年 5～9 月，采用 SOF-FTIR 系统对某石化工业区和企业的 VOCs 排放特征污染物的排放量进行监测实验，如图 5-3 所示。

(a) 污染输送量135.43kg/h

(b) 污染输送量90.11kg/h

(c) 污染输送量163.31kg/h

图 5-3

(d) 污染输送量16.77kg/h

(e)

图 5-3 实验主要时间及监测区域

在实验过程中，对乙烯装置的排空过程进行了监测，通过对实验结果进行分析发现，放空前通量下降 33%，放空后通量上升 81%，然后迅速降低 89%，最大浓度在放空后急剧增加后迅速降低，整个变化趋势如图 5-4 所示。

另外，利用 SOF-FTIR 系统对监测区内的丙烯腈、乙烯装置等开展了实际观测，测量了乙酸乙酯和二氯二氟甲烷的柱浓度，经折算与特征因子浓度数据非常接近，验证了测量结果的准确性。

在区域监测实验中，利用气相色谱-质谱联用仪（GC-MS）对 12 个气体采样罐分析，得到其平均碳原子个数为 4.56，如表 5-4 所列。经 SOF 系统测定，该区域的碳原子数为 4.87，与 GC-MS 的测量结果基本一致。

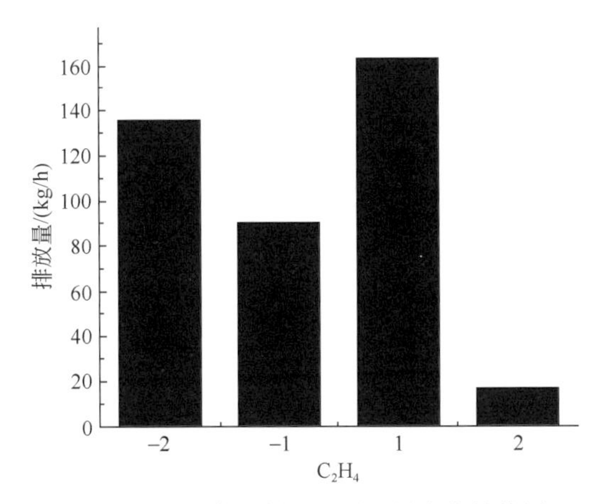

图 5-4 乙烯装置排空监测通量变化趋势图

表 5-4 GC-MS 仪器测得碳原子数

测量点位	1	2	3	4	5	6	7	8	9	10	11	12	均值
平均碳原子数	4.23	4.09	4.12	6.42	5.97	4.15	3.99	4.34	4.2	4.17	4.2	4.9	4.56

通过观测并进行分析，初步得到以下监测结论：

① 应用试点监测中，对碳原子数、各组分特征因子浓度换算值进行了比较，均取得了较好的一致性。

② 对乙烯装置放空前后的 C_2H_4 排放通量进行了连续观测，获得了其他 VOCs 成分的浓度水平变化情况。观测结果表明，乙烯装置区域，关停后各组分浓度迅速降低，排空时浓度迅速增加并向周边扩散后逐渐稀释，随后由于天气影响带来的积聚效应，各组分浓度逐渐增加。

③ 对 5 种典型（$C_4H_8O_2$、C_3H_6、CCl_2F_2、C_3～C_9 总烷烃和 C_2H_4）VOCs 成分进行了光学法遥测，并对其浓度水平、最大浓度值和通量进行了横向比较。

5.1.3 激光雷达颗粒物消光系数到质量浓度垂直分布转换

为了实现对气溶胶质量浓度的自动提取，建立质量浓度与消光系数之间的物理模型至关重要。首先不考虑外界因素的影响，在稳定条件下得到利用消光系数反演质量浓度的基本模型，然后分析气象因素对气溶胶分布的影响，给出在其他气象条件稳定的情况下，温、湿度发生变化时对基本模型的修正。在这里，我们以指数模型为基础，考虑气象因素是如何对模型进行修正的。气溶胶质量浓度反演的指数模型的表达式为：

$$m(z)=a\sigma(z)^b+C \tag{5-1}$$

式中 $m(z)$——高度 z 处的气溶胶质量浓度；

a，C——模型参数；

$\sigma(z)$——高度 z 处的气溶胶消光系数。

考虑到温度和相对湿度对质量浓度的影响，将模型修正为：

$$m(z)=a\sigma(z)^{b}+k\mathrm{e}^{-(z-Z_0)\left(\frac{273-T}{273}\right)^{\frac{1}{t}}}\times \mathrm{RH}+C \tag{5-2}$$

式中　a，C——模型参数；

k——影响系数；

z——高度，km；

T——温度；

Z_0——气溶胶初始浓度的测量高度，km；

RH——相对湿度；

t——伸缩因子。

对 2011 年 11 月 14～17 日的实验数据进行反演。温度、湿度由气象参数仪测定，同时测定的还有风速、风向和气压。激光雷达采用垂直方式测量回波信号，计算得到气溶胶消光系数，空间分辨率为 7.5m，测量高度白天为 3～6km。地面颗粒物质量浓度由气象局提供。

根据实验数据及经验数据，当地 Z_0 取 2km，伸缩因子 t 取 4。数据处理时，考虑到影响气溶胶质量浓度分布的因素很多，由于只是研究温度和相对湿度对质量浓度分布的影响，所以选取了其他气象条件比较稳定（无雨雪、无风或微风）情况下的数据进行分析。选取了三组数据，时间范围分别是 2011 年 11 月 14 日 09：00～16：00、2011 年 11 月 15 日 09：00～16：00 和 2011 年 11 月 16 日 08：00～09：00。

（1）地面数据结果

地面的气溶胶质量浓度由振荡天平实际测量经换算得到，消光系数由激光雷达测量得到，温度和相对湿度由气象参数仪提供。观测站处电视塔海拔高度 0.116km，表 5-5 是三组数据的相关参数。

表 5-5　三组数据的模型参数

时间范围	a	b	Z_0/km	z/km	t	k	C
2011 年 11 月 14 日 09:00～16:00	360	0.18	2	0.116	4	1	−160
2011 年 11 月 15 日 09:00～16:00						2	−190
2011 年 11 月 16 日 08:00～09:00						1	−220

图 5-5 分别是三组数据运用上述获得的模型参数反演得到的质量浓度与实际测量的质量浓度的对比图。

从图 5-5 可以看出，模型反演结果与实际测量值之间的相关性是比较好的。由于模型与天气的多变性有关，影响气溶胶浓度变化的因素也就是多方面的，因此还需要进一步分析研究其他气象因素对气溶胶分布的影响，对模型进行优化和完善。

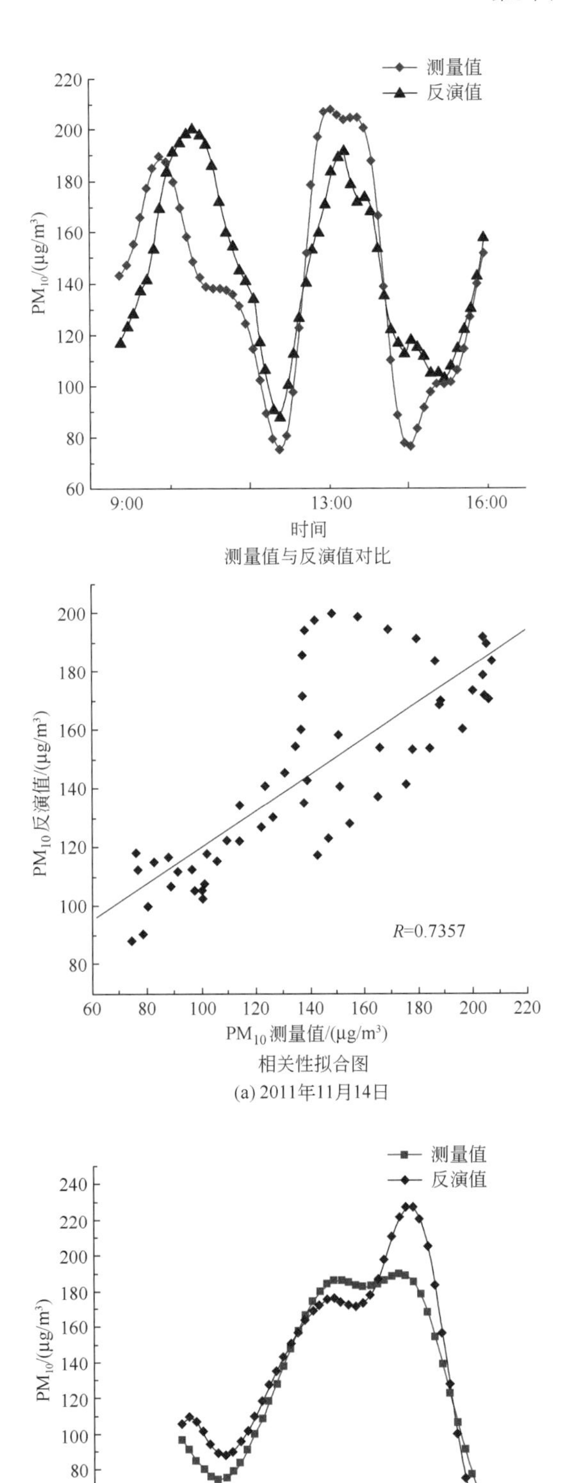

测量值
反演值
PM_{10}/(μg/m³)
220
200
180
160
140
120
100
80
60
9:00
13:00
16:00
时间
测量值与反演值对比
PM_{10}反演值/(μg/m³)
PM_{10}测量值/(μg/m³)
R=0.7357
相关性拟合图
(a) 2011年11月14日
测量值
反演值
240
40
20
时间
测量值与反演值对比

图 5-5

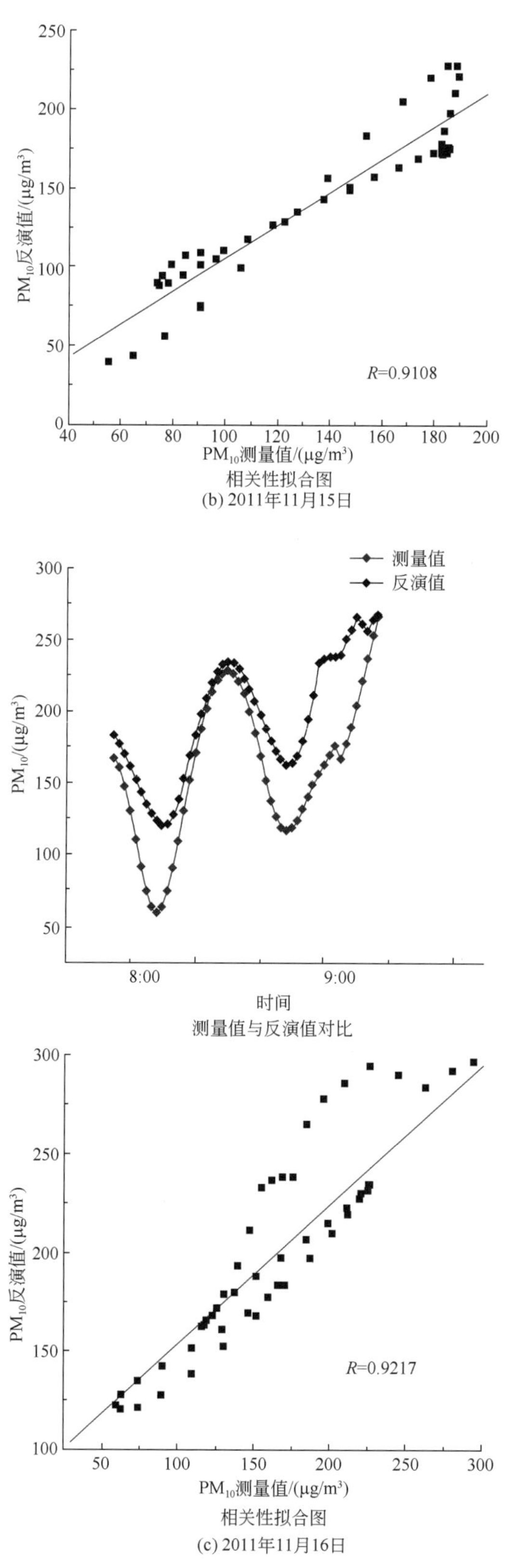

图 5-5 质量浓度反演值与实测值对比图

（2）垂直分布数据结果

由于气溶胶质量浓度的空间垂直分布无法测量，这里分别运用指数模型与温湿度修正模型进行反演，并对比反演结果。各取 11 月 14 日和 11 月 15 日中一组数据进行空间分布的反演。图 5-6 是上述两模型反演的气溶胶质量浓度垂直分布示意及两种模型反演结果的相关性示意。

从图 5-6 可以看出，尽管两者反演结果的相关性都较高，但是还有一些明显的区别。在近地面，修正模型的反演结果大于指数模型的反演结果，而在空中，修正模型的结果则小于指数模型。这是因为加入了温度修正而造成的，这与大粒子向下沉降的实际较为一致。因此修正模型可能更适合气溶胶质量浓度垂直分布的反演。

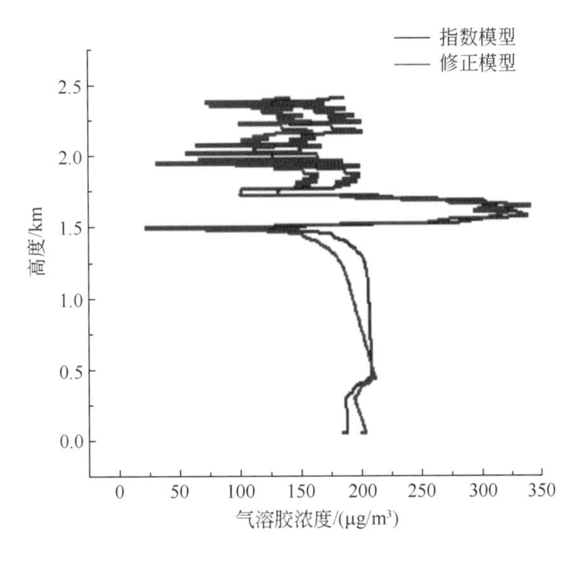

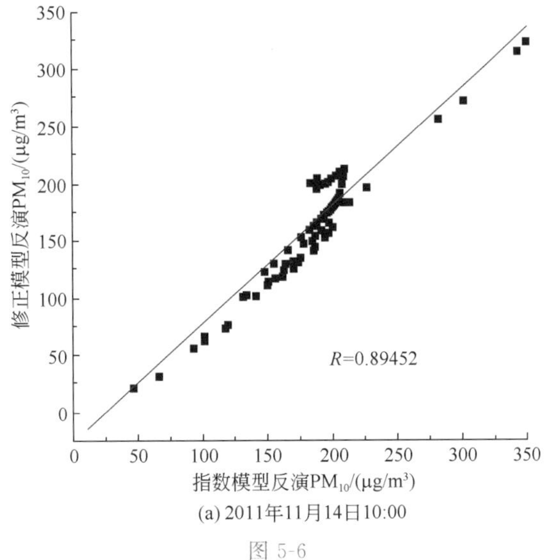

(a) 2011年11月14日10:00

图 5-6

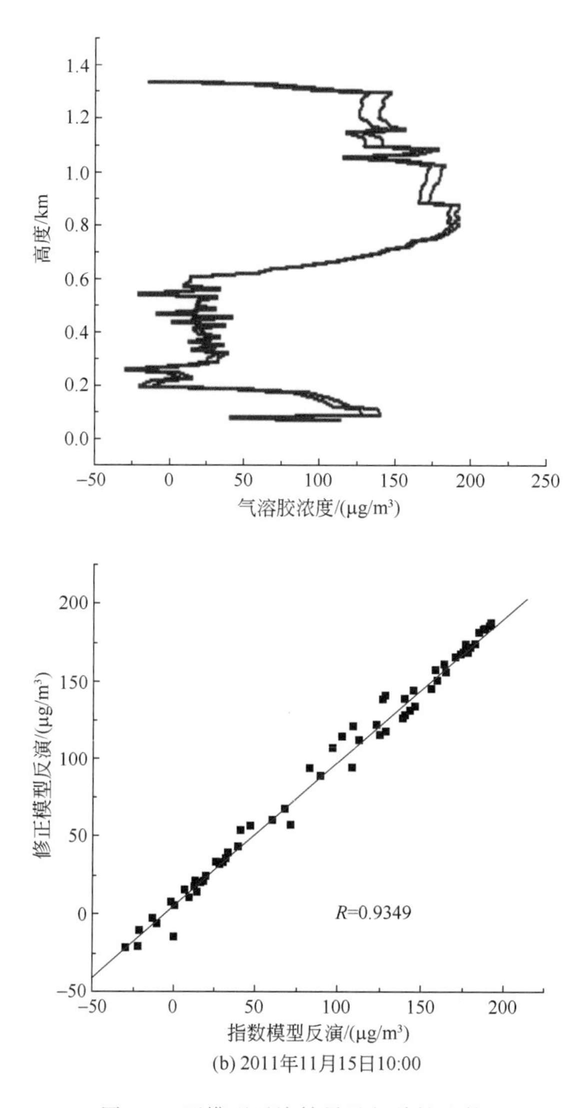

(b) 2011年11月15日10:00

图 5-6 两模型反演结果及相关性比较

激光雷达采用的脉冲激光是良好的线偏振光。球形粒子的散射基本不改变激光的偏振特性；而非球形粒子后向散射的退偏振效应非常明显。大气中的球形颗粒物主要是气体污染物发生光化学反应生成的二次颗粒物，如 VOCs 等气态污染物经过氧化、吸附、凝结形成二次颗粒物，这种颗粒物代表局地生成的污染。而非球形的颗粒物主要是沙尘、扬尘、烟尘、海盐粒子等，表征外界对本地颗粒物的输送。

二次颗粒物、沙尘、冰云、水云都有各自不同的消光/退偏特性，两种光学性质的对比可以对颗粒物定性分类。图 5-7 给出了 2011 年 11 月 13～17 日观测到的气溶胶的 API 指数，结合气溶胶的光学特性及 API 指数，判断污染物的来源。

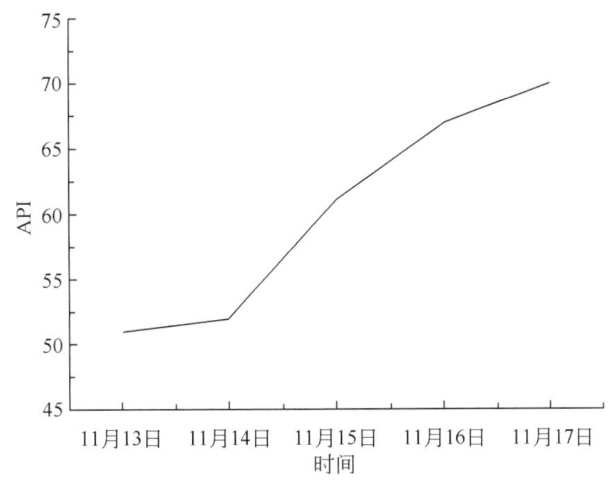

图 5-7 2011 年 11 月 13～17 日气溶胶 API 指数

图 5-8 给出了 11 月 14～16 日污染期间 116m 高度的风速、温度、湿度气象条件。污染期间，风速小，平均风速为 0.62m/s，天气状况稳定，这有利于污染物的积累。11 月 14～15 日的主要风向为北风，11 月 16 日转为西南风。这几

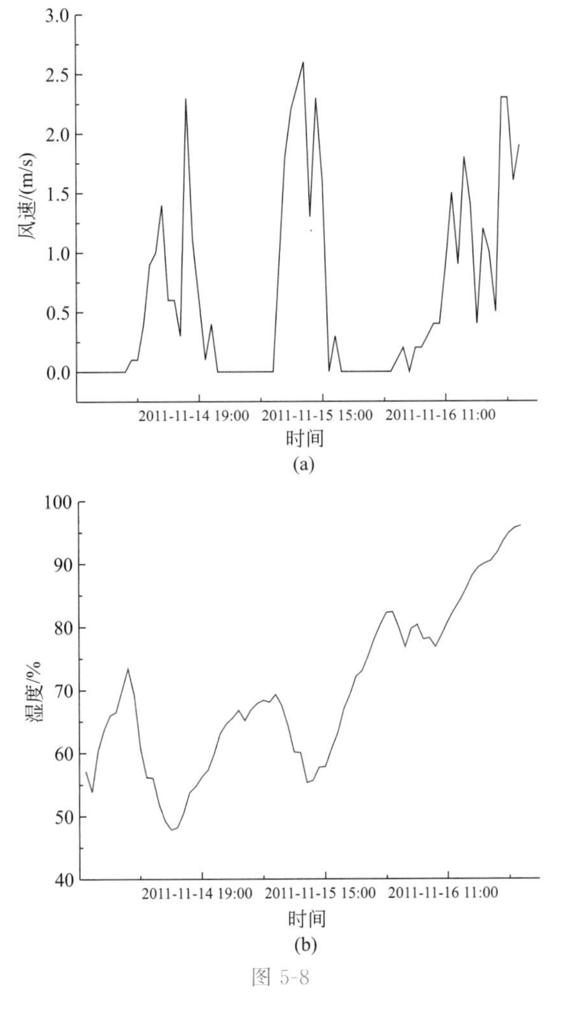

图 5-8

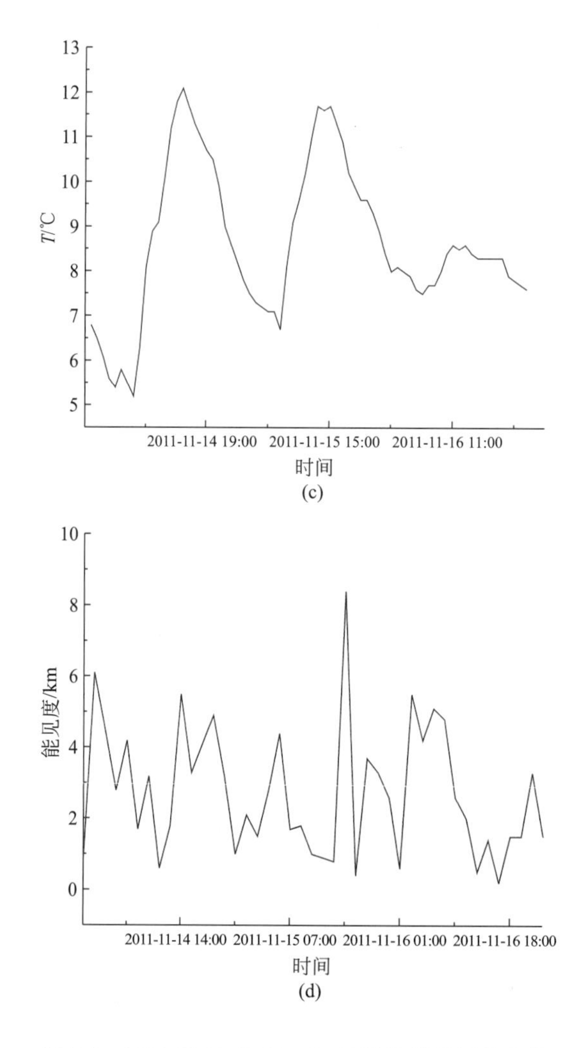

图 5-8 2011 年 11 月 14～16 日污染期间气象条件

天的湿度也在逐渐增大，至 11 月 16 日出现了降雨。11 月 16 日温度的峰值出现在 13:00，较前两天提前了 2 个小时，空气温度也大为下降。这几天的能见度比较低，11 月 14～16 日的平均能见度分别为 3.12km、2.56km、2.48km，能见度逐日下降。从气象条件来看，11 月 14～15 日，静稳天气，湿度逐渐增大，这些因素不利于污染物的扩散，11 月 16 日的降雨有利于污染物的去除。

图 5-9、图 5-10 给出了激光雷达测量得到的气溶胶消光系数及退偏振度。由测量结果可以看出，11 月 14 日 0.7km 以下开始出现污染颗粒物，15～16 日中午开始出现大面积污染区域，API 指数也骤然从几天前的 60 升高至 111，为轻型污染，消光系数变大。在 0.2～0.9km 处，消光系数值主要集中在 0.5～0.8km^{-1} 范围内，退偏比值主要集中在 0.1～0.2 之间，主要表现为局地污染。

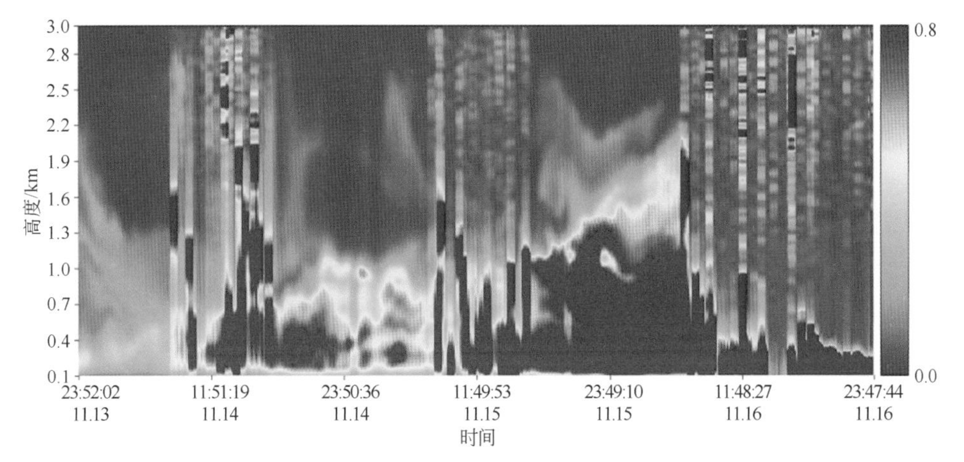

图 5-9 2011 年 11 月 13～16 日消光系数

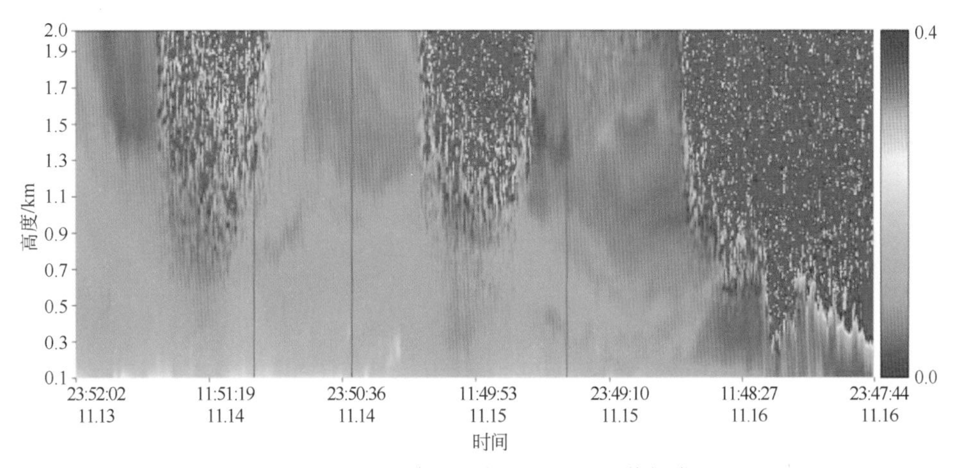

图 5-10 2011 年 11 月 13～16 日退偏振度

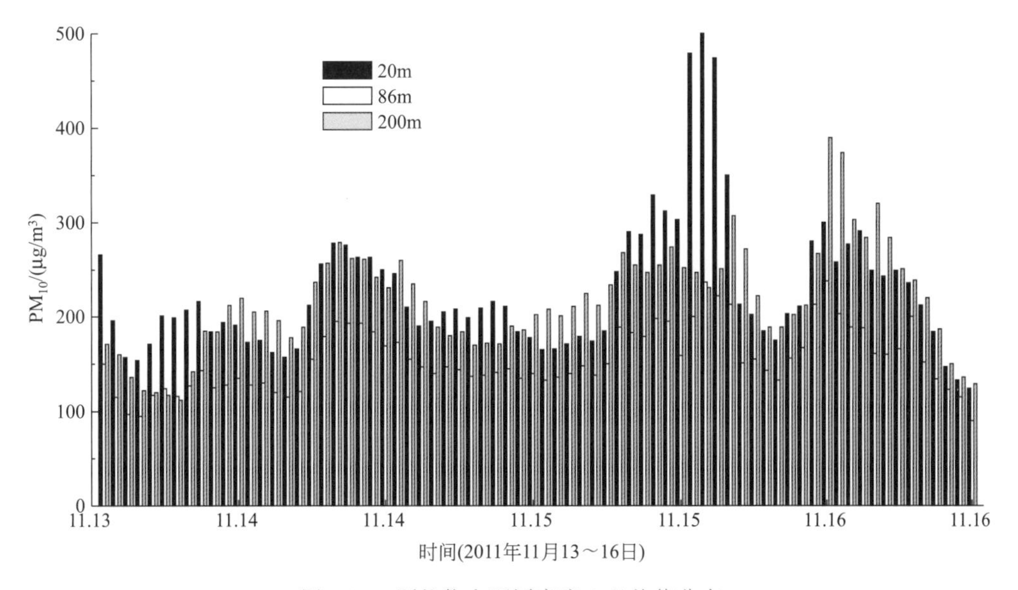

图 5-11 颗粒物在不同高度上日均值分布

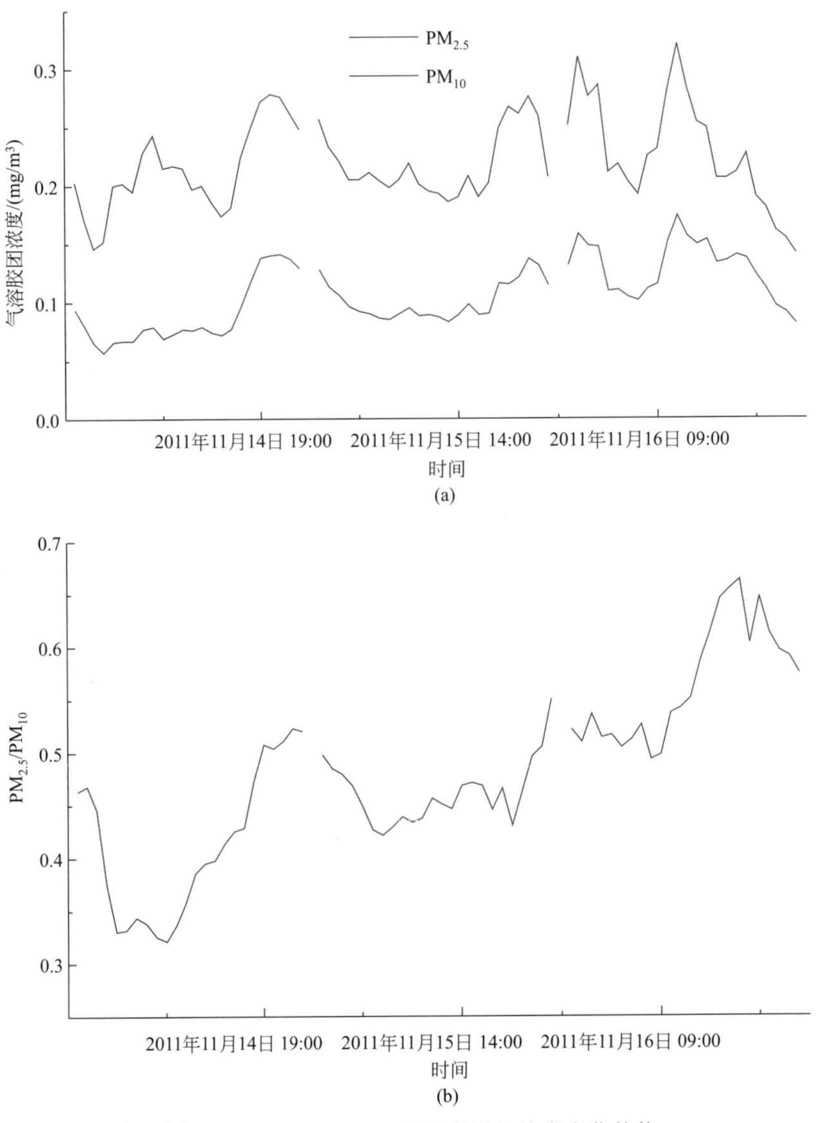

图 5-12 $PM_{2.5}$、PM_{10} 及两者质量浓度变化趋势

图 5-11 为污染期间各高度的颗粒物日均值，图 5-12 为 116m 高度的 $PM_{2.5}$、PM_{10} 质量浓度变化趋势，这与激光雷达测量的颗粒物消光系数变化趋势基本一致，其中 $PM_{2.5}$ 占 PM_{10} 质量比重逐渐升高，这说明增加的污染颗粒物主要为粒径小于 2.5μm 的细颗粒物。

15～17 日 API 指数 115，呈轻度污染，因伴有烟雾和小雨，边界层等日变化信息无法识别，近地面多为球形规则粒子，这是因为下雨气溶胶中大多数液态粒子为球形的缘故，从后向轨迹图分析，观测期内气流的源头与路径变化较大，500m 高空处的污染主要源于西北地区 3～4km 的高空、局地污染和部分周边城市，气流路径不稳定，整个晚上风速变化也较大，这可能是此次观测出现多峰态的原因。观测期内气流源头高度均在边界层内，因此这个长距离输送个例中观测到的气溶胶粒子很可能来自上述区域，由于气流途经区域中包括经济较发达地区，不排除工业燃烧和机动车排放造成的大气污染。

5.1.4 国内外点式仪器比对

为了进一步提高痕量气体和气溶胶的反演算法和数据分析的准确性和可靠性，与国外的同类型大气成分观测设备进行了对比实验，对比实验于 2013 年 6～8 月在德国举行。中国科学院的一台二维扫描多轴被动 DOAS 和一台常规多轴被动 DOAS（图 5-13）参加了此次联合观测对比实验，并与国外多个单位（包括海德堡大学、不莱梅大学、科罗拉多州立大学、比利时高空大气物理研究所、马普化学所等）的相关仪器在痕量气体斜柱浓度和廓线反演方面进行了对比，获得了较好的观测结果。

图 5-13　参加大气成分联合观测对比实验的两台 MAX-DOAS 仪器

在此次联合观测对比实验中，采用地基多轴被动 DOAS 观测到了德国美因茨东北部地区较高的 NO_2 斜柱浓度值。图 5-14 所示为 2013 年 6 月 18 日观测仰角为 1°时各个小组的 NO_2 DSCD 观测结果随时间变化。国内两台 MAX-DOAS 与其他小组的观测结果相关性 R^2 均达 0.98 以上。

采用 SCIATRAN 辐射传输前置模型并基于非线性最优估算法，采用地基被动 MAX-DOAS 获得大气气溶胶光学厚度［AOD，紫外波段（338～370nm)］。从 2013 年 6 月 17～19 日气溶胶消光系数结果（图 5-15）可以看出，气溶胶厚度主要在 1.5km 以下，并在中午有较明显的高值。采用同步观

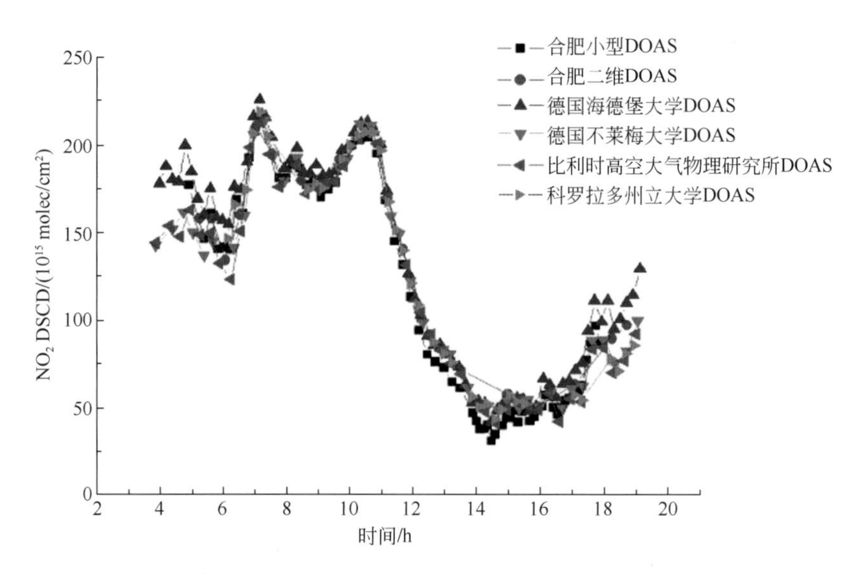

图 5-14 2013 年 6 月 18 日 NO_2 斜柱浓度（观测仰角 1°）随时间变化的结果比对

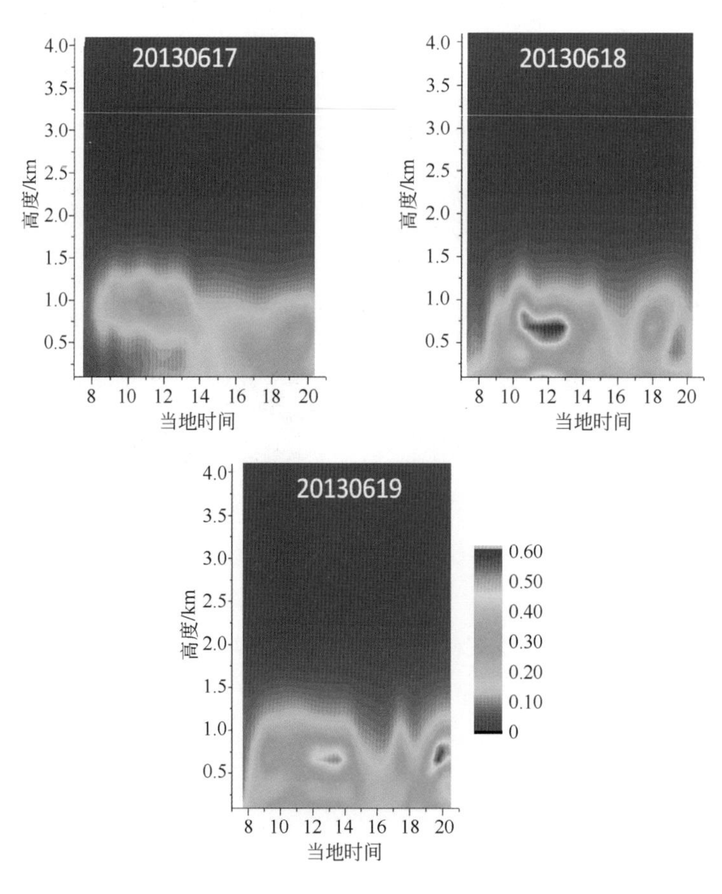

图 5-15 2013 年 6 月 17～19 日气溶胶消光系数结果

测的 AERONET 数据进行比对（图 5-16），结果显示中科院的地基被动 MAX-DOAS 观测结果与 AERONET 的结果有较好的相关性，从而证实了反演算法的可靠性。

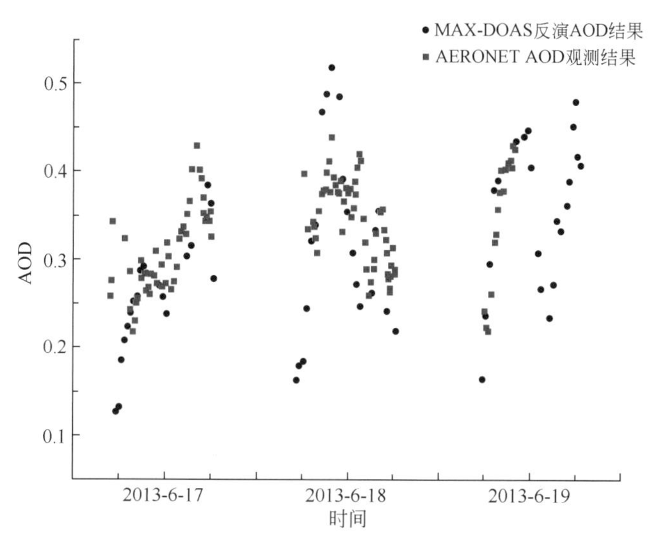

图 5-16　2013 年 6 月 17～19 日地基 MAX-DOAS 反演获得的 AOD 结果（360nm，黑点）与 AERONET 观测结果（340nm 与 380nm 结果平均，红点）对比

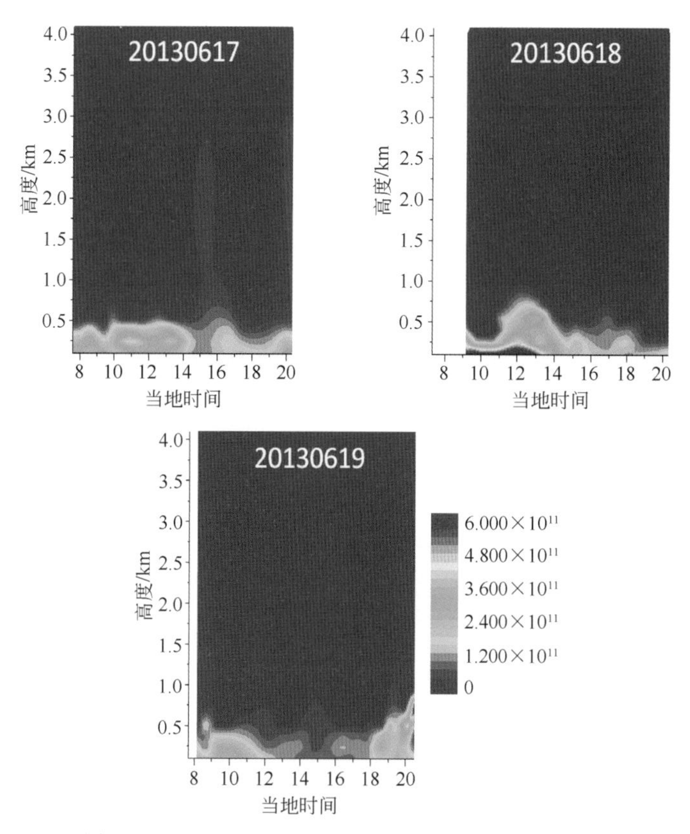

图 5-17　2013 年 6 月 17～19 日 NO_2 垂直分布结果

采用最优估算法还可以获得 NO_2 的垂直廓线分布信息，图 5-17 所示为 2013 年 6 月 17～19 日 NO_2 的垂直分布结果。可以看出，6 月 18 日上午至中午期间近地面有明显的 NO_2 高值，与此同时 HCHO 和 HONO 等痕量气体也观测到有高浓度出现，说明可能有共同的来源。将通过地基被动 MAX-DOAS 反演获得的近地面层（0～300m）NO_2 混合体积比（VMRs）与腔增强 DOAS 的在线观测结果进行比较（图 5-18），发现观测与拟合获得的 NO_2DSCD 有非常好的相关性（R^2＝0.996），表明地基被动 MAX-DOAS 技术在痕量气体的廓线反演方面有很大的潜力。

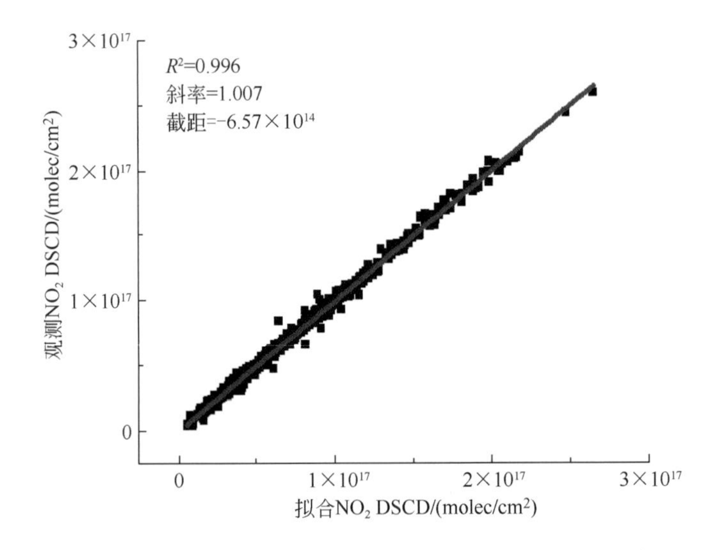

图 5-18 观测与拟合获得的 NO_2DSCD 相关性（R^2＝0.996）

5.2 区域测量实验

5.2.1 实验一

2012 年 6～8 月，在我国西部地区开展了区域监测的应用，提出了该市区域输送通量监测的设计方案，通过区域监测试点实验，分析区域输送监测主要误差来源及影响（布点、采样频率、气象风场、数据处理），并研究重点工业区及周边区域空气污染物传输对主城区空气质量影响，为制订清洁大气计划提供技术手段和科学数据支撑。

仪器如图 5-19 所示。

实验总体设计如图 5-20 所示。

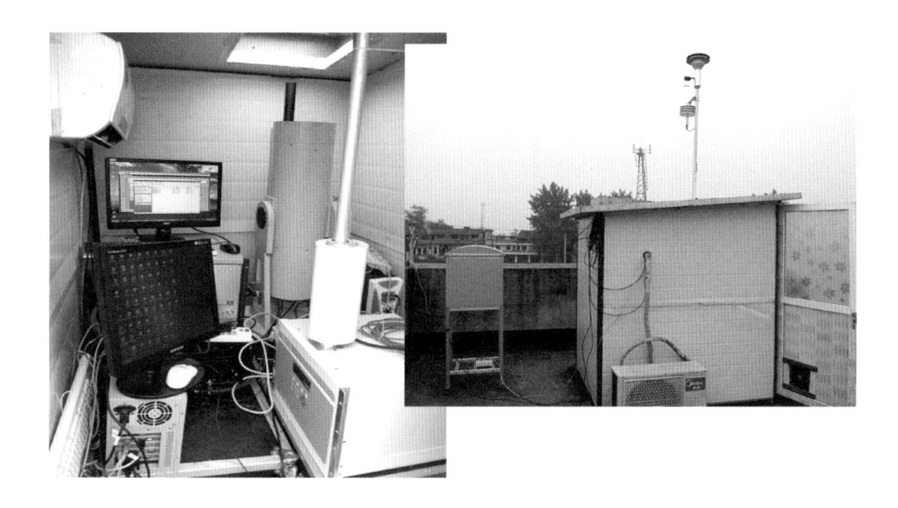

图 5-19 仪器

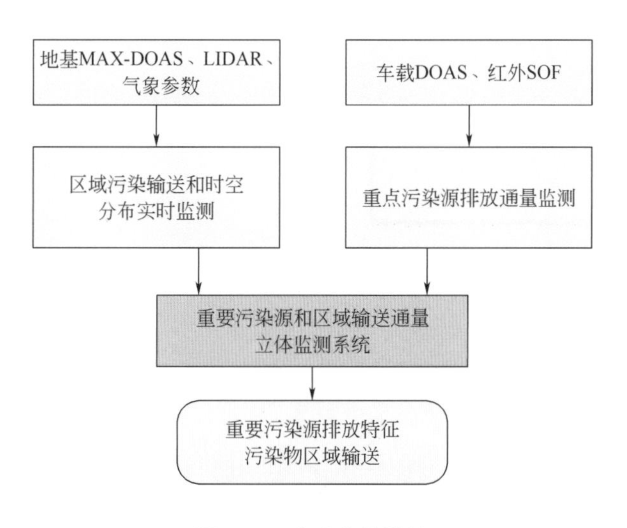

图 5-20 实验总体设计

（1）车载 DOAS

图 5-21 给出车载 DOAS 在该市电厂区域的监测，测量时间段内当日的主导风向为西南风，在测量区域的东北同时观测到 SO_2、NO_2 浓度高值，在此风场影响下，电厂区域对该市主城区有输送，此区域对该市的输送通量为：SO_2 0.02kg/s，NO_2 0.29kg/s。

（2）车载 SOF

图 5-22 给出了 SOF-FTIR 系统的测量情况，在西北风的影响下，在下风向观测到 3 种 VOCs 的浓度高值。

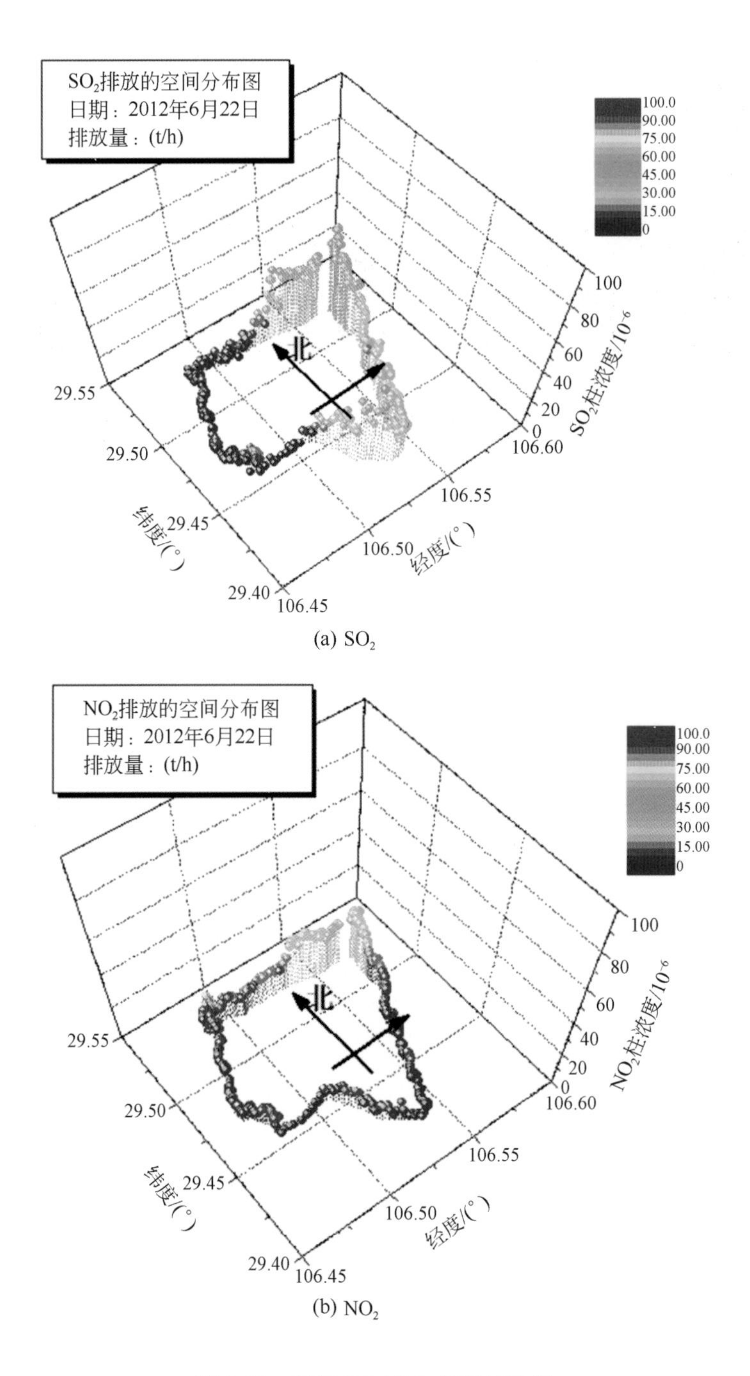

图 5-21 车载 DOAS 电厂区域监测

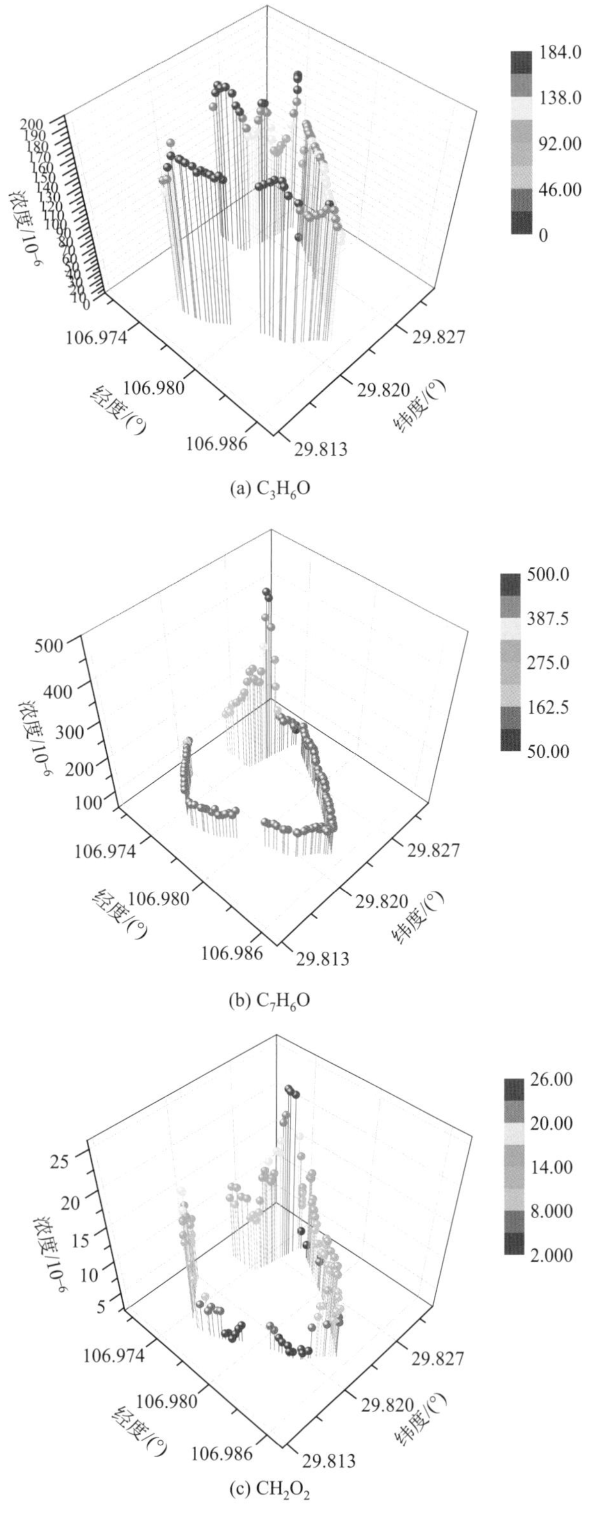

(a) C_3H_6O

(b) C_7H_6O

(c) CH_2O_2

图 5-22 SOF-FTIR 系统监测

（3）激光雷达

图 5-23 给出了两个监测站点激光雷达 6 月的观测数据，数据显示 2012 年 6 月 15～18 日，连日的气雾、间或的小雨及静稳天气造成近地面较强的消光系数，在近地面 1～2km 处，15～18 日下午均出现较高的消光系数，API 指数只报道 15 日有污染，但在主城区的这几天下午，气溶胶消光系数有相对增强的趋势，天气属于均压气场，16 日地面有逆温，退偏比集中在 0.2 附近，颗粒物逐渐下沉。根据 15 日风向，气溶胶源自北部，16 日之后风向不定。

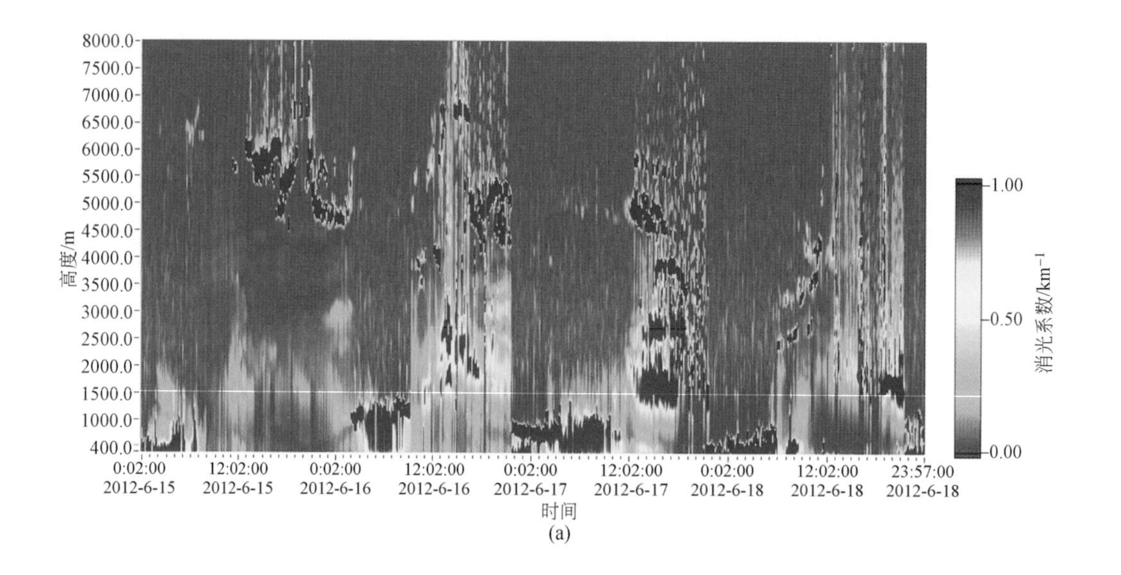

(a)

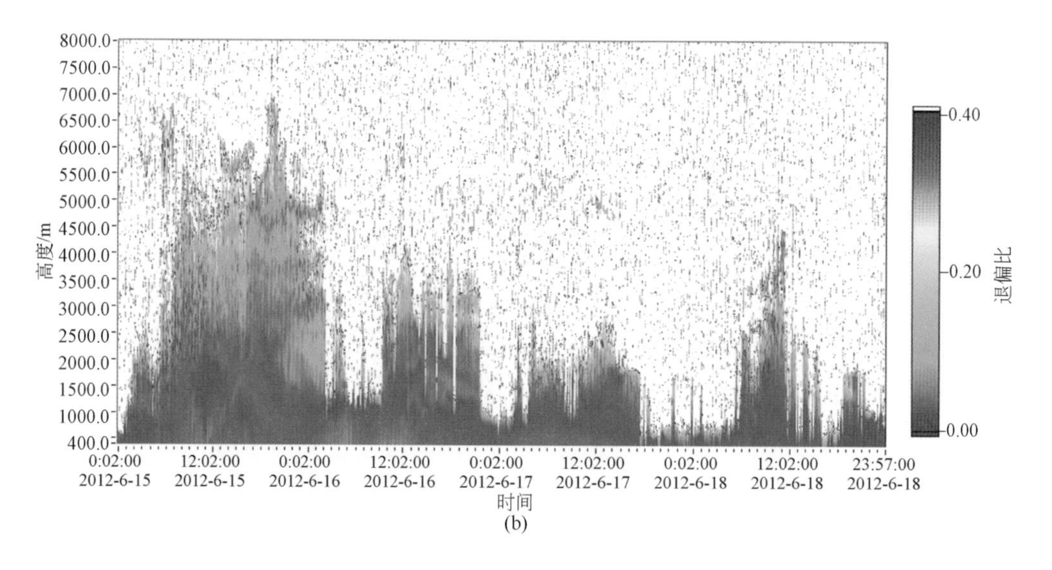

(b)

图 5-23　6 月激光雷达监测

图 5-24 是激光雷达 7 月的监测结果，观测到近地面消光系数较大，在 2km 处观测到有污染层，当日风速 3m/s，且主风向为西北偏北风，污染源来自北区。结合观测期间激光雷达探测点和风向，在 6 月 15～18 日观测到输送造成的污染层，污染层主要集中在 1.5～2km，随着边界层的变化而具有明显的日变化，消光系数约为 $0.5km^{-1}$，污染严重时 API 达 116，造成轻型污染。

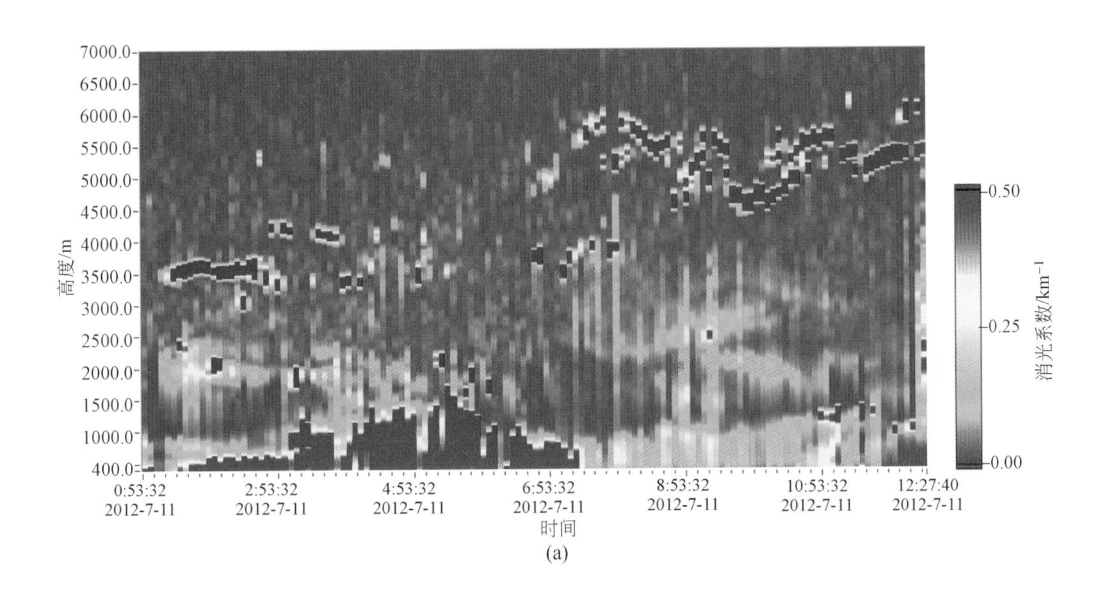

(a)

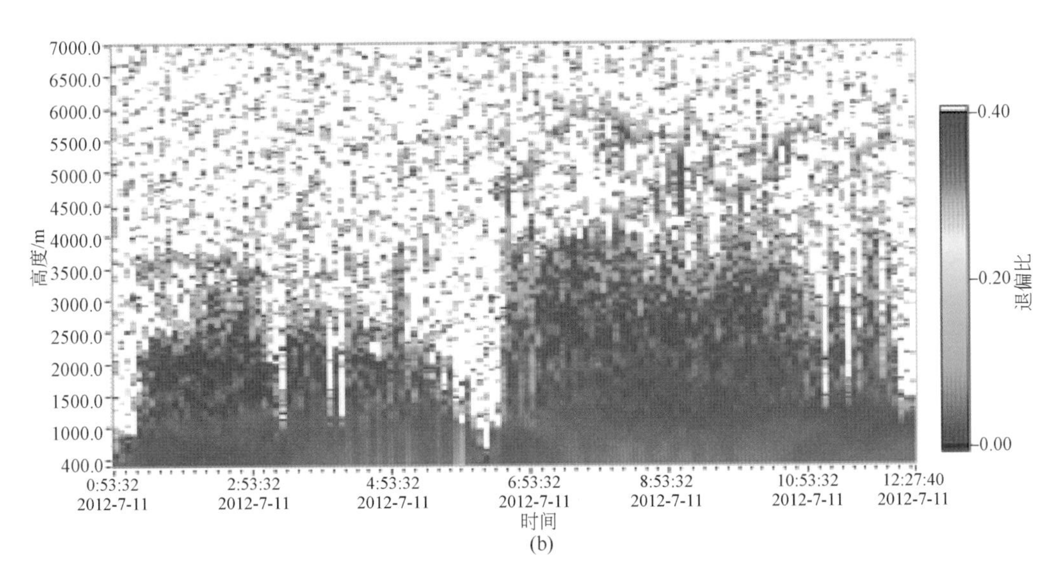

(b)

图 5-24　7 月激光雷达监测

5.2.2 实验二

（1）DOAS

选取天气晴朗、无云的条件下的测量光谱，利用 DOAS 反演的不同角度的垂直柱浓度，反演得到 NO_2 气体的垂直分布廓线，从而分析 NO_2 的输送过程、输送高度和强度。分析中选取了 8 月 10 日、8 月 12 日和 8 月 15 日 3 天的数据进行反演，分别得到了 3 天的廓线结果。

从 10 日的结果可见（图 5-25），NO_2 浓度从 8 点钟开始明显处于高值，而且污染层位于距地面 200～450m 处，推断为外来输送，但随后迅速降低，近地面和高空均处于低值。

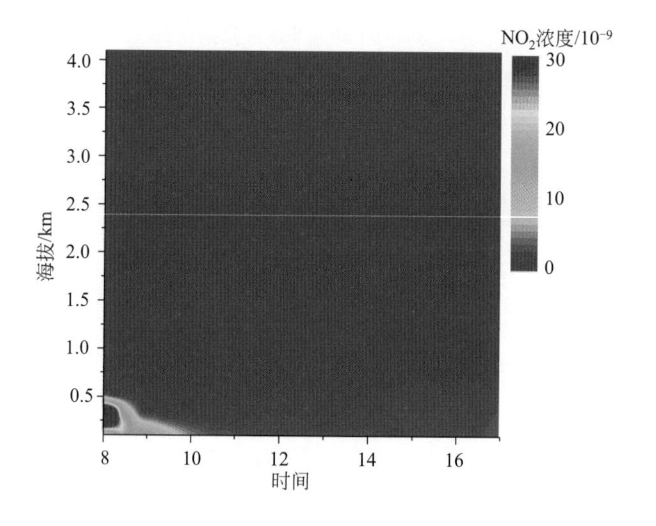

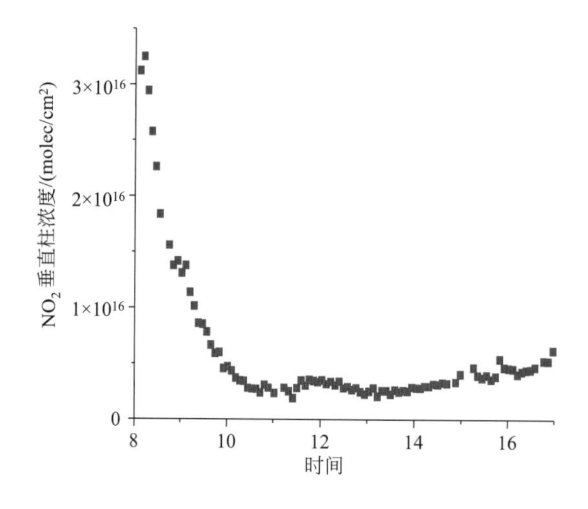

图 5-25 8 月 10 日 NO_2 廓线及垂直柱浓度

从 12 日的结果可见（图 5-26），从 11 点 30 分开始 NO_2 浓度迅速升高，并在 12 点 20 分左右处于峰值，从廓线结果可见污染层位于距地面 300m 处，说明为外来输送所致，13 点钟开始浓度又迅速降低，并处于低值水平。

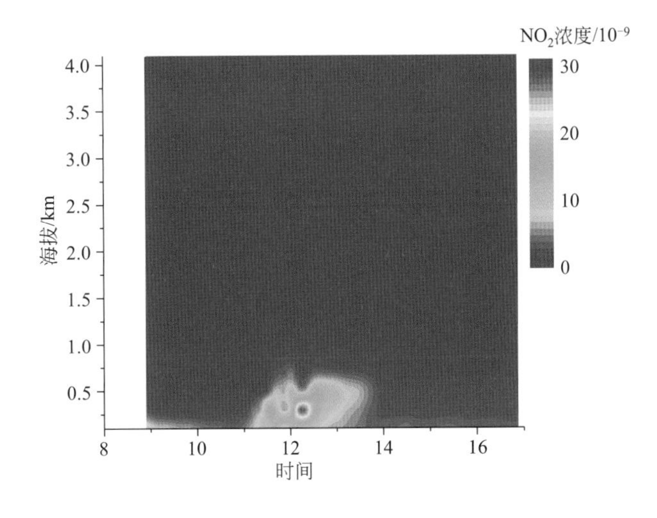

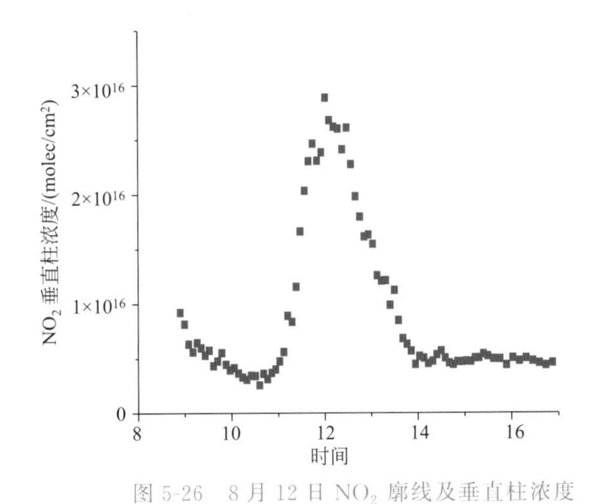

图 5-26　8 月 12 日 NO_2 廓线及垂直柱浓度

从 8 月 15 日的结果可见（图 5-27），从 10 点钟开始 NO_2 浓度迅速升高，11 点钟达到峰值，从廓线结果可见，NO_2 污染层位于近地面到 200m 高度，初步推断 NO_2 主要来自外围输入，同时由于风速随后减小，出现了短时积累现象，从而出现高值。

（2）激光雷达

8 月 7 日 19 点钟到 8 日凌晨出现轻微污染过程，7 日 19 点钟后 0.7～2.5km 高度的消光系数略有上升，从 0.05km^{-1} 增大到 0.1km^{-1} 左右，并且退偏值迅速增大为 0.2。8 月 9 日地面消光系数有所上升，白天也达到 0.3km^{-1}，显示近地面污染物浓度增高，8 月 10 日污染物浓度增高（图 5-28、图 5-29）。污染物气团出现的时间退偏图显示在晚间颗粒物的退偏特性有所增强，表现为大粒子的特性，结合 8 月 7 日

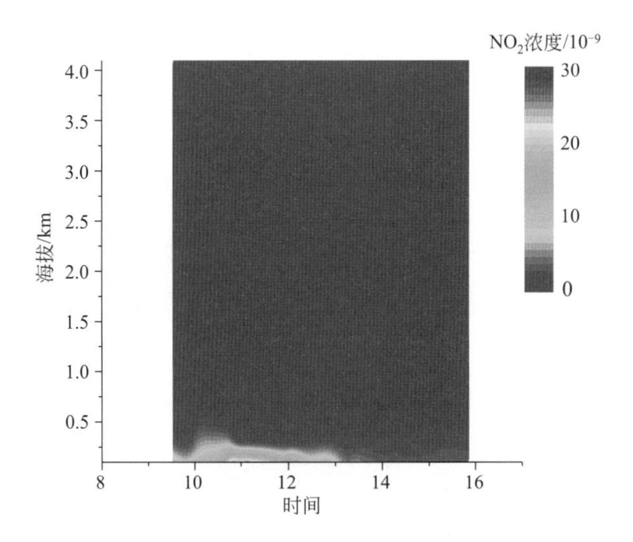

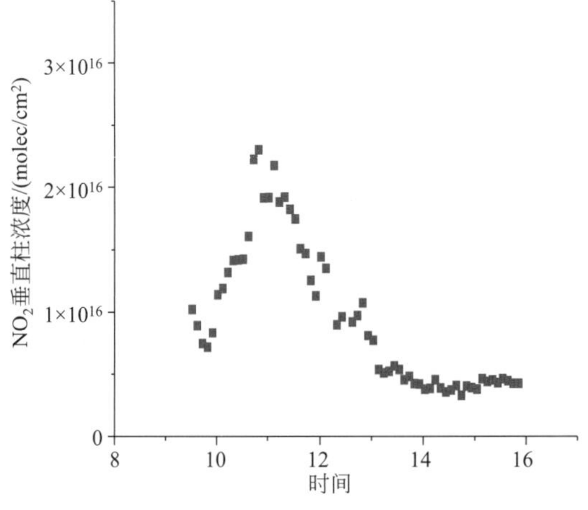

图 5-27　8 月 15 日 NO_2 廓线及垂直柱浓度

晚相同时间出现的现象，应为大气中污染物与水汽结合后退偏特性增大。后向轨迹显示，8 月 7～10 日主要受到来自南方省份的影响。

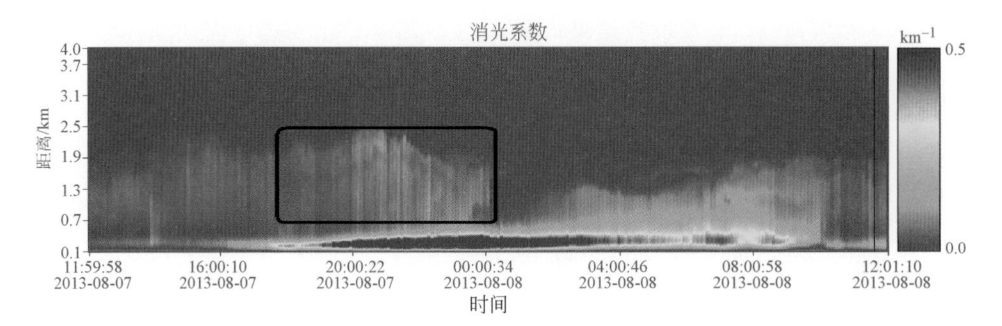

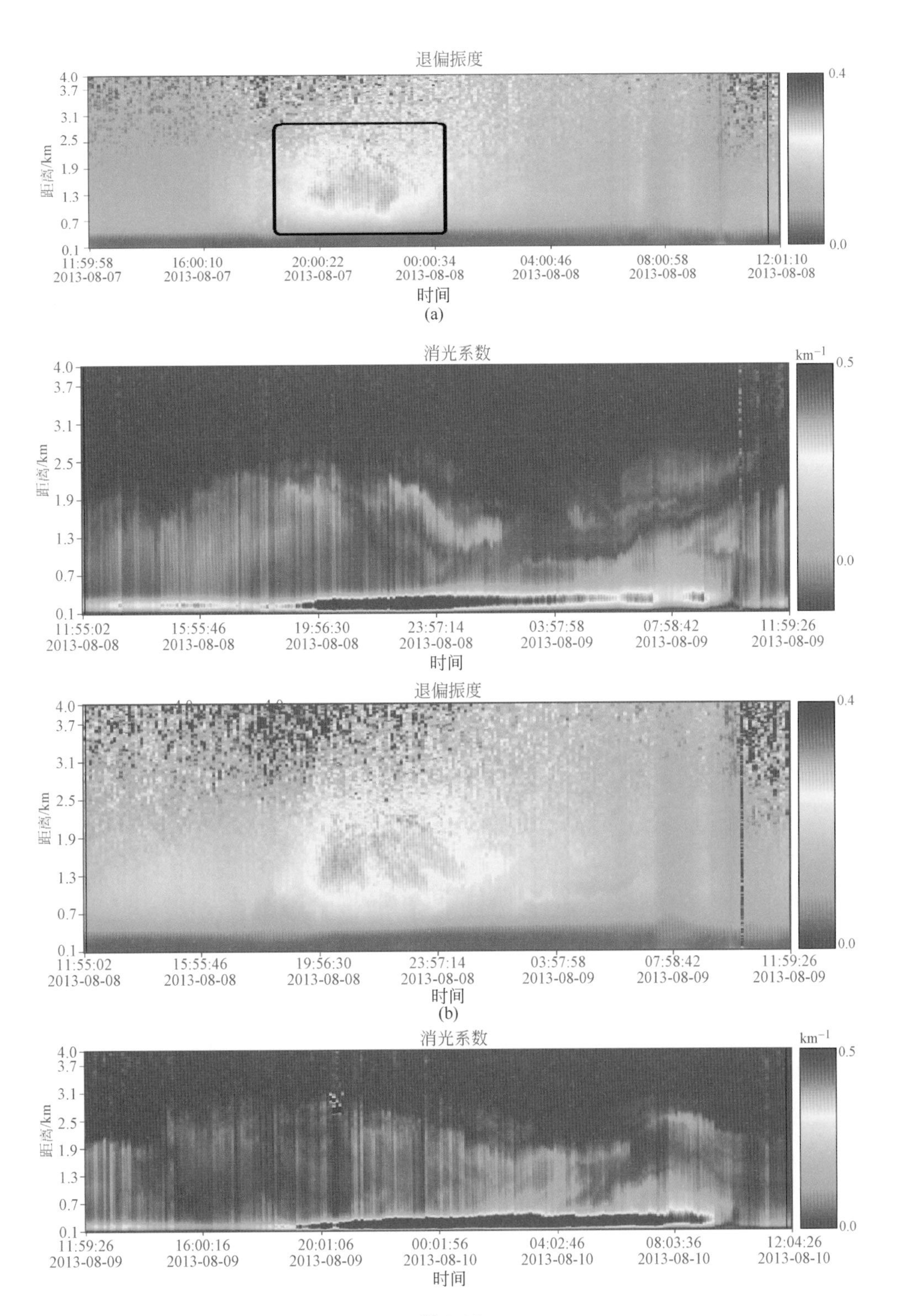

图 5-28

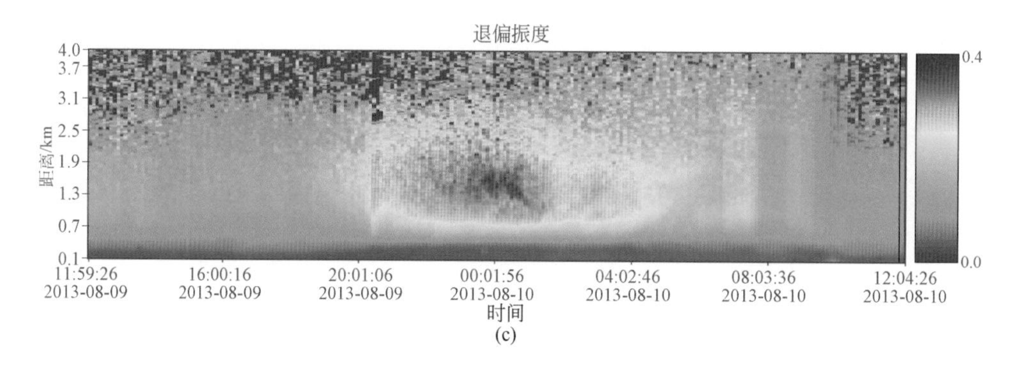

图 5-28　8 月 7～10 日激光雷达消光系数及退偏

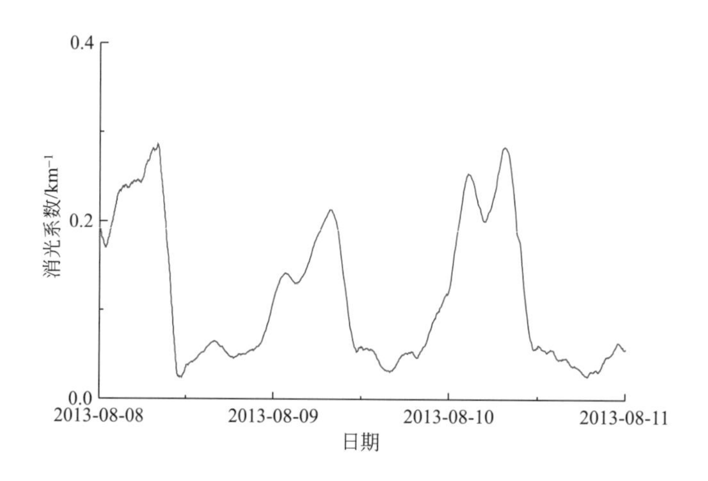

图 5-29　8 月 8～11 日近地面消光系数

如图 5-30、图 5-31 所示，8 月 10～13 日消光系数总体有变弱的趋势，11 日 8 点钟左右 0.7～1.3km 处颗粒物浓度较大，应为地面水汽上升导致；晚间消光系数较大。8 月 12 日近地面消光系数明显升高，出现污染状况，怀疑是由来自南方内陆的污染输送。8 月 10～13 日的退偏图显示大气中颗粒物的退偏特性较弱。后向轨迹显示，8 月 10～13 日主要受到东南省份以及海洋气流的影响，12 日出现污染状况。激光雷达观测站点位于某湖旁边，主要受到该湖局部气候影响，表现为夜晚温度降低，相对湿度增大，导致激光雷达观测的消光系数增大，到了白天随着温度升高，8 点钟以后湿度迅速减小，近地面的消光系数相对变小。从退偏数据分析，8 月 10 日的污染物退偏特性大，偏向沙尘类污染，来源是南方，而该市南方没有大型城市，应为南风携带的沙尘，而其他几日出现污染时退偏特性相对较小，污染物主要来自于东南方城市群，应为城市型污染物为主，颗粒物以球形小粒子居多。

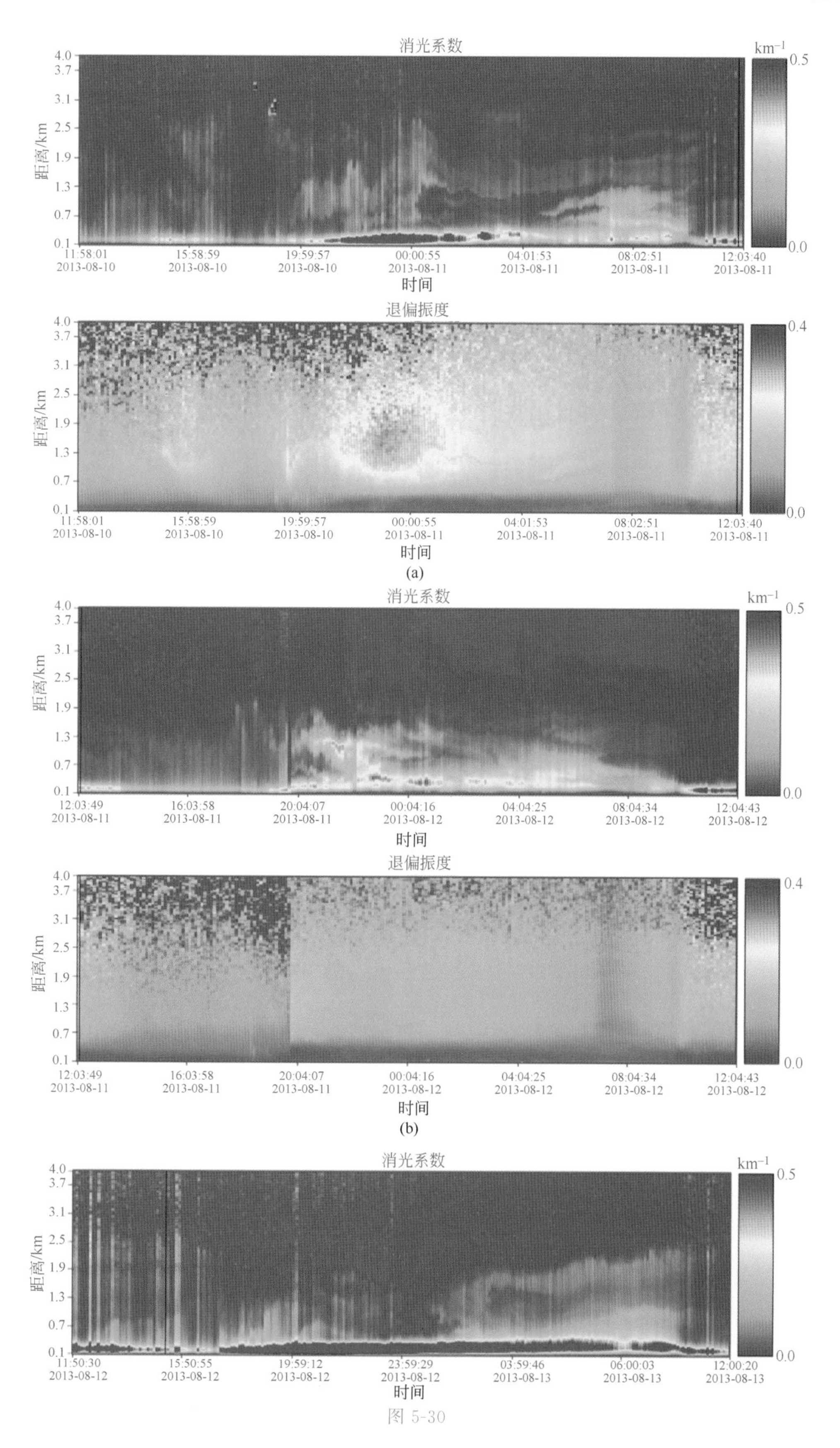
消光系数
km⁻¹
0.5
0.0
距离/km
4.0
3.7
3.1
2.5
1.9
1.3
0.7
0.1
11:58:01 2013-08-10
15:58:59 2013-08-10
19:59:57 2013-08-10
00:00:55 2013-08-11
04:01:53 2013-08-11
08:02:51 2013-08-11
12:03:40 2013-08-11
时间
退偏振度
0.4
0.0
(a)
消光系数
12:03:49 2013-08-11
16:03:58 2013-08-11
20:04:07 2013-08-11
00:04:16 2013-08-12
04:04:25 2013-08-12
08:04:34 2013-08-12
12:04:43 2013-08-12
退偏振度
(b)
消光系数
11:50:30 2013-08-12
15:50:55 2013-08-12
19:59:12 2013-08-12
23:59:29 2013-08-12
03:59:46 2013-08-13
06:00:03 2013-08-13
12:00:20 2013-08-13

图 5-30

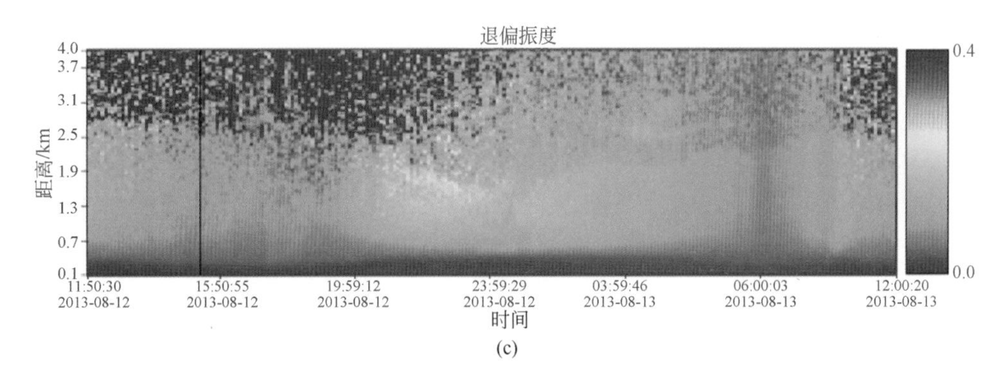

(c)

图 5-30　8 月 10～13 日激光雷达消光系数及退偏

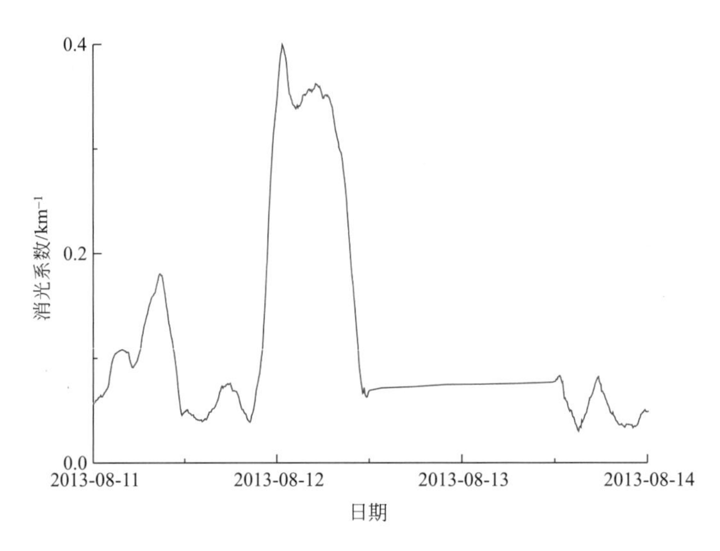

图 5-31　2013 年 8 月 11～14 日近地面消光系数

5.2.3 实验三

5.2.3.1 激光雷达

2011 年 10 月 26 日至 11 月 30 日，在我国东部某沿海城市布置了一台激光雷达，用于观测地区颗粒物消光系数和退偏振度，识别污染物的来源。在此测量期间，观测到了几次典型的污染输送过程。

在 11 月发生了两次污染过程，根据退偏振度的测量结果，第一次污染过程未发现外部沙尘输入，主要由局地二次细颗粒污染造成的；第二次污染过程仍是以局地二次颗粒物污染为主，但发现有轻微的外部沙尘输入情况。

(1) 污染过程一

第一次污染过程发生在 11 月 14～15 日，这两天 1.4km 以下的气溶胶消光系数显著增大，颗粒物消光系数大于 0.8km^{-1}（图 5-32）。2011 年 11 月 10 日起，由于持续的阴雨，近地层湿度较大，在夜间辐射降温作用下，11 月中下旬多现大雾天气。从 11 月 14 日 FY-2E 气象卫星监测可知：部分地区大雾垂直厚度达 400m 以上，大雾天气该地区大气能见度较低。汽雾天气，湿度大，风速小，不利颗粒物的扩散，加重了颗粒物污染，这两天的地面 API 指数分别达到了 140、192。激光雷达测量颗粒物退偏振度较小，颗粒物为球形颗粒物，颗粒物分布在 1.4km 以下，没有发现有外部输入，应为气溶胶颗粒物和汽雾的混合物。

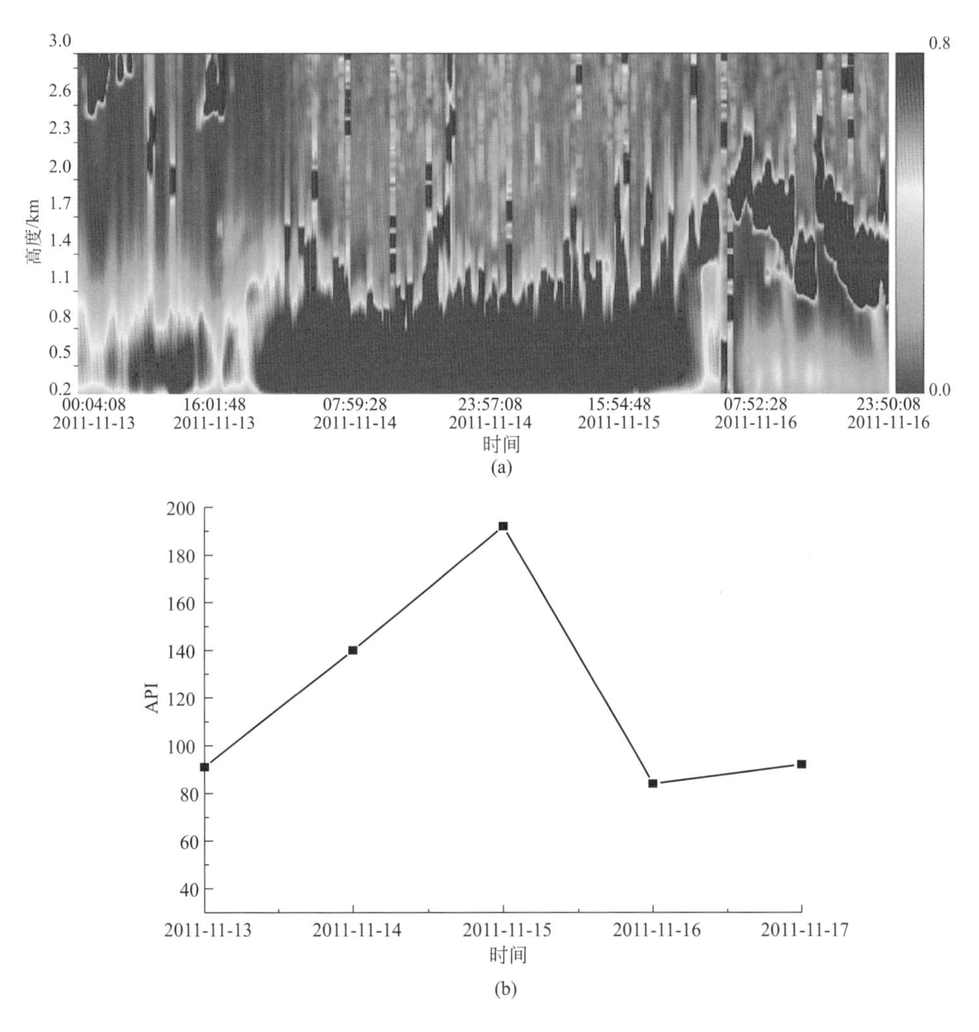

图 5-32 11 月 13～17 日消光系数和 API 时间演变

（2）污染过程二

图 5-33 为第二次污染过程中 11 月 21～25 日的消光系数时间演变图。11 月 21 日、11 月 23 日、11 月 24 日大部分时段的颗粒物消光系数大于 $1km^{-1}$。

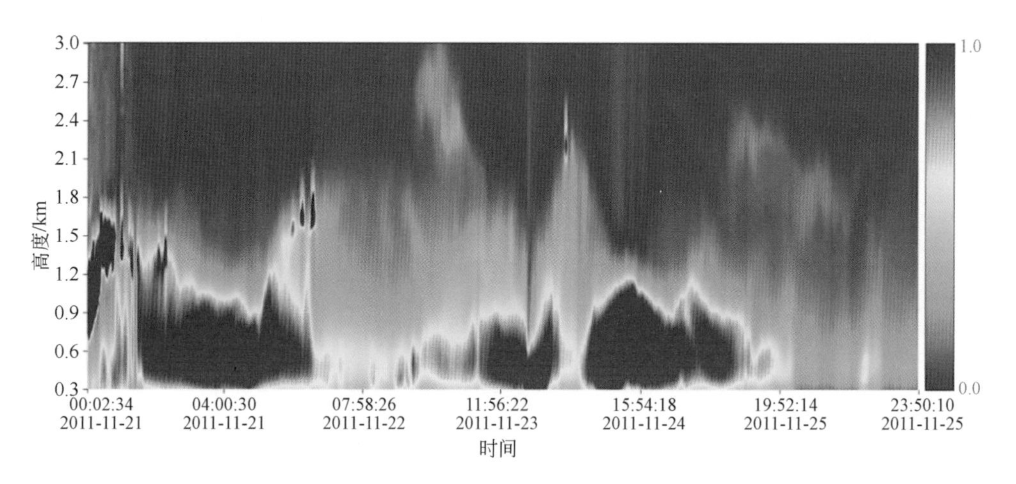

图 5-33　2011 年 11 月 21～25 日消光系数时间演变

拉曼激光雷达可以同时测量 355nm、532nm 两个波长的信号，因此可以获得两个波长的气溶胶后向散射系数。波长指数表征气溶胶后向散射系数随波长的变化关系，其值可以反映颗粒物的粒径大小，波长指数越大，说明颗粒物的粒径越小。图 5-34 为测量得到此次污染过程的波长指数时间演变，由波长指数演变图可以发现，500～2000m 高度波长指数大部分时段大于 2，这说明颗粒物主要为细颗粒物。由后向轨迹图发现 11 月 20～24 日，主要风向为西北方向，中途转为东北风，其中，500～800m 的颗粒物来自于江苏方向，途经杭州等地区。近地面 500m 激光雷达观测到轻微的沙尘输入和沉降现象。11 月 25 日上午气溶胶污染仍然很重，但在东南风气流影响下，从中午开始气溶胶污染减弱，并且从 11 月 25 日中午到 28 日，在来自海上的东南风气流的连续作用下，气溶胶污染也在不断减弱，第二次污染事件也随之消失。可见，来自海上洁净的大气有助于污染物的清除。如图 5-35 所示，地面 API 在此时段也出现了高值，其日变化与激光雷达测量的边界层以下的消光系数具有很好的一致性。

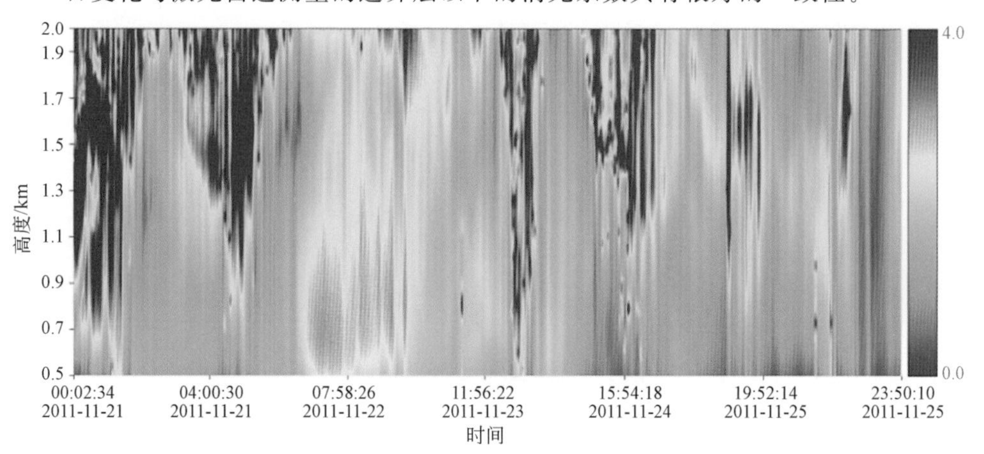

图 5-34　污染过程中的波长指数时间演变

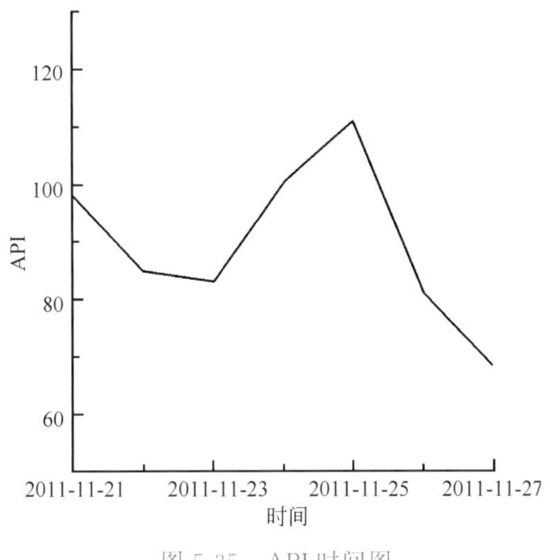

图 5-35 API 时间图

5.2.3.2 被动 DOAS

2011 年 11 月 20～25 日，利用被动 DOAS 进行移动观测，获得测量路径上 SO_2、NO_2 柱浓度分布，研究污染物的输送影响。

5.2.4 实验四

为了获取华北地区气态污染物 SO_2、NO_2 柱浓度分布状况，研究污染物的输送过程，2013 年 6～7 月，被动 DOAS 系统搭载在移动监测车上，对北京、石家庄、济南、沧州、保定、天津等沿途进行了观测，获取了测量路径上 SO_2、NO_2 柱浓度分布信息，通过研究不同风场下柱浓度的分布变化，确定了污染物的输送通道。

整个观测期间内，华北地区 6 月 11～15 日和 6 月 24～26 日以南风为主导风场，6 月 17～21 日以北风为主导风场，7 月 2～7 日观测期间，7 月 2 日西边以西北风为主，南部主要以偏南风为主导风场。

（1）南风为主导风场

南风风场下在石家庄、保定、济南附近观测到 SO_2 浓度高值。由石家庄附近高值点叠加当日风场的前向轨迹分析，此处高值在南风的影响下，向北输送，在输送路径上相继出现浓度高值。在此风场下，污染物排放对北京具有一定输送影响。对济南、德州处的浓度高值做风场前后向轨迹分析，由后向轨迹知，此处高值来源于济南市西边及聊城方向，由前向轨迹知，此处并未对北京产生影响。从石家庄-济南测量路线的横截面［图 5-36（a）右图白色圈所示］上有一定的高值看出，在南风下测量路线南边的污染物对测量区域内有输送。

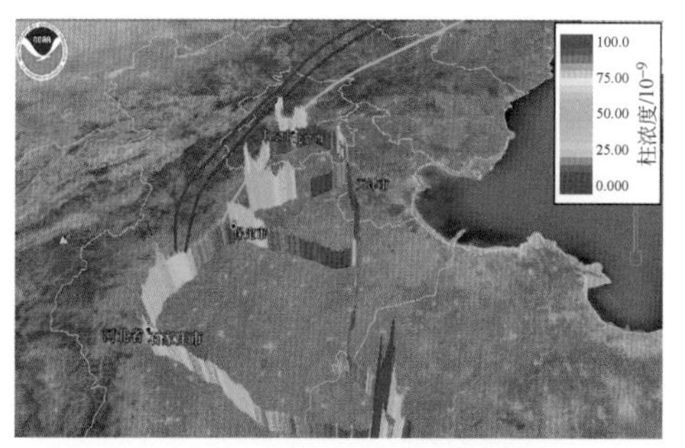

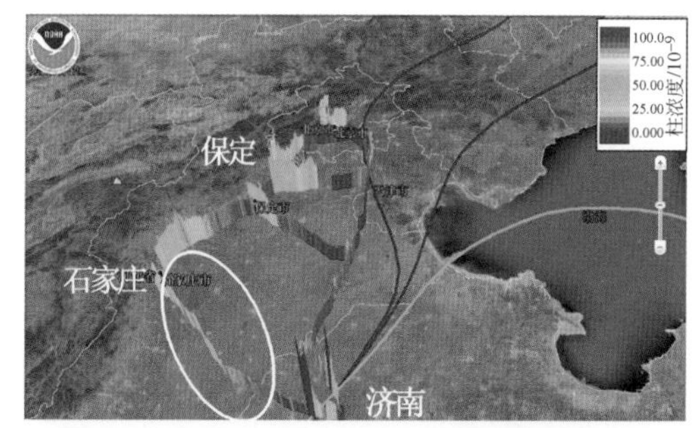

(a) 6.11～6.15

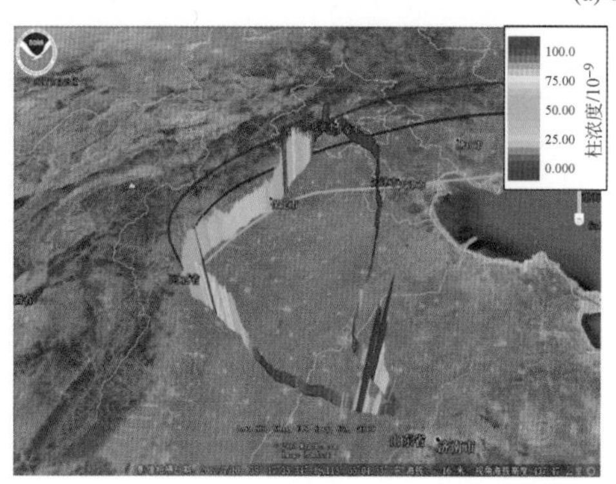

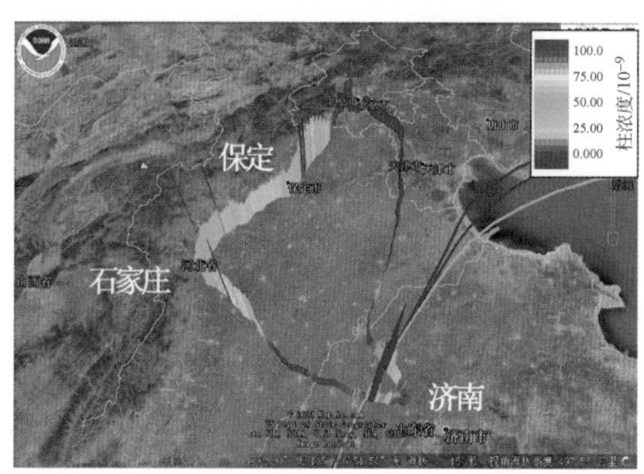

(b) 6.24～6.26

图 5-36 南风风场下 SO_2 柱浓度分布以及风场前向轨迹图

(2) 北风为主导风场

在北风风场影响下，测量路径上的 SO_2 浓度值较之前有明显降低（图 5-37），在北京—石家庄路径上并未发现明显的 SO_2 浓度高值，说明在南风风场下存在的石家庄—保定—北京的输送路径在北风风场下并不存在。此外，石家庄—济南测量路径的横截面上除了在石家庄附近浓度稍高外，横截面上并未有明显高值。表明北风风场下，测量路径内的污染物对外并没有明显的输出。

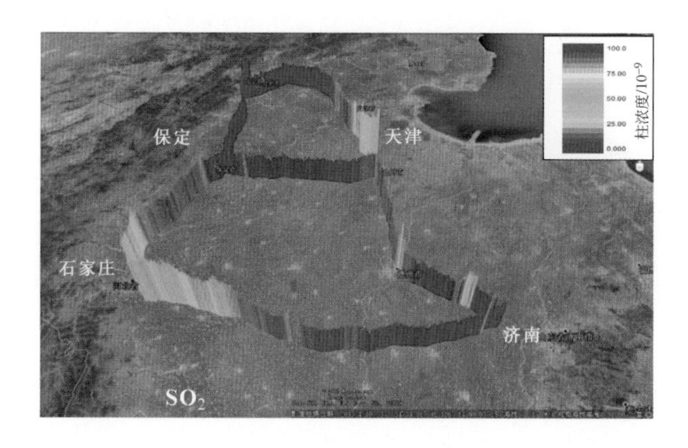

图 5-37 北风风场下（6.17～6.21）SO_2 柱浓度分布图

（3）输送通道的确定

综合以上分析，在南风风场下，北京—石家庄测量路径上 SO_2 浓度值显著提升，并且在石家庄—北京路径上相继出现高值，而在北风风场下，这种分布并不存在，也证实了在南风风场下石家庄—保定—北京是 SO_2 主要输送通道（图 5-38）。

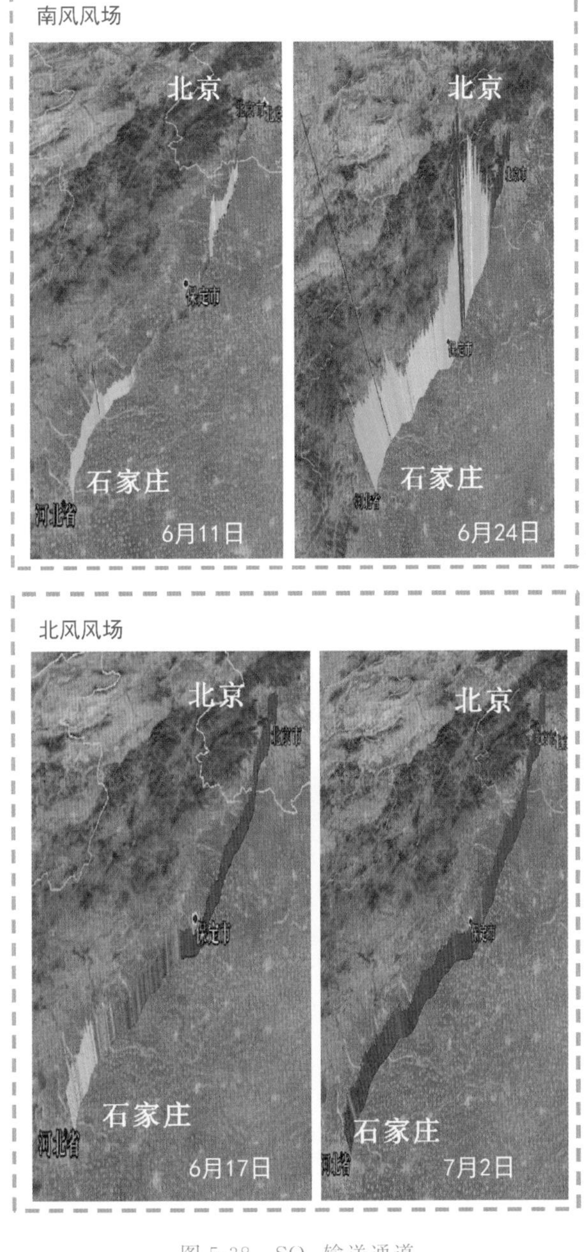

图 5-38　SO_2 输送通道

5.3 区域污染分布及输送

5.3.1 区域传输

2014 年 11 月对北京市进行了一次区域输送污染观测。在此次较弱的南风影响下，没有形成长距离的西南输送，但处于北京边界地区的西南方向对北京有一定的输送贡献。由于小高压和西北风的影响，北京仍然主要表现为局地污染。在东南/东北方向上，北京市和周边区域有输出。11 月 4 日晚间至 5 日凌晨主要表现为西南区域对北京市的影响，5 日中午弱南风带来的输入开始减弱，主要表现为东南方向上北京对周边区域的输送，此次污染过程的颗粒物总输入、输出比为 6：1.7，输送占总污染过程的 21.2％。

11 月 7～8 日，依然是南风影响下，虽然小范围的高压依然存在，西南风速较小，但西北风场逐渐北移至东北，西北方所带来的污染清除力度减弱，且污染持续时间较长，北京市的污染特征表现为局地污染和一定的西南输送，东南/东北方向上，北京市和周边区域无明显输出输入相互影响，从输送通量分布来看，主要表现为西南区域对北京的影响，此次污染过程的颗粒物总输入、输出比为 9：1，输送占总污染过程的 11％。

北京市 NO_2 受局地影响较大，在城市内部有相互作用，但城市间传输不大，垂直分布主要集中在 400m 以内，污染时可达 800m。SO_2 西南方向对北京市城区有影响，11 月 3 日，从 MAX-DOAS 观测，西南方向可以看到 SO_2 浓度变化相关联传输特征，与保定市、邢台市关联性不强，表明为北京市边界地区近距离传输。在所有站点中北京市与河北交界处 SO_2 浓度高，其由于局地积累及传输共同造成。评估了 11 月 3 日的西南传输，以北京市与河北交界处为界面，西南 SO_2 输送对北京市的贡献率约为 30％。由于采取控制措施，相比控制之前，该方向上的（相似风场条件下 10 月 27 日）SO_2 输送强度下降 38％。

5.3.2 区域污染分布特征

（1）气态污染物区域分布特征

通过在京津冀地区的立体观测，北京市 NO_2 柱浓度高于周边地区，说明主要来源为本地产生；对 SO_2 而言，周边地区较高，由此可见，在西南/东南风风场的影响下，SO_2 输送影响较大。如图 5-39 所示。

（2）控制措施前后污染物区域变化规律

将控制措施前后各地区 SO_2 和 NO_2 柱浓度变化进行了对比，都出现了较大程度的降低（图 5-40）。

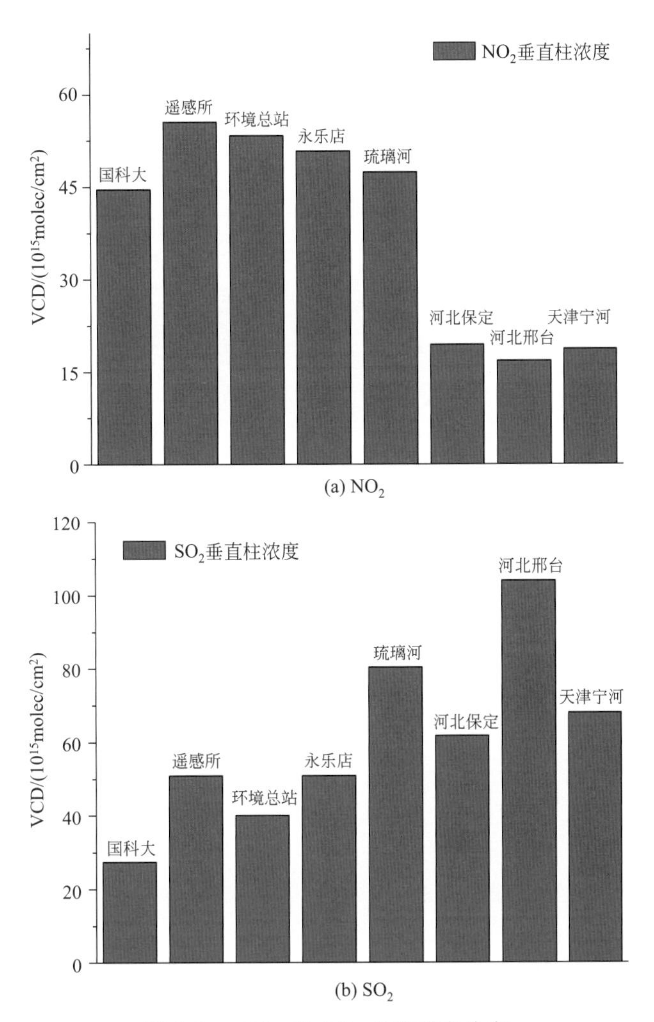

图 5-39　NO_2 和 SO_2 的柱浓度分布

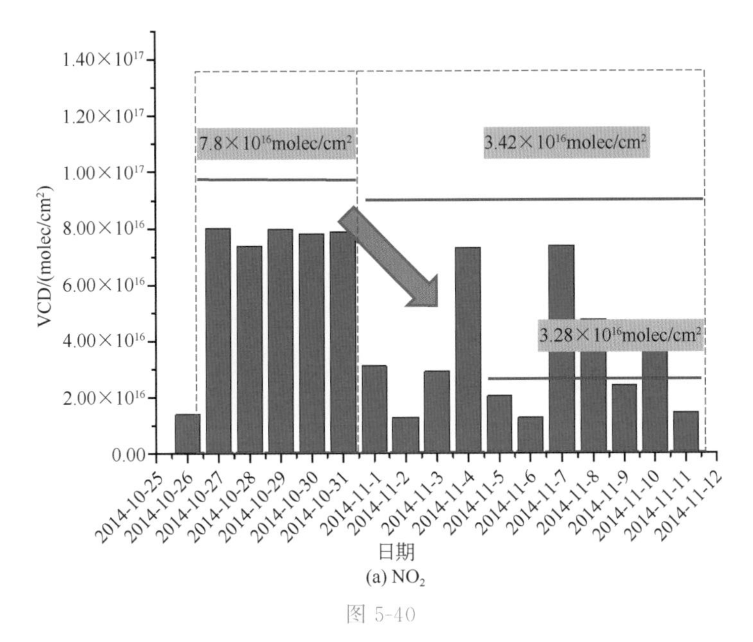

图 5-40

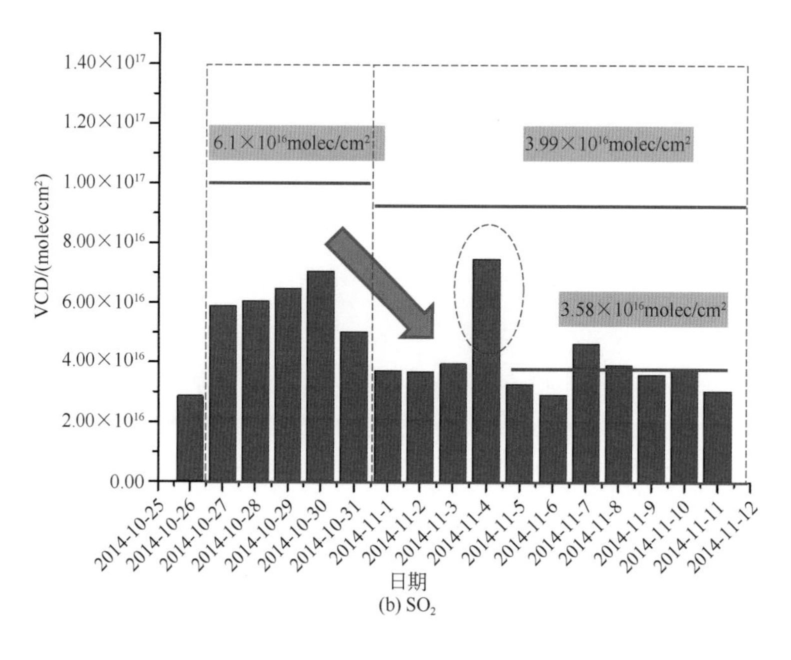

(b) SO_2

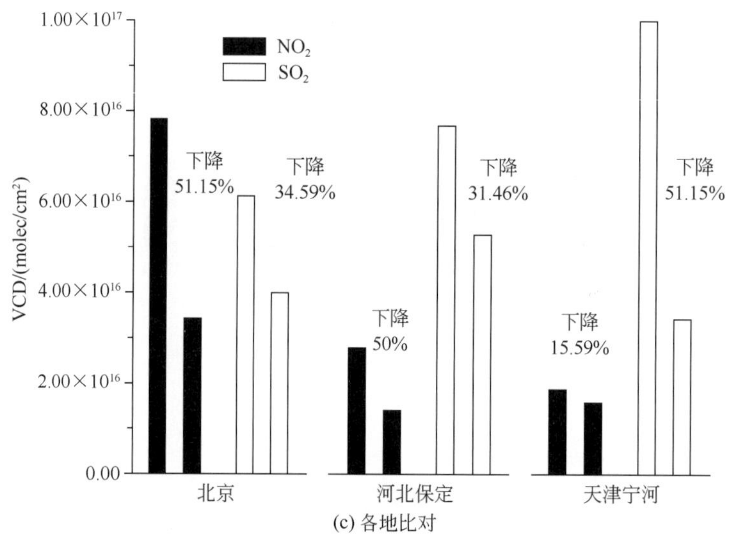

(c) 各地比对

图 5-40 京津冀地区 NO_2 和 SO_2 柱浓度变化量

从卫星数据分析：北京市区域 NO_2 柱浓度下降比率为 47.8%；天津唐山区域 NO_2 柱浓度下降比率约为 23%；邯郸邢台区域柱浓度下降比率约为 17%。

5.3.3 北京市污染物排放通量

(1) 污染物柱浓度分布、排放通量

图 5-41 是结合风场数据估算的 SO_2 排放通量，与 2005 年、2008 年数据对比，2014 年（APEC 期间）走航测量期间北京五环内 SO_2 排放通量稍有降低。

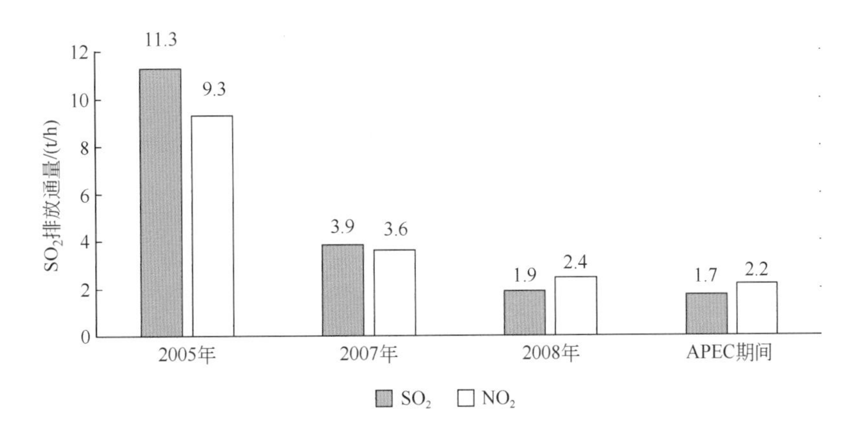

图 5-41　北京市五环 2005～2008 年及 APEC 期间车载 DOAS 排放量对比

（2）北京市郊区污染物排放通量

2014 年 5 月针对监测区域进行了网格分区观测，如图 5-42 所示。对比相同风场条件的 11 月 9 日与 5 月 4 日，郊区（网格 7）、工业区（网格 4、1）SO_2 与 NO_2 排放量有不同幅度的下降：网格 4，SO_2 下降 76.1%，NO_2 下降 99%；网格 7，SO_2 下降 84.7%，NO_2 下降 95.1%；网格 1 无排放。

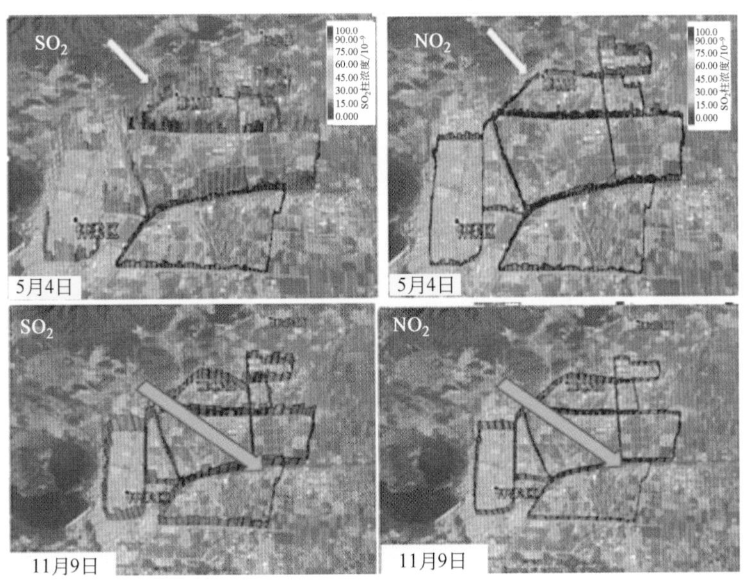

(a) 浓度分布

图 5-42

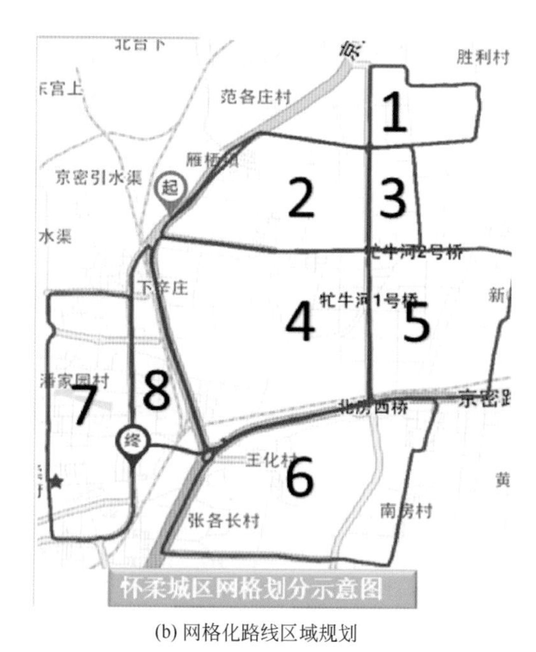

(b) 网格化路线区域规划

图 5-42　5 月 4 日及 11 月 9 日同在西北风场下的浓度分布以及网格化路线区域规划

5.4 区域污染传输

5.4.1 颗粒物传输分析

2014 年 11 月，激光雷达分布于北京市、河北省和天津市的多个立体站点，侧重于颗粒物污染过程、输送通道及区域污染的监控，通过气溶胶消光特性和边界层高度演变对比，加上水汽的湿度影响，可以区分颗粒物的来源，识别不同灰霾期间颗粒物时空分布特征。

如图 5-43 所示，从激光雷达 11 月 1 日至翌年 1 月 11 日，0.7km 处的气溶胶消光系数、退偏比、色比和水汽比的演变来看，重点关注 11 月 3～5 日、11 月 8～10 日的两次以细粒子为主、水汽增加梯度较大的污染过程。

(1) 11 月 3～5 日

11 月 3～5 日发生了京津冀区域当月的第一次重污染，从雷达观测的结果来看（图 5-44～图 5-47），西南方向邢台的颗粒物浓度的平均值最高（0.68km^{-1}），从 3 日晚间开始浓度升高，污染层从 4 日下午开始由近地面不断抬升，污染层高度最高至 1.3km，气溶胶消光系数的峰值达到 0.97km^{-1}，边界层高度具有比较明显的日变化，高度变化起伏梯度在 4 日上午和夜间最为明显；

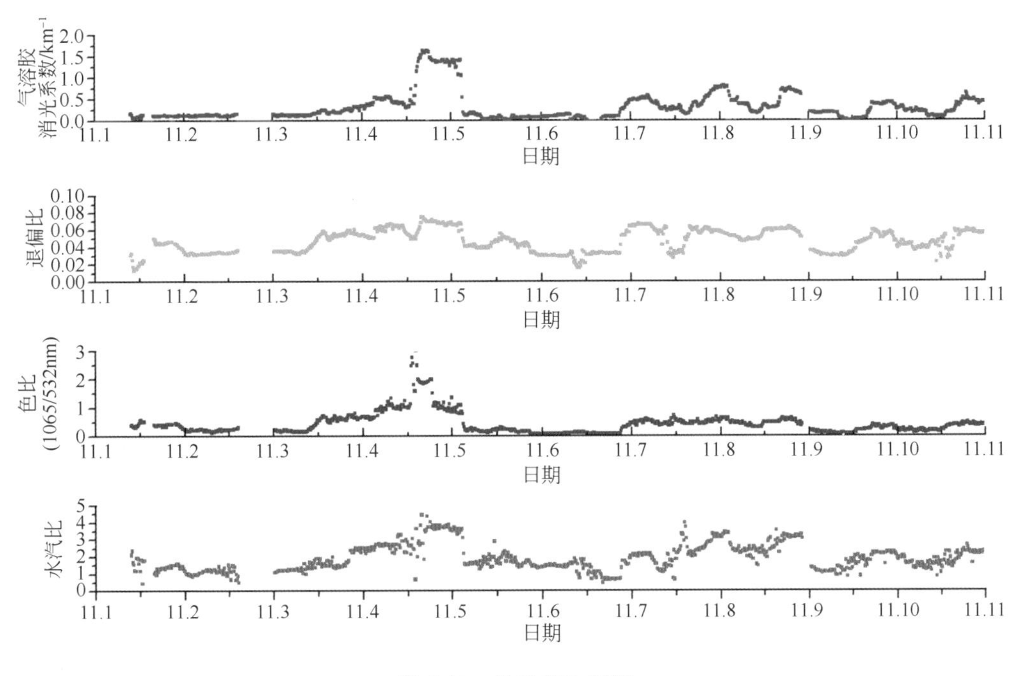

图 5-43 激光雷达观测

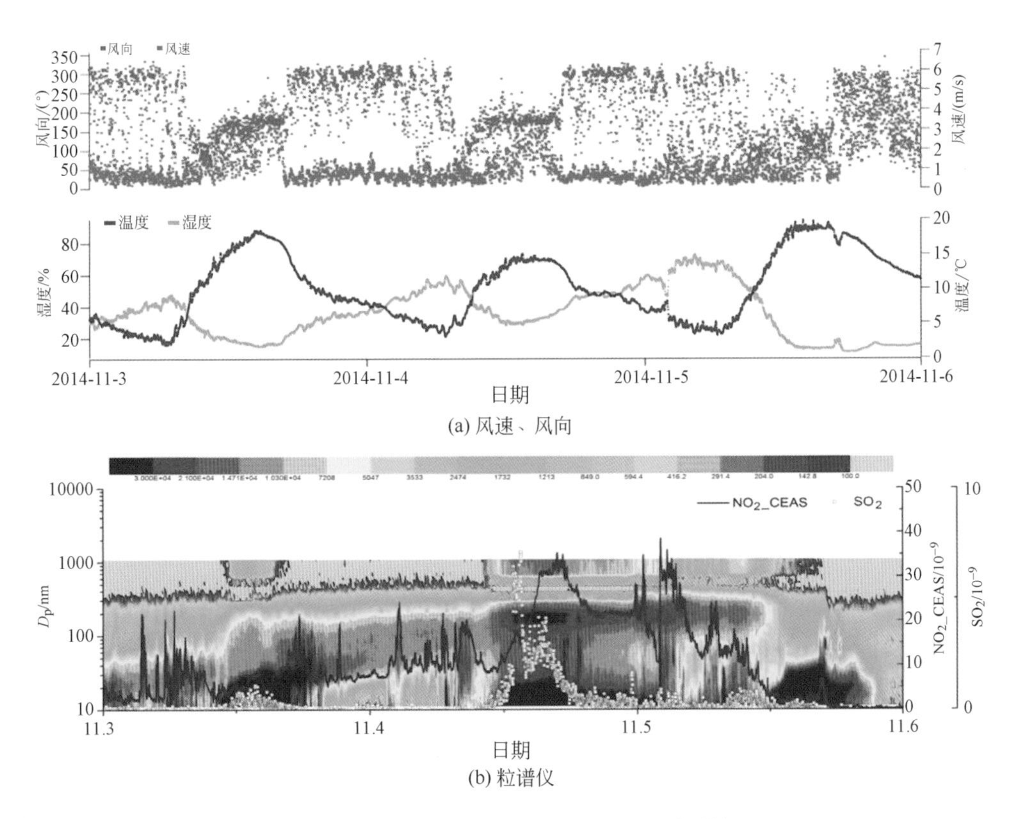

图 5-44 风速（WS）、风向（WD）及粒谱仪

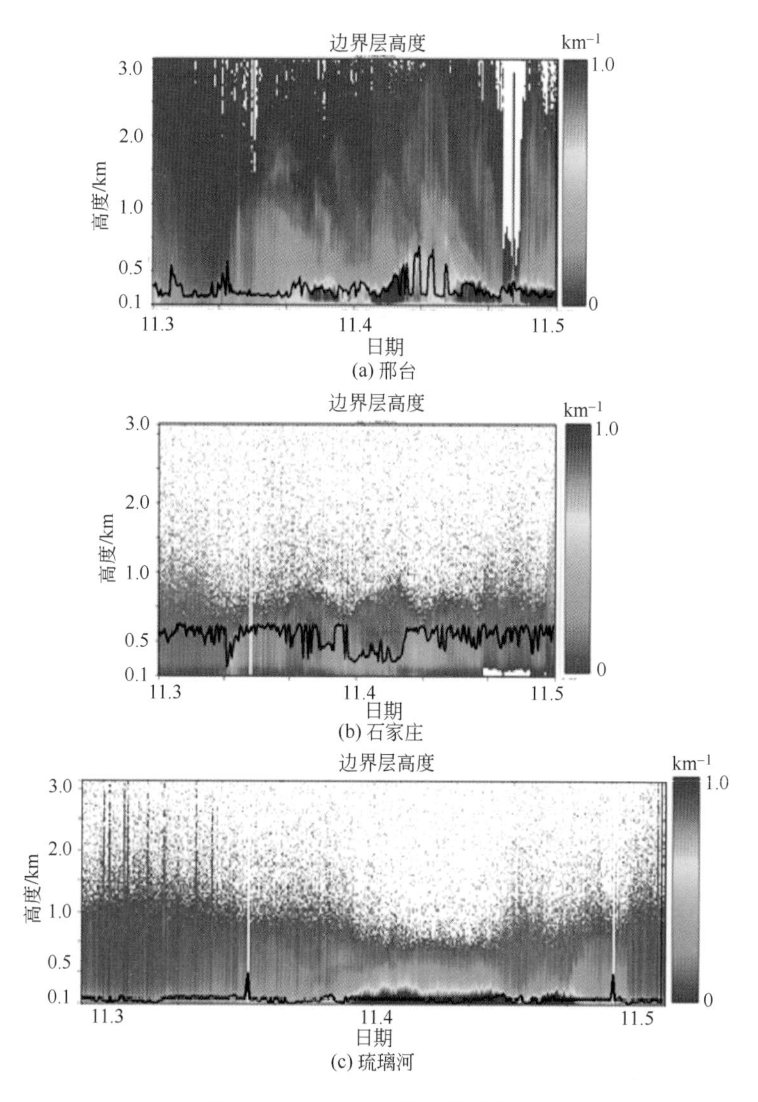

(a) 邢台

(b) 石家庄

(c) 琉璃河

图 5-45 西南方向激光雷达监测

但石家庄市却较为干净，气溶胶消光系数平均值为 0.19km^{-1}，边界层较低，且均匀分布在 0.2～0.5km；琉璃河颗粒物浓度再次升高，平均浓度为 0.59km^{-1}，由此可见，西南方向存在小区域的短距离输送；东南方向，永乐店的污染比天津严重，永乐店和天津市的气溶胶消光系数平均值分别为 0.83km^{-1} 和 0.65km^{-1}，两地的边界层高度均混合稳定在 0.2km。从粒谱仪的结果来看 4 日下午开始，污染气体和颗粒物浓度都有增加的现象，由于观测站点附近并无明显的点源，颗粒物可能来源于南边的气团输送，因此结合气象条件来看，在此次较弱的南风影响下，没有形成长距离的西南输送，但处于北京市边界地区的西南方向对北京有一定的输送贡献，但由于小高压和西北风的影响，北京市仍然主要表现为局地污染。在东南/东北方向上，北京市和周边区域有输出，从

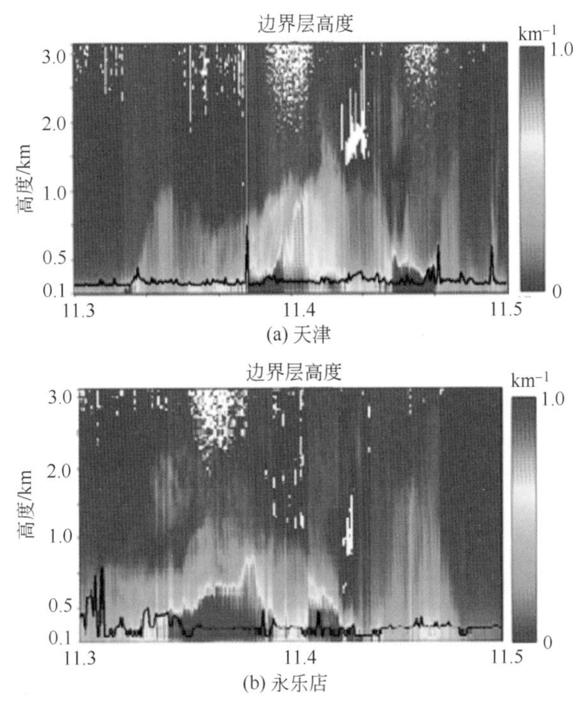

图 5-46 东南方向激光雷达监测

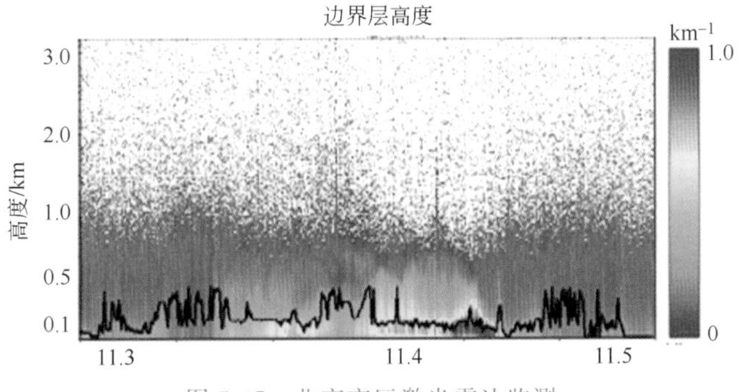

图 5-47 北京市区激光雷达监测

输送通量（负值为输入，正值为输出）的立体分布来看，11 月 4 日晚间至 5 日凌晨主要表现为西南区域对北京市的影响，5 日中午弱南风带来的输入开始减弱，主要表现为东南方向上北京市对周边区域的输送，此次污染过程的总输入输出比为 6∶1.7，输送占总污染过程的 21.2%。

（2）11 月 8～10 日

11 月 8～10 日发生了第二次污染，从雷达观测的结果来看（图 5-48～图 5-51），西南方向邢台市的颗粒物浓度的平均值依然最高（0.81km^{-1}），并比第一次污染的浓度更高、范围更广，持续时间更长，且在 1.3km 处有比较明显的输送层，边界层高度也从 1.7km 骤降至 0.3km；石家庄市依然保持较为干净的空气质量状况，气溶胶消光系数平均值为 0.145km^{-1}，边界层高度却因局地环流混合的影响，

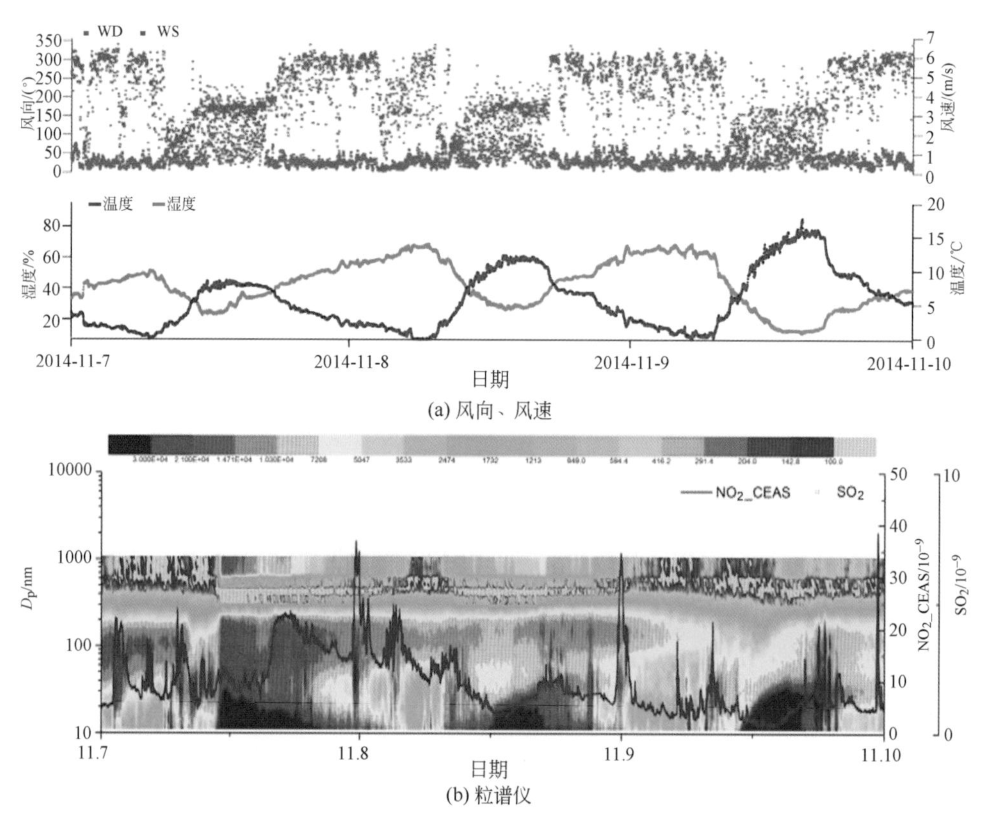

(a) 风向、风速

(b) 粒谱仪

图 5-48　风向、风速及粒谱仪

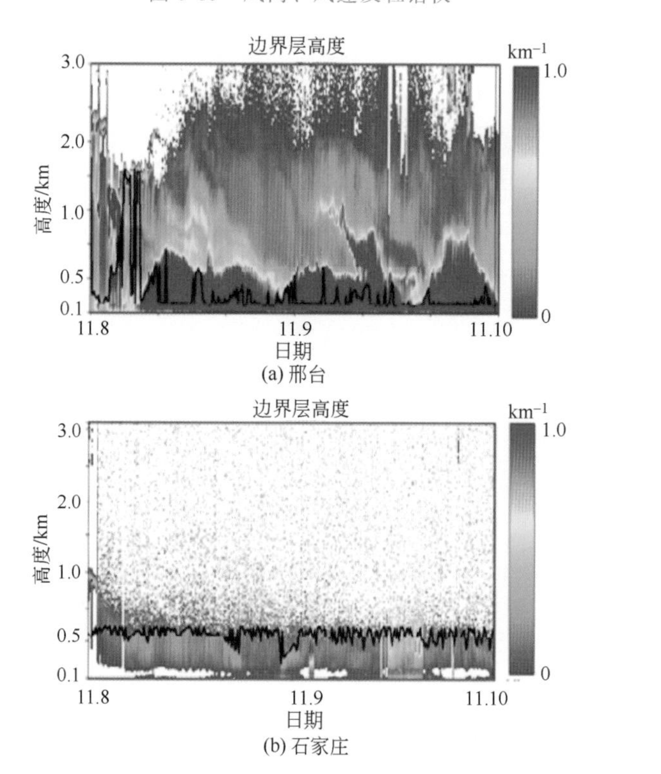

(a) 邢台

(b) 石家庄

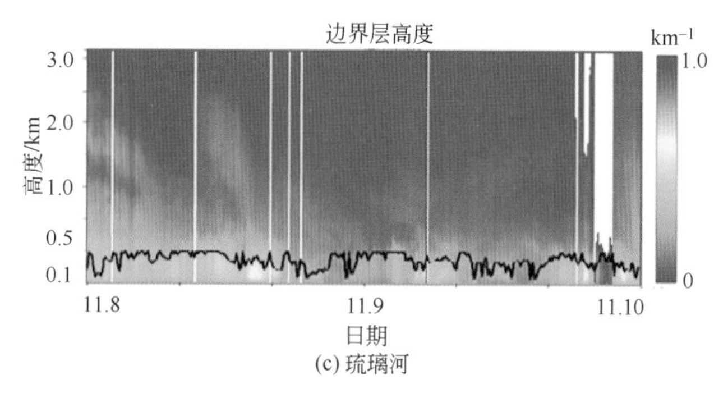

(c) 琉璃河

图 5-49　西南方向激光雷达监测

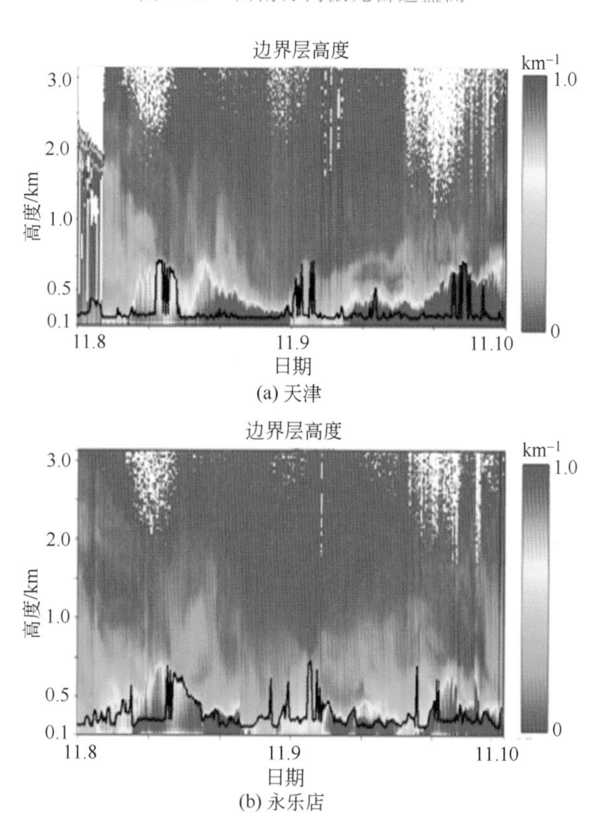

(b) 永乐店

图 5-50　东南方向激光雷达监测

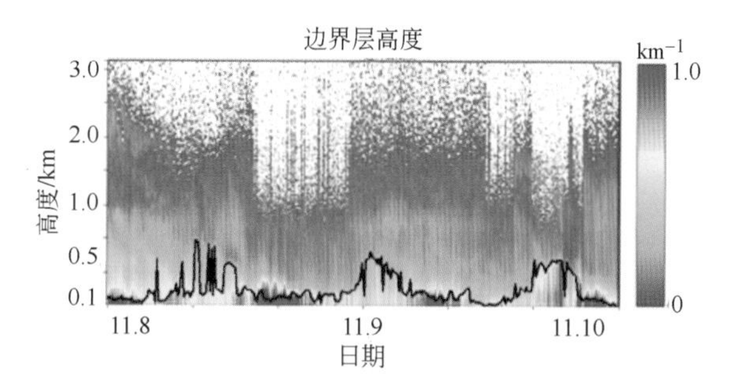

图 5-51　北京市区激光雷达监测

边界层高度变化梯度减小，比较均匀地分布在 0.5km 以下；琉璃河颗粒物平均消光系数为 $0.55km^{-1}$；东南方向，这次是天津相对最严重，气溶胶消光系数平均值达到 $0.89km^{-1}$，永乐店则为 $0.66km^{-1}$，天津的污染层高度在 6 日夜间达到了高度峰值为 0.9km。从粒谱仪的结果来看，11 月 7～9 日午后均有南风或东南风，7 日午后的南风输送了很高浓度的大粒子，同时 200nm 以下颗粒物浓度也激增，NO_2 的平均浓度比 7 日上午提高了 1 倍；8 日午后南风输送量明显降低，NO_2 浓度没有明显升高，9 日午后东南风风力较弱，仅有少量的大粒子输入，新粒子生成现象明显。因此结合气象条件来看，在此次南风影响下，虽然小范围的高压依然存在，西南风速较小，但西北风场逐渐北移至东北，西北方所带来的污染清除力度减弱，且污染持续时间较长，北京市的污染特征表现为局地污染和一定的西南输送，东南/东北方向上，北京市和周边区域无明显输出输入相互影响，从输送通量分布来看，11 月 7 日中午至 8 日，主要表现为西南区域对北京的影响，此次污染过程的总输入、输出比为 9∶1，输送占总污染过程的 11%。

5.4.2 气态污染 SO_2、NO_2 传输分析

从总体上，2014 年 11 月出现了两次比较典型的污染过程，分别是在 11 月 4 日、11 月 8～10 日。从这两次成霾的原因看都是在近似静稳、弱西南风条件下形成。

(1) NO_2

利用 NO_2 廓线结果，更加直观地看到了 11 月 2 日到 5 日灰霾形成、持续和消散的整个过程，如图 5-52 所示，图 5-52 (a) 为河北廓线结果，图 5-52 (b) 为北京市区廓线结果，图 5-52 (c) 为北京市郊区结果。

从图 5-52 中可见，在 11 月 4 日出现了明显的污染过程，而这一过程在 3 日就已经开始形成，北京郊区相对于北京市区污染出现有些滞后，其来源于市区的传输（北京市区在上午 10 点钟在近地面和高空均出现高值，而北京郊区则在下午 14 点以后开始出现高值，15 日开始消散，北京郊区消散较快而遥感所消散过程持续稍长，这与其距离市区排放源较近，且不易扩散有关）。从河北监测站的廓线结果可见，本次灰霾过程中的 NO_2 浓度并不高。NO_2 主要来源于局地，气体污染物主要分布在 400m 以下，高空伴随微弱的输送过程。

在污染消散过程中（11 月 5 日），西北风向成为主导风向，在这种气流控制下，北京市会对其东南方向产生污染物输出过程，如图 5-53 所示。在西北风影响下，11 月 5 日北京郊区和北京市区站点 NO_2 迅速降低，而位于北京市东南部的观测点在此期间观测到了较长时间的近地面高值过程，说明在此期间北京市在向外输出污染气体，在 400～800m 高度存在 NO_2 的输送层。

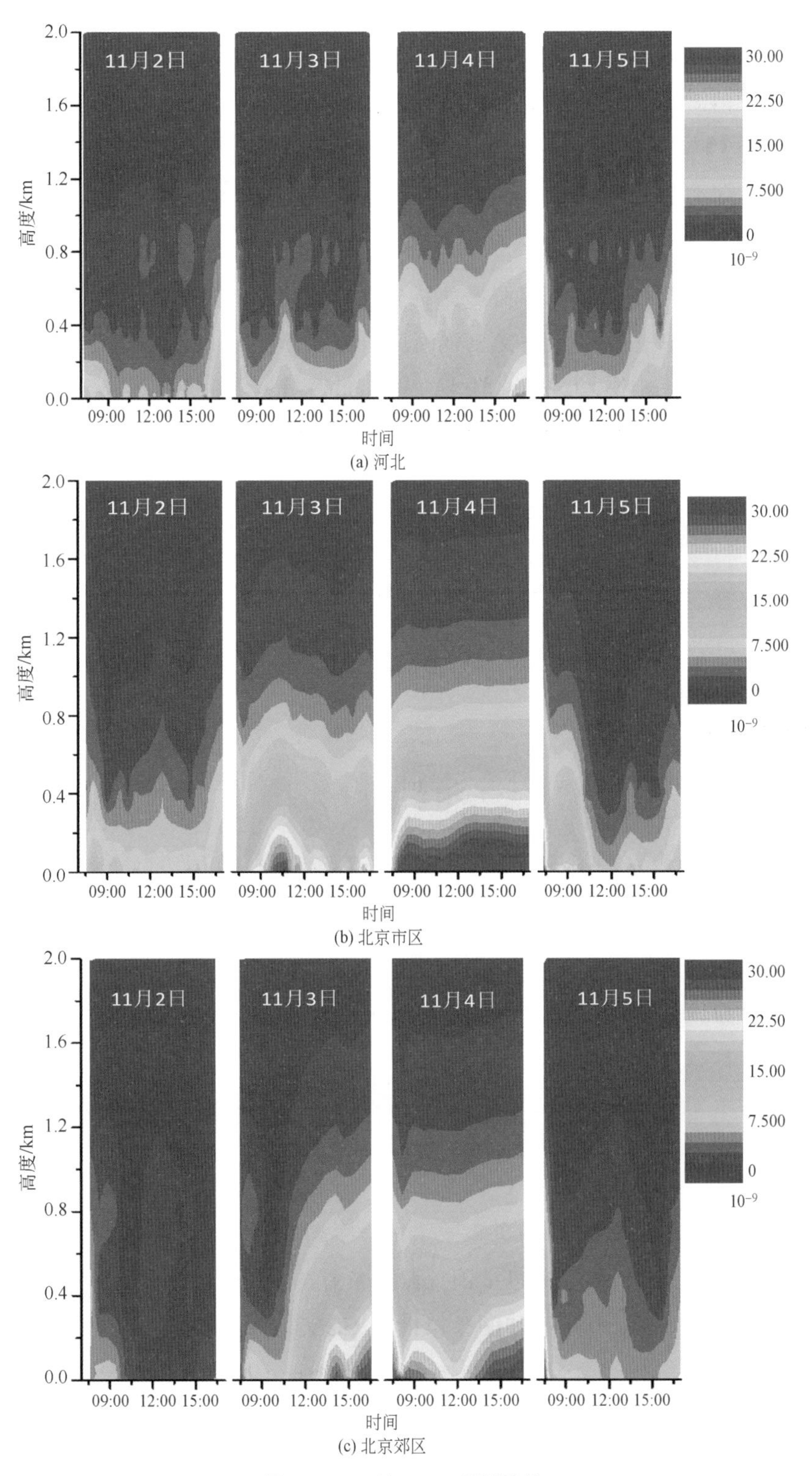

(a) 河北

(b) 北京市区

(c) 北京郊区

图 5-52 三地 NO_2 观测结果

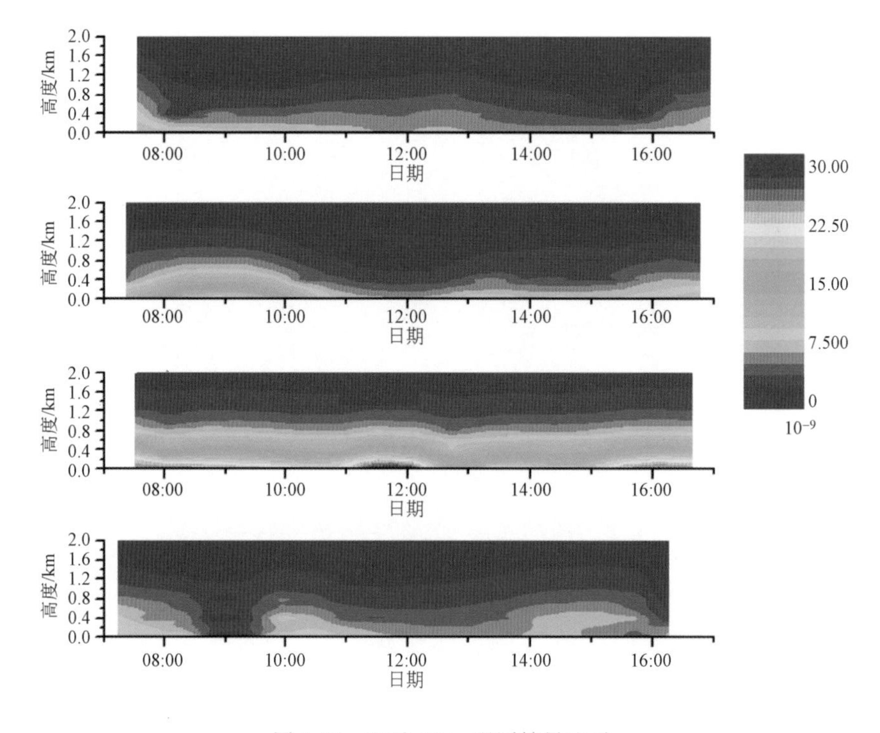

图 5-53 四地 NO_2 观测结果比对

总结上述：NO_2 受局地影响较大，在城市内部有相互作用，但城市间传输不大，垂直分布主要集中在 400m 以内，污染时可达 800m。

（2）SO_2

如图 5-54 所示为 2014 年 11 月 3 日下午的一次污染传输过程，在弱西南风的影响下，安装在西南方向的北京和河北交界处（a）、北京市区（b）和北京郊区（c）的 MAX-DOAS 站点先后观测到了 SO_2 的高值出现，SO_2 浓度高，是由于局地积累及传输共同造成。

为了评估在这次输送过程中来自西南方向的影响，以北京市和河北省西南交界处观测站点的 MAX-DOAS 的测量结果为依据，结合卫星、气象等数据，初步估算了在此期间的气态污染物 SO_2 贡献率，以北京与河北交界处为界面，西南 SO_2 输送的贡献率约为 30%。

为估算输送在采取控制措施前后的变化情况，对比分析了在 10 月 27 日的相似的一次西南输送过程，14:00 以后起，在弱西南风的控制下，出现了一次污染输送过程（图 5-55）。经对比估算，SO_2 输送强度在采取措施后（11 月 3 日）比之前（10 月 27 日）下降 38%，因此采取控制措施以后输送量下降。

11 月 6～8 日期间，京津冀地区出现华北区域污染，而北京市区保持良以上空气质量。在 11 月 6 日河北邢台市、保定市以及北京市与河北省交界处都

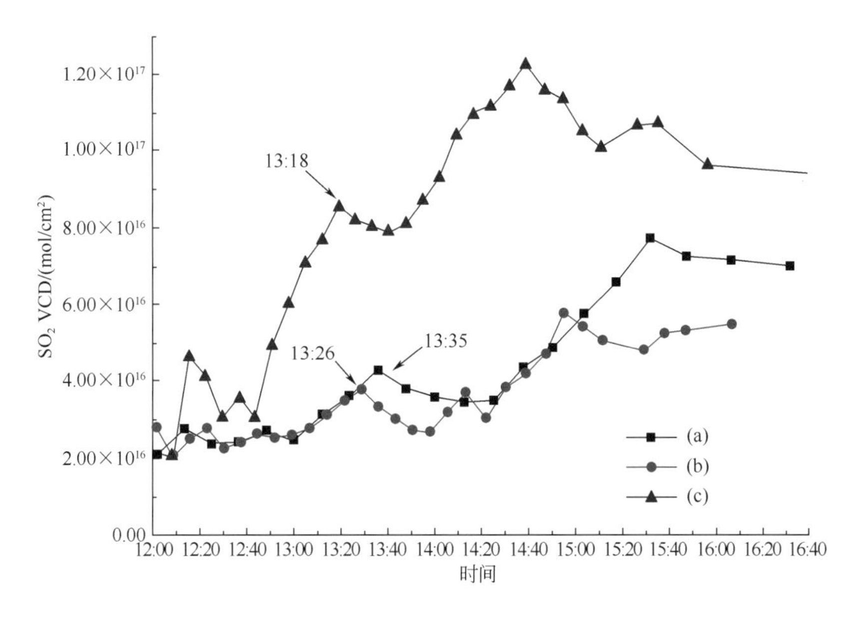

图 5-54　三地 SO_2 比对（2014 年 11 月 3 日）

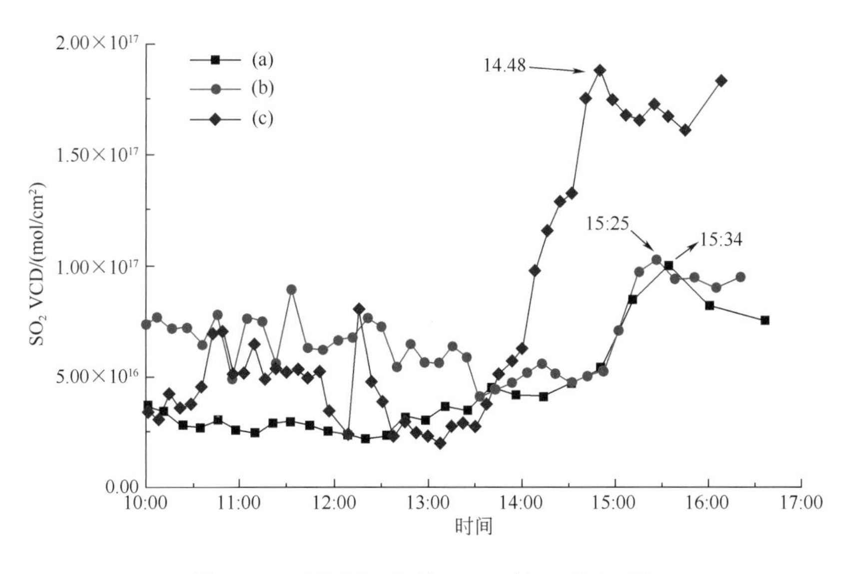

图 5-55　三地 SO_2 比对（2014 年 10 月 27 日）

观测到 SO_2 的高值过程，但是位于北京市及北京市北部的站点没有观测到高值。结合该时段气象数据知，在此期间在西北风和弱西南风交替控制下，北京市污染物在西北风的控制下消散，而弱南风引起的污染输送没有到达北京市区，而是在北京市和河北省交界处附近，从而导致该区域高值的出现。如图 5-56 所示可以明显看出北京河北交界处（c）、保定（d）和邢台（e）观测到高值的先后顺序。

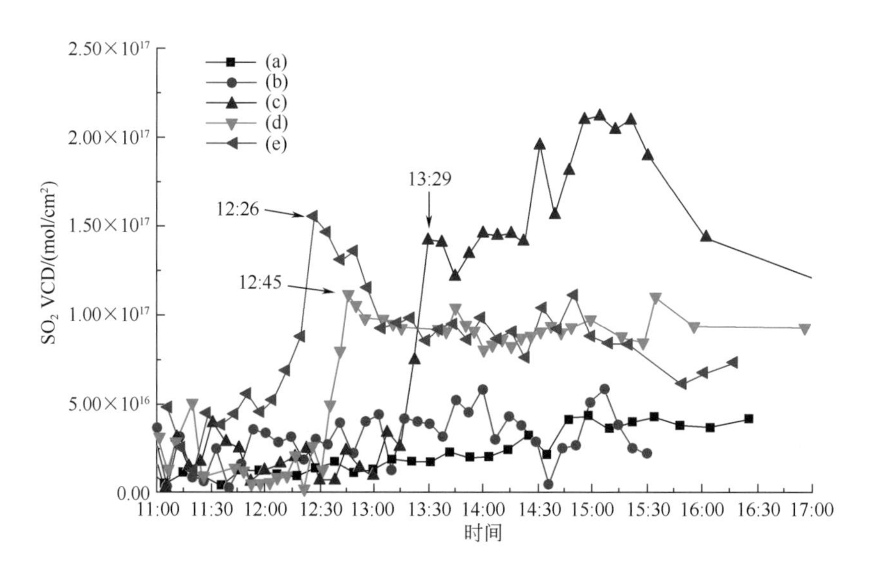

图 5-56 SO_2 各地监测比对（2014 年 11 月 6 日）

5.5 走航观测结果

5.5.1 车载激光雷达移动走航监测

车载激光雷达走航观测技术具有较高的空间分辨率，能够快速获得观测区域内的大气颗粒物剖面，并结合气象、地形等宏观环境条件，有效分析颗粒物污染的生消过程和跨界输送。车载激光雷达走航观测结果示例如图 5-57 所示，图 5-57 所示为 2016 年 7 月 15 日市内激光雷达走航观测结果，垂直高度范围至 600m。颜色越深表明气溶胶消光系数越大，颗粒物浓度越大；颜色越浅表明气溶胶消光系数越小，颗粒物浓度越小。云层的消光系数也很大，但云层与气溶胶相比有显著的区别，主要表现在：

① 云层的消光系数明显比气溶胶大，较厚云层的消光系数甚至能够达到 $10km^{-1}$ 以上，而气溶胶的消光系数一般小于 $1km^{-1}$；

② 云层的高度分布特征不同于局地颗粒物，云层通常位于 1km 以上，而局地颗粒物通常在边界层以内；

③ 云层消光系数随时间变化剧烈；颗粒物消光系数变化较慢，且有明显日变化特征；

④ 云层中激光能量损耗很大，并且退偏通道回波信号微弱，因此遇到较厚云层就无法得到云层以上的退偏信号。

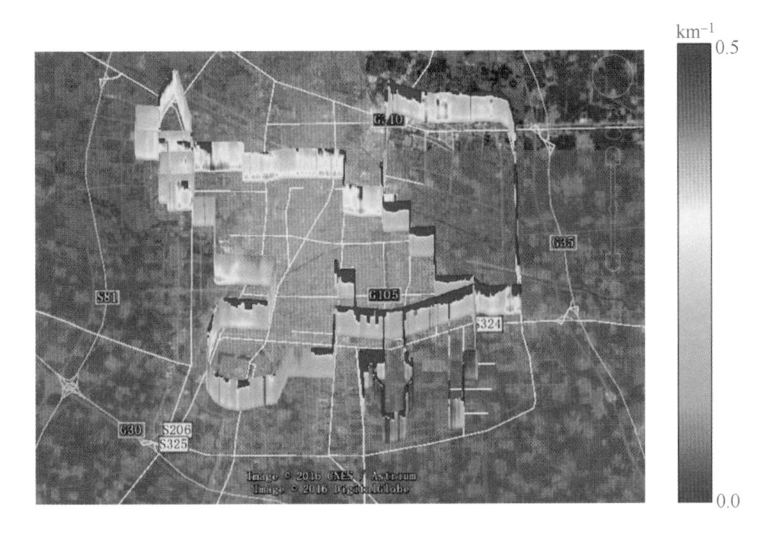

图 5-57 2016 年 7 月 15 日气溶胶消光系数时空分布

基于以上四点来判别云层的分布情况，可以发现 7 月 15 日市区云层较厚，并且比较低，集中分布于 600m 左右，易于形成降雨。

5.5.2 车载激光雷达定点扫描监测

车载激光雷达定点扫描能够快速获得大气颗粒物的水平剖面，能够有效分析颗粒物来源。与垂直探测相同，排除云层的影响，水平扫描结果显示颜色越深，消光系数越大，颗粒物浓度越大。

5.5.3 车载激光雷达监测结果

2016 年 7 月 15～27 日，利用车载激光雷达系统在我国中部地区开展了激光雷达走航观测和水平扫描观测。

7 月 16～17 日，市区激光雷达监测路线及对应的气溶胶消光系数时空分布如图 5-58 所示。由于这几天云层较低，显示的垂直高度范围至 600m。综合两日市区的走航观测结果可以看出，市区北部颗粒物浓度偏高，尤其在 G310 和 G105 国道颗粒物浓度总是出现高值，机动车排放贡献较大，因此在东北和东南风向下都会导致市区颗粒物浓度偏高。此外，在市区内激光雷达观测期间，平均退偏系数约为 0.1，首要污染物是以 $PM_{2.5}$ 为主的细颗粒物。

此外 7 月 16 日，分别在 5 个监测点进行了激光雷达 360°水平扫描探测，扫描结果如图 5-59 所示（扫描显示结果方位为上北下南左西右东）。

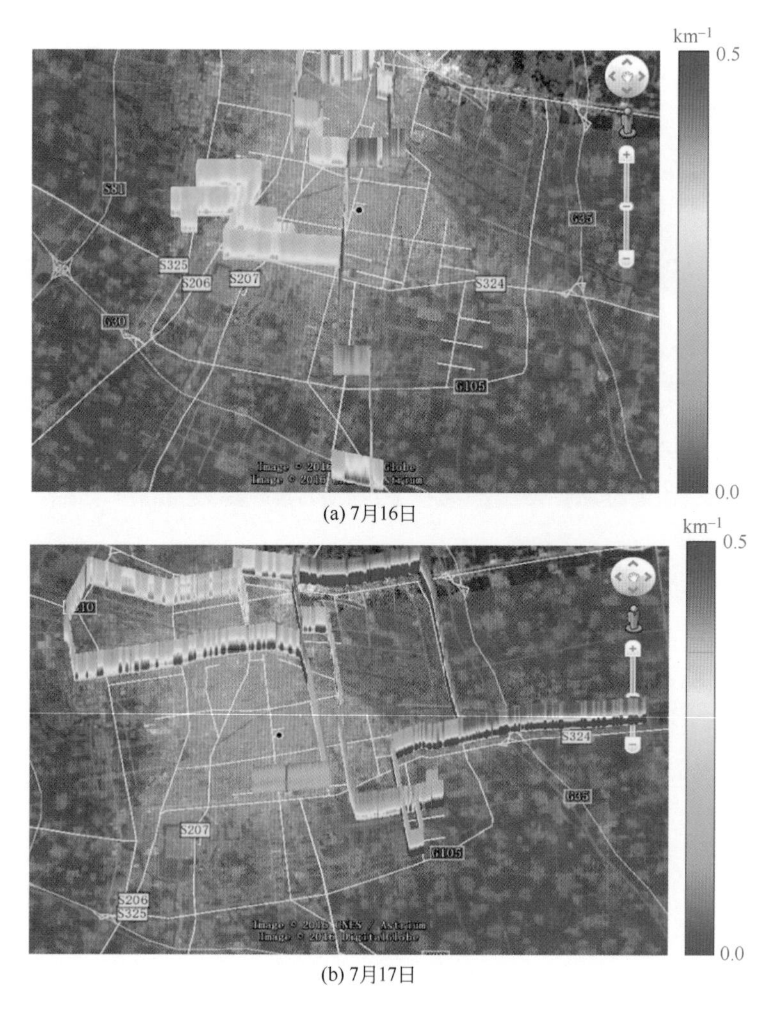

图 5-58　市区 2016 年 7 月 16～17 日车载激光雷达走航观测结果

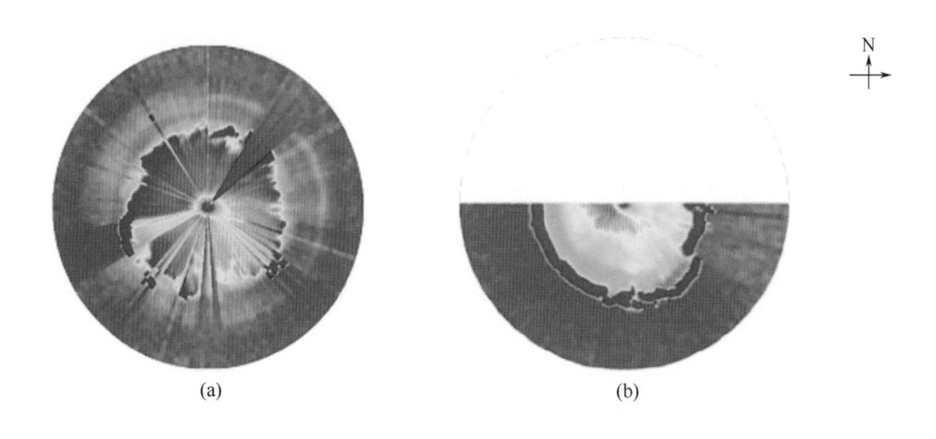

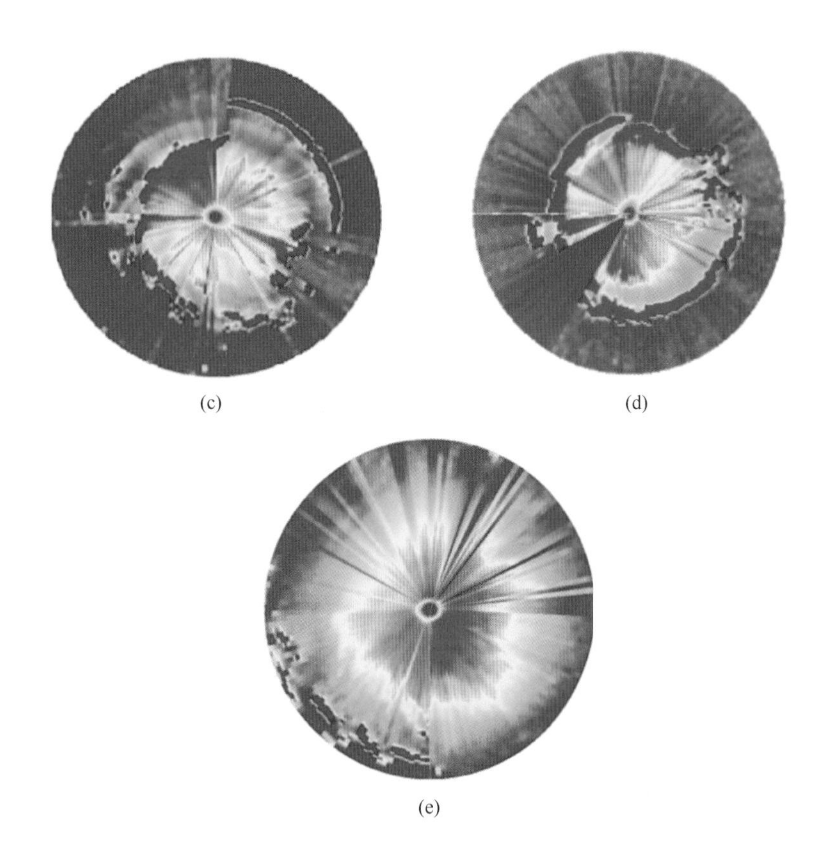

(c)　(d)

(e)

图 5-59　2016 年 7 月 16 日激光雷达水平扫描探测结果

从图 5-59 所示的单个点位水平扫描结果来看，图 5-59（a）扫描点颗粒物浓度北高南低；图 5-59（b）站点颗粒物分布总体表现为西南方向较高；图 5-59（c）站点表现为西北方向偏高；图 5-59（d）站点四周污染物浓度分布均匀，无明显高值方位；颗粒物浓度分布则表现为南高北低，东南方向尤其高。从 5 个点位的水平扫描结果综合来看，该市区颗粒物浓度分布整体表现为北面偏高，南面偏低，与走航观测结果表现一致。

7 月 16 日 18 点至 17 日 8 点，激光雷达定点垂直观测结果如图 5-60 所示。从图 5-60 中可以看出，17 日 0 点之前污染物主要集中在近地面，但上空也存在一定浓度的颗粒物污染，17 日 0 点以后上空污染物沉降在近地面造成近地面局地污染加重。

7 月 17 日夜间的走航观测结果同样表明，在夜间由于边界层的下降导致上层的颗粒物沉降，近地面颗粒物浓度会上升。如图 5-61 所示，在 17 日夜间至 18 日凌晨的观测时间段内，上半夜出发 10 点左右和下半夜 4 点左右经过的重合路段，上半夜该路段近地面污染物浓度较低，但存在分层现象，上空 600m 和 900m 均存在污染层；下半夜该路段的监测结果显示近地面污染加重，高空污染减弱，高空污染沉降造成近地面污染加重。

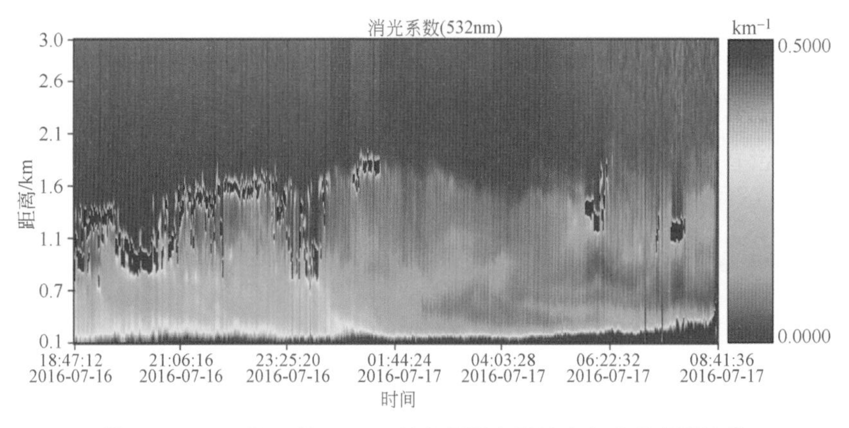

图 5-60 2016 年 7 月 16～17 日夜间激光雷达定点垂直观测结果

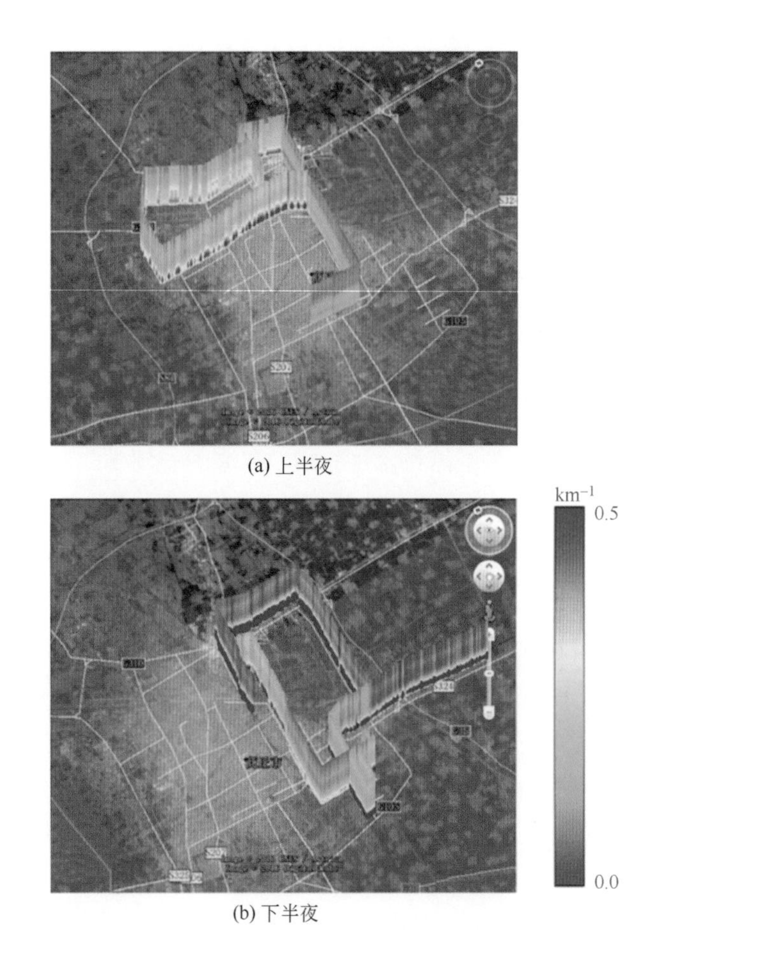

(a) 上半夜

(b) 下半夜

图 5-61 2016 年 7 月 17 日夜间至 18 日凌晨观测结果

查看车载观测的时间序列和消光廓线的结果也同样显示，随着时间推移，经常在下半夜污染层下降，导致近地面颗粒物浓度抬升，如图 5-62、图 5-63 所示。

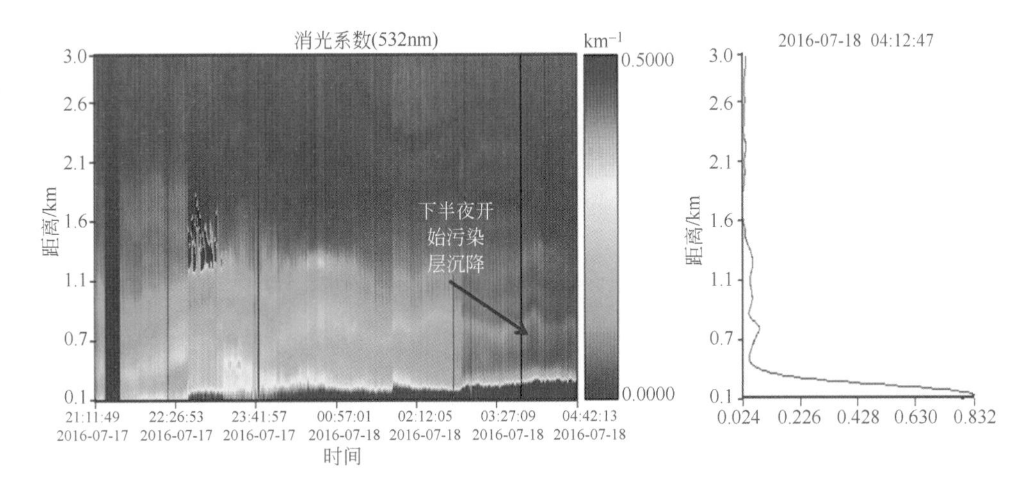

图 5-62 2016 年 7 月 17 日夜间至 18 日凌晨观测消光系数时间序列图

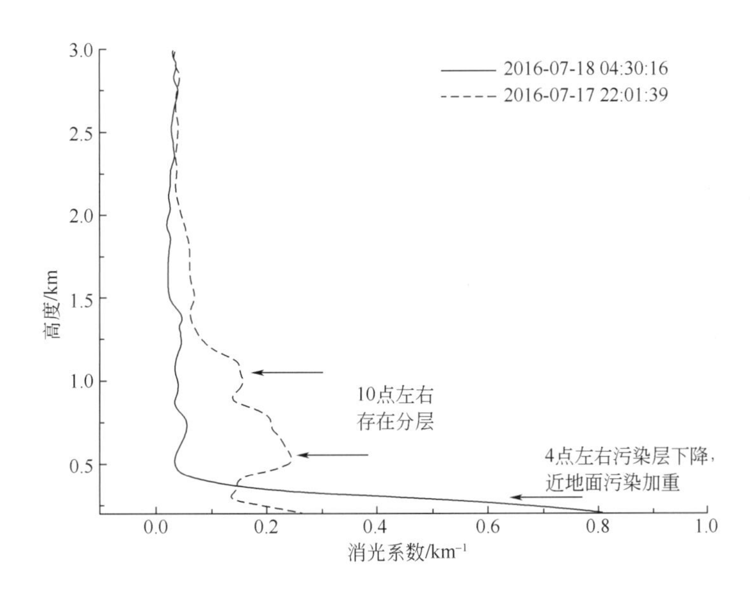

图 5-63 观测的消光廓线变化

此外，也对该市区其他区域进行了定点扫描观测，扫描结果显示，颗粒物也存在明显的分层状况，四周颗粒物的近地面浓度都较高，且随着时间推移，颗粒物下降近地面浓度上升。7 月 18 日，再次进行了走航和 6 个点位的定点扫描观测。走航结果如图 5-64 所示，上空 600m 左右存在污染层，定点扫描观测得出，随着时间推移近地面颗粒物浓度污染较为严重，且四个方向差异不明显。

7 月 20～23 日的走航观测结果如图 5-65 所示，测量垂直范围高度为 1000m，市内较为干净，但工业园区、G310、G105、G35 和 S202 的路段污染较为严重。7 月 21 日车载激光雷达走航观测结果如图 5-65(b) 所示（垂直范围

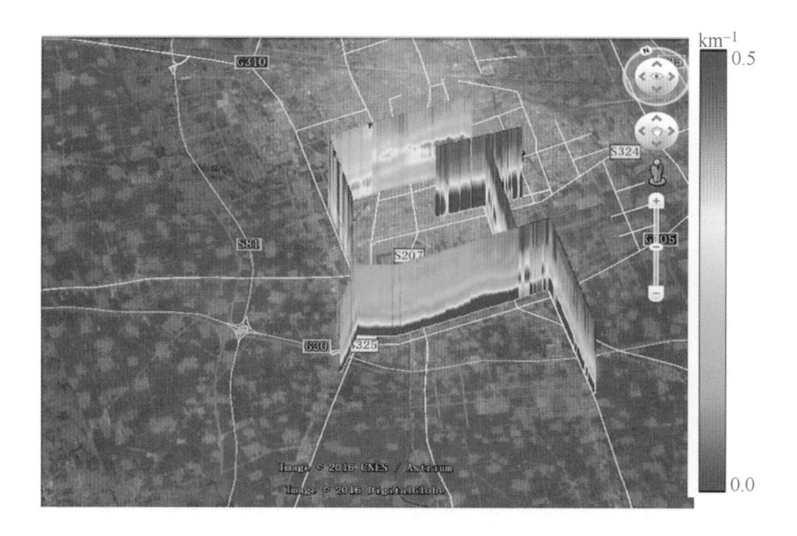

图 5-64　7 月 18 日车载走航观测

高度同样为 1000m），整体上走航路线上都较为干净，仅在东北部区域和 G30 上某些路段颗粒物浓度较高，东北部的高浓度值与道路扬尘有关。7 月 22 日激光雷达走航观测结果如图 5-65(c) 所示，S211 近地面颗粒物浓度较高，G310 上颗粒物浓度较低；市内 G310 路段颗粒物浓度与 7 月 16 日相比，颗粒物浓度明显降低，车辆分流后 G310 路段近地面颗粒物浓度下降明显，说明机动车排放源对市区 $PM_{2.5}$ 的贡献较大。7 月 23 日走航观测结果如图 5-65(d) 所示（垂直范围高度为 1500m），总体上来说，市内近地面颗粒物浓度略高，颗粒物三维分布见右下角小图，未发现明显高值路段。

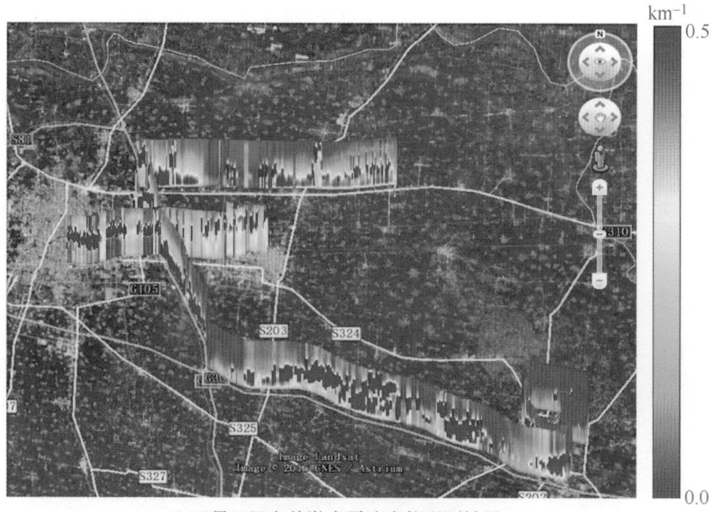

(a) 7月20日车载激光雷达走航观测结果

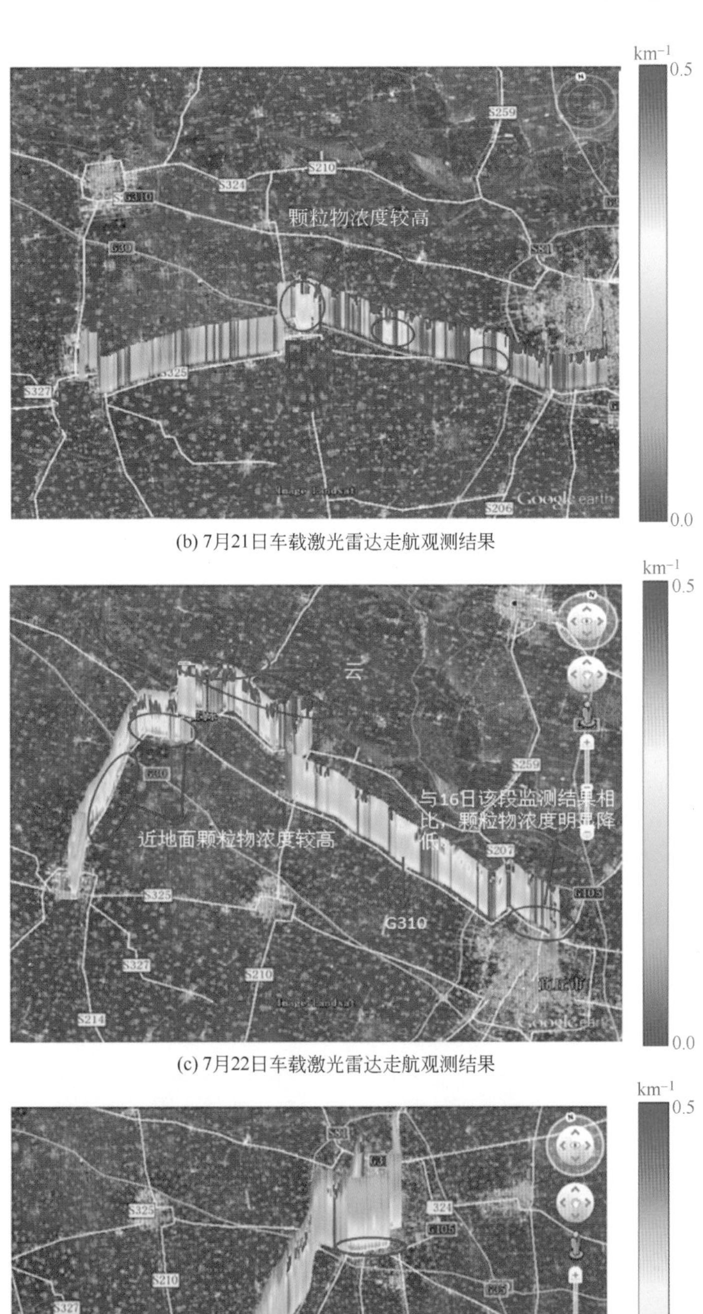

(b) 7月21日车载激光雷达走航观测结果

(c) 7月22日车载激光雷达走航观测结果

(d) 7月23日走航观测结果

图 5-65　7 月 20～23 日走航观测结果

7 月 24～25 日，利用车载激光雷达系统进行了走航观测，走航观测结果如图 5-66 所示。7 月 24 日园区颗粒物监测结果［图 5-66(a)］显示，整体空气较为干净，颗粒物浓度不高，国道 G105 路段和 S81 高速以北颗粒物浓度较高，颗粒物主要集中在 1km 以下且近地面浓度最高，此外，在上空 1.5km 处存在污染层。7 月 25 日示范区激光雷达走航观测结果［图 5-66(b)］显示颗粒物整体浓度不高。

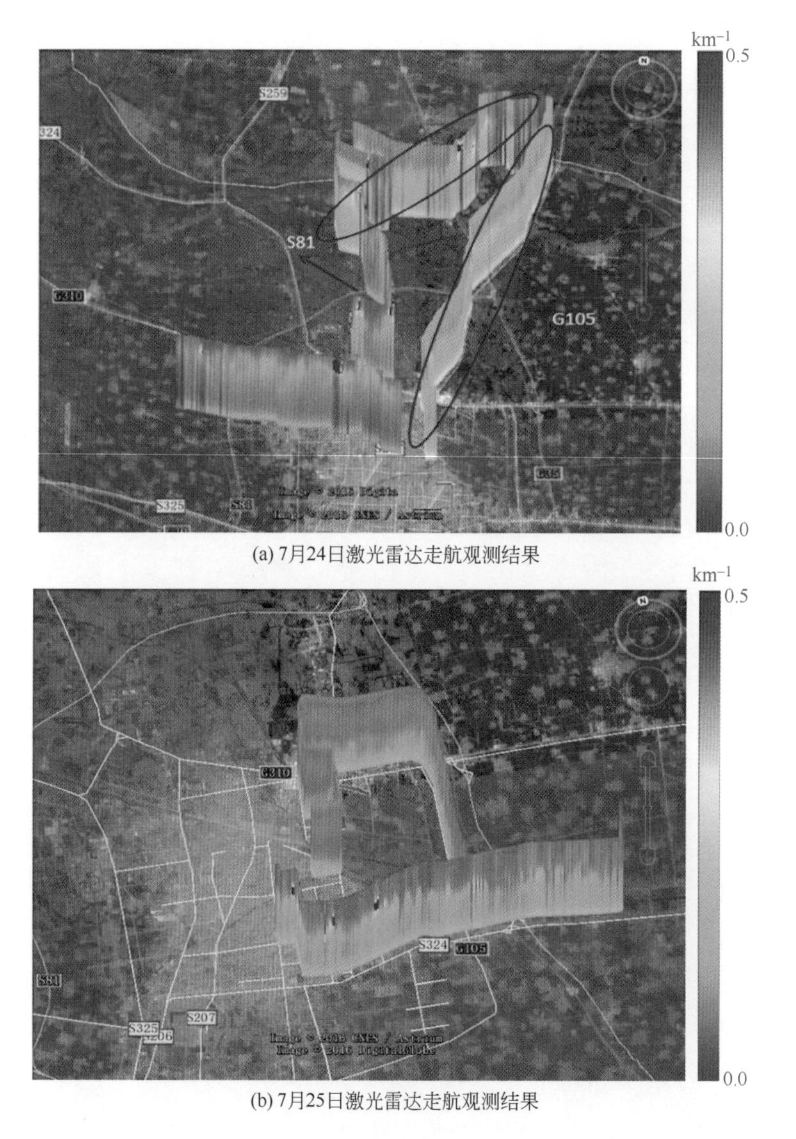

(a) 7月24日激光雷达走航观测结果

(b) 7月25日激光雷达走航观测结果

图 5-66 7 月 24～25 日激光雷达走航观测结果

7 月 25 日，利用车载激光雷达系统对工业园区和示范区的水平扫描观测结果显示：西南、西北方向监测点位颗粒物浓度较高，G310 和 G105 上点位的扫描结果显示，实行车辆分流管控之后，该路段上空颗粒物浓度明显降低。

7月26日下午沿G105激光雷达走航观测结果如图5-67所示（高度范围至1500m），除近地面外，高空1300m左右存在污染层，且界内颗粒物浓度明显高于亳州区内。夜间激光雷达走航观测结果如图5-68所示（高度范围至1500m），800m处存在污染层，其中市内近地面颗粒物浓度较高，存在轻微局地污染，G105路段（黑色圈内）颗粒物浓度较低。夜间水平扫描观测发现（半径范围至3km），睢阳区环保局近地面污染严重，高空800m左右存在污染层，与走航观测结果表现一致；国道G105上扫描点东北和东南方向颗粒物浓度较高。

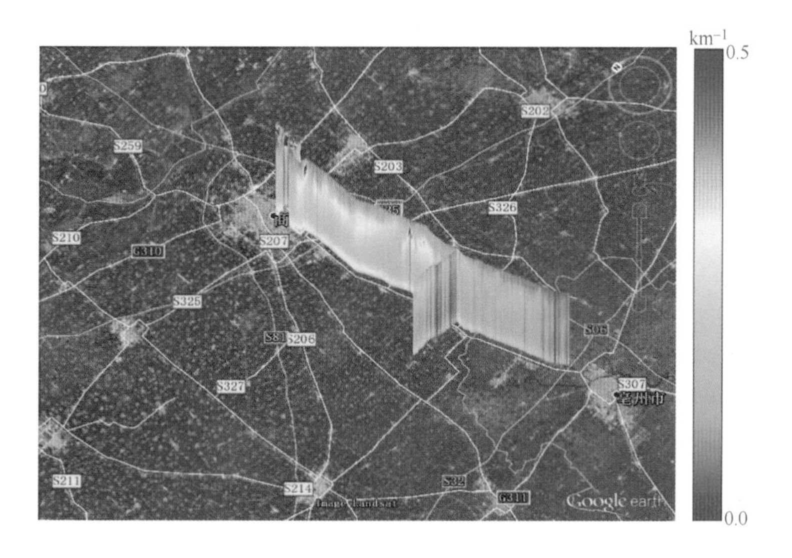

图5-67　7月26日下午沿G105激光雷达走航观测结果

图5-68　7月26日夜间激光雷达走航观测结果

（1）颗粒物

观测期间，对105国道和310国道的车流量进行了分流以及对道路两边的裸露尘土进行了覆盖处理，对比G310国道和G105国道分流前后的观测结果显示，310国道和105国道近地面颗粒物浓度明显降低（图5-69）。

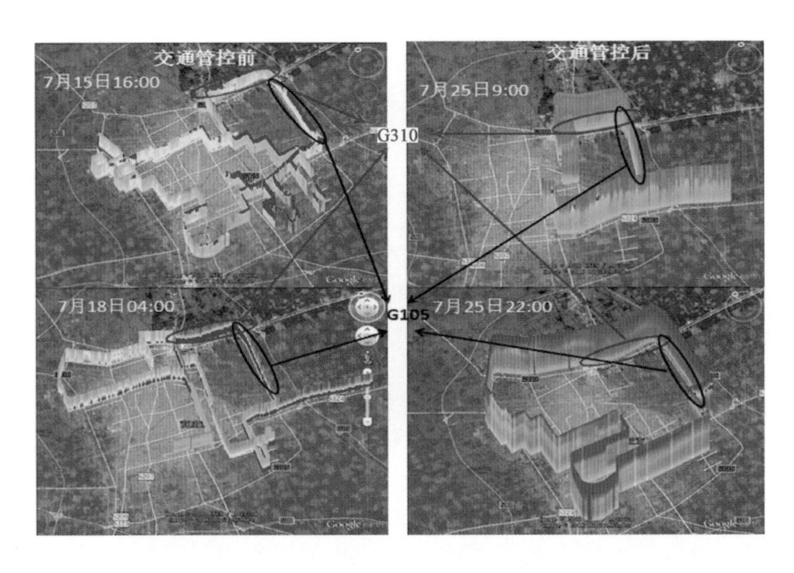

图5-69 交通管控分流前后国道G310和G105路段走航观测结果对比

同时，也对比了夜间310国道转盘和105国道两个点位的定点扫描结果，扫面结果显示在管控处理之后，这两个点位的近地面颗粒物浓度也明显降低，证明了管控处理措施的有效性。如图5-70所示。

（2）SO_2、NO_2柱浓度

观测期间，利用车载DOAS遥测系统开展了走航观测，获得了SO_2、NO_2柱浓度分布状况。由图5-71所示，观测期间市区及周边县郊SO_2、NO_2柱浓度

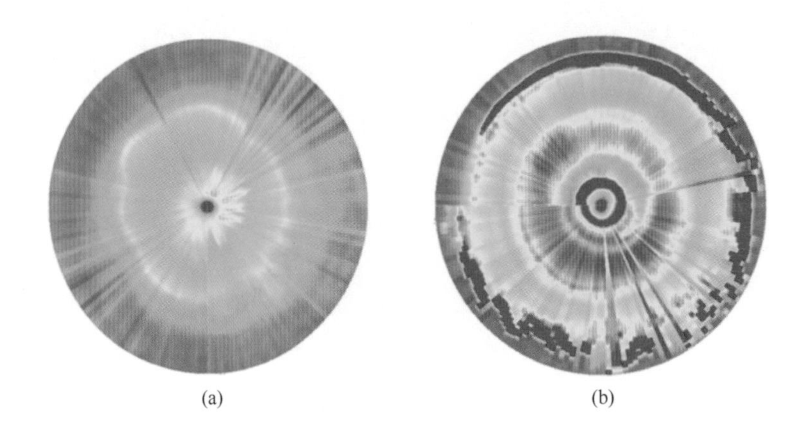

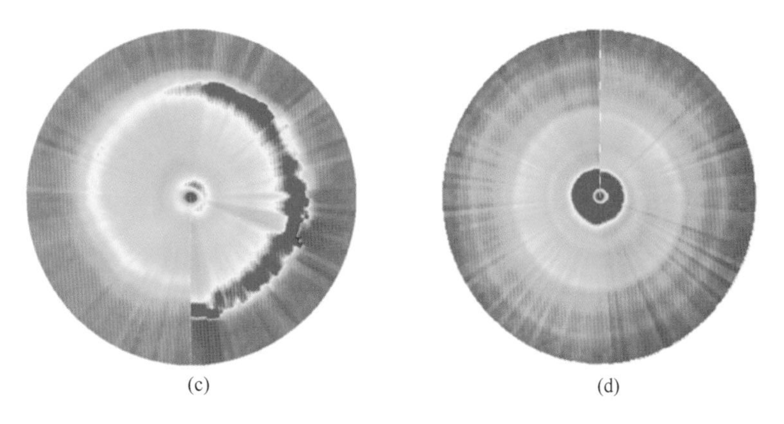

(c) (d)

图 5-70 定点扫描对比

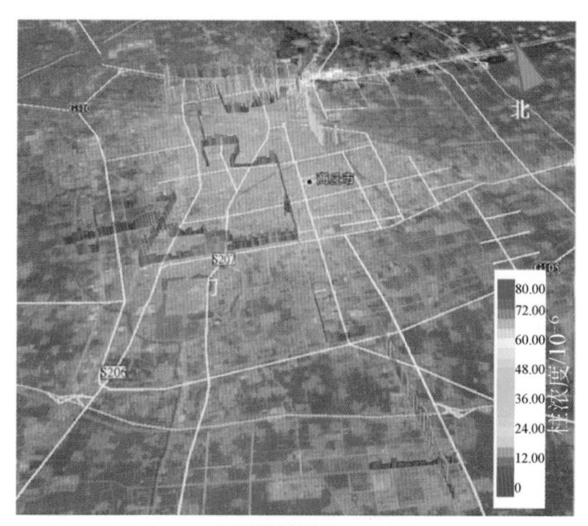

(a) 7月16日SO_2

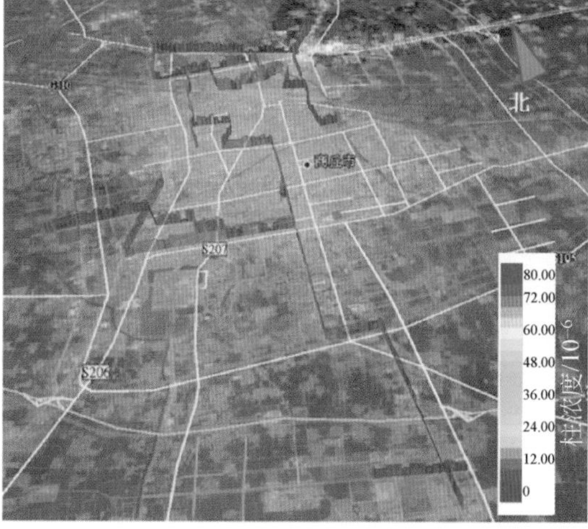

(b) 7月16日NO_2

图 5-71

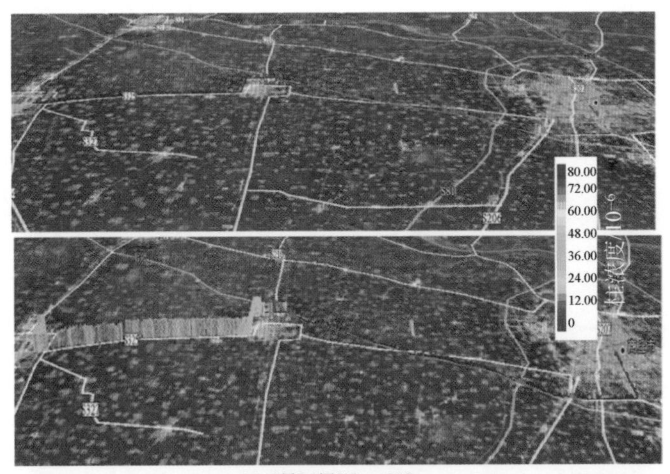

(c) 7月21日SO_2、NO_2

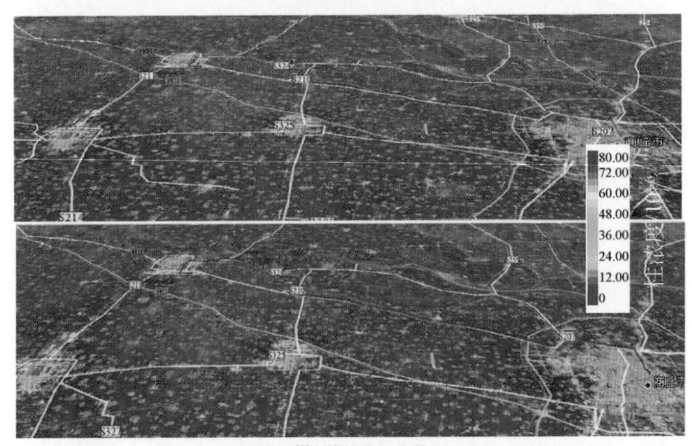

(d) 7月22日SO_2、NO_2

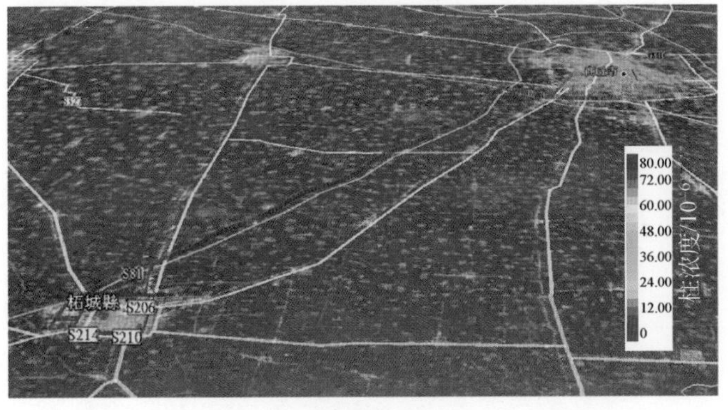

(e) 7月23日SO_2

(f) 7月23日NO_2

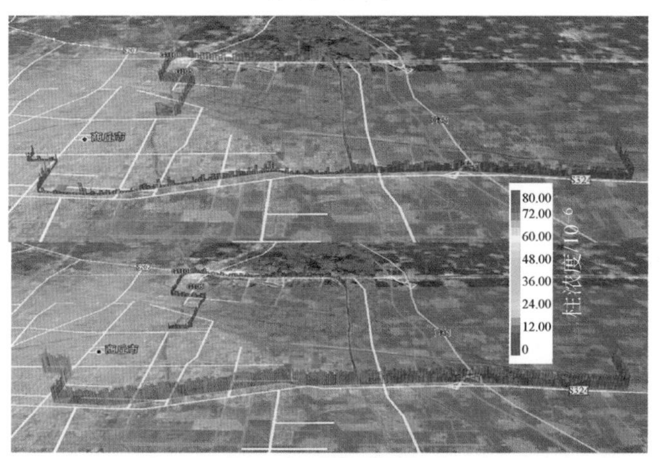

(g) 7月25日SO_2、NO_2

(h) 7月26日SO_2

图 5-71

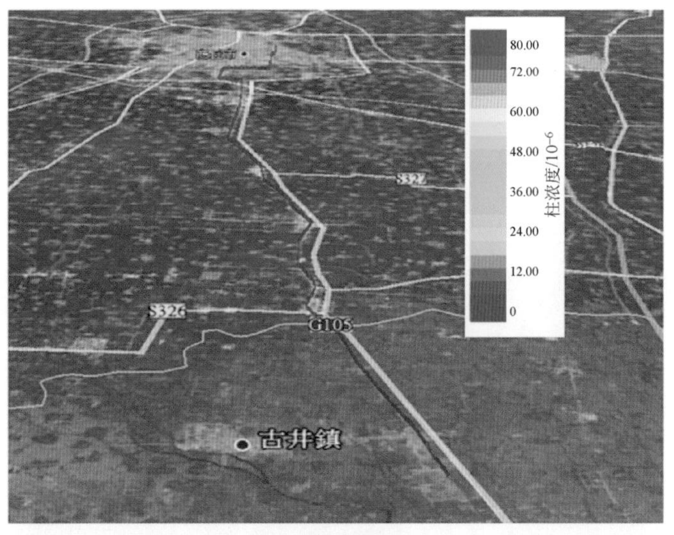

(i) 7月26日NO_2

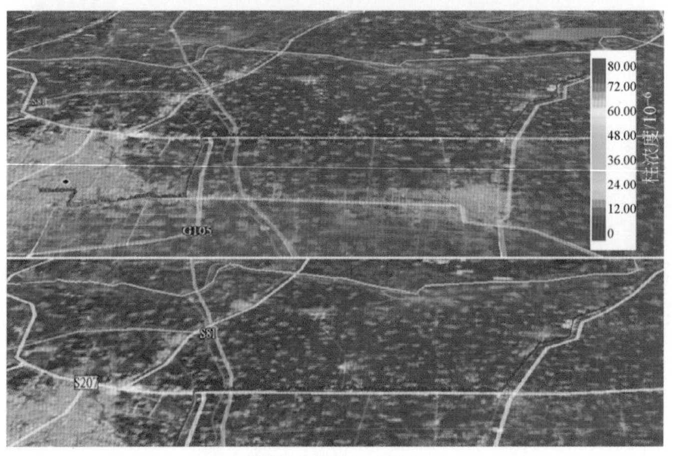

(j) 7月27日SO_2、NO_2

图 5-71 观测期间车载 DOAS SO_2、NO_2 柱浓度结果

整体偏低，无明显高值区域，说明该市无大型工业排放。但市区北边 SO_2 柱浓度有抬升现象，此外由于受到交通排放影响，NO_2 柱浓度在市区及部分路段（如 S325）相对较高。

（3）O_3

观测期间，移动观测车上搭载一台 O_3 监测仪，获得了市区及周边地区 O_3 浓度分布状况，如图 5-72 所示。结果显示，观测期间 O_3 浓度具有明显的日变化特征，在中午左右时分达到高值，在晚间具有较低值。O_3 浓度整体处于国家二级标准以内，在白天时段基本处于 $(30\sim40)\times10^{-9}$，除个别时段外（如 7 月 26 日下午时段市区 O_3 出现超标现象），无超标现象。

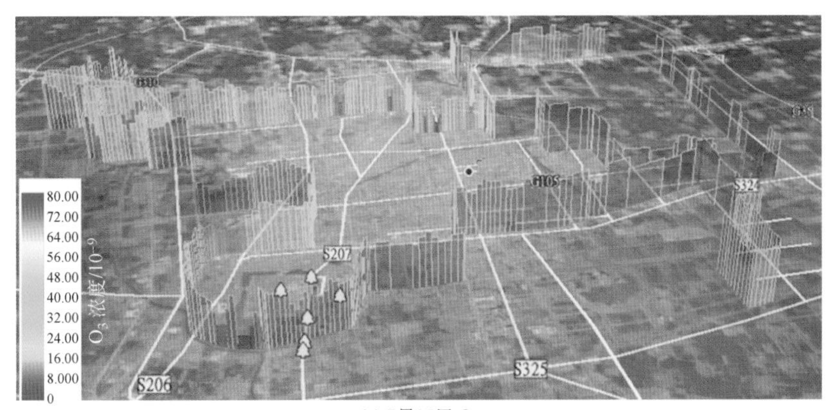

(a) 7月15日 O_3

(b) 7月16日 O_3

(c) 7月20日 O_3

图 5-72

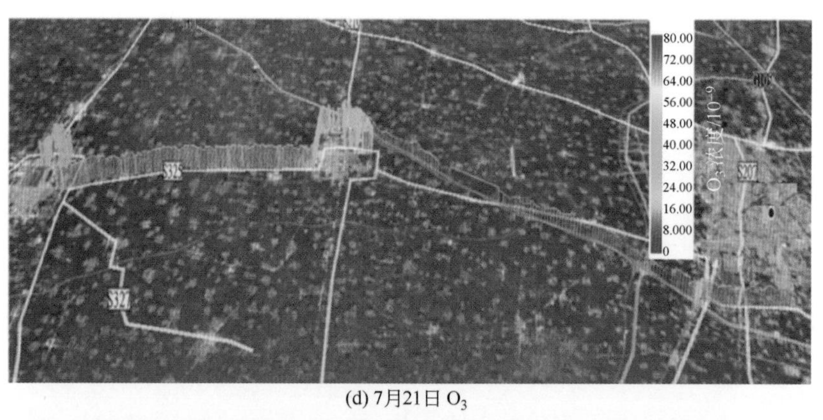

(d) 7月21日 O_3

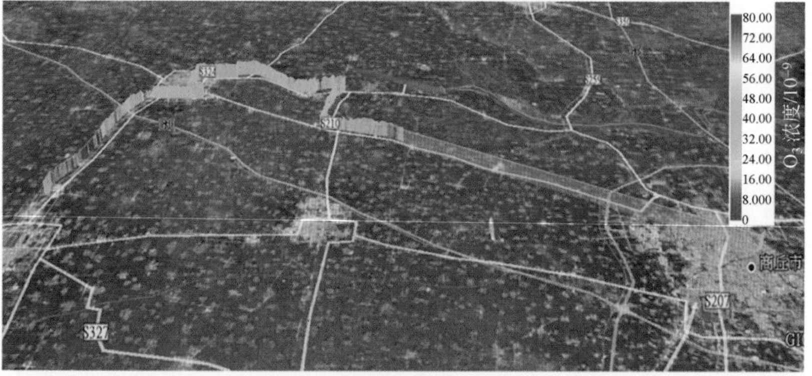

(e) 7月22日 O_3

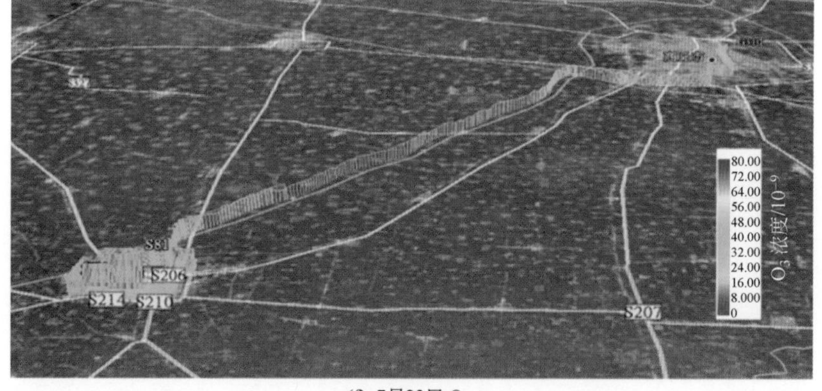

(f) 7月23日 O_3

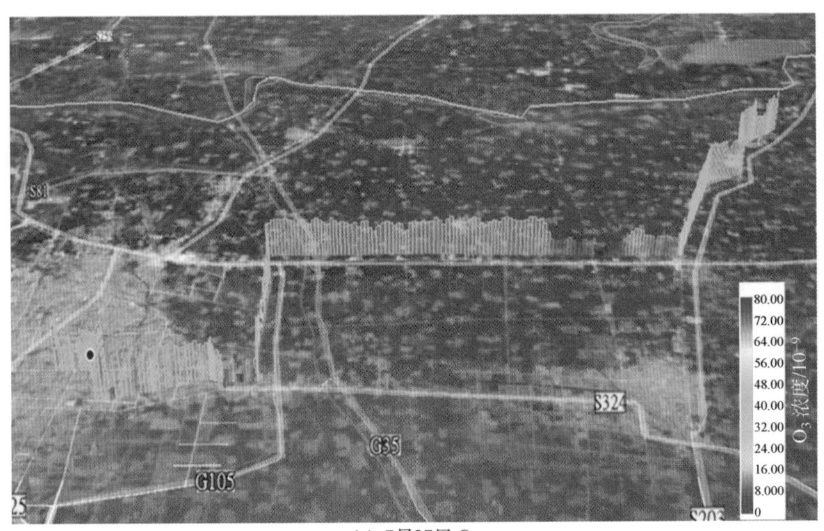

(g) 7月27日 O_3

图 5-72 O_3 观测结果

（4）NH_3

7 月 24～27 日，利用车载便携式 NH_3 监测仪对 NH_3 的排放进行了观测，获取了 NH_3 的浓度及分布状况。

7 月 24 日，对市内几条河道进行了观测，观测结果显示在农田及玉米地区域出现 NH_3 的峰值，养殖场也出现 NH_3 的高值。在当日观测期间 NH_3 的平均浓度在 $(70\sim80)\times10^{-9}$ 之间。当日最大峰值达到 108.6×10^{-9}，出现在大片玉米地区域。如图 5-73 所示。

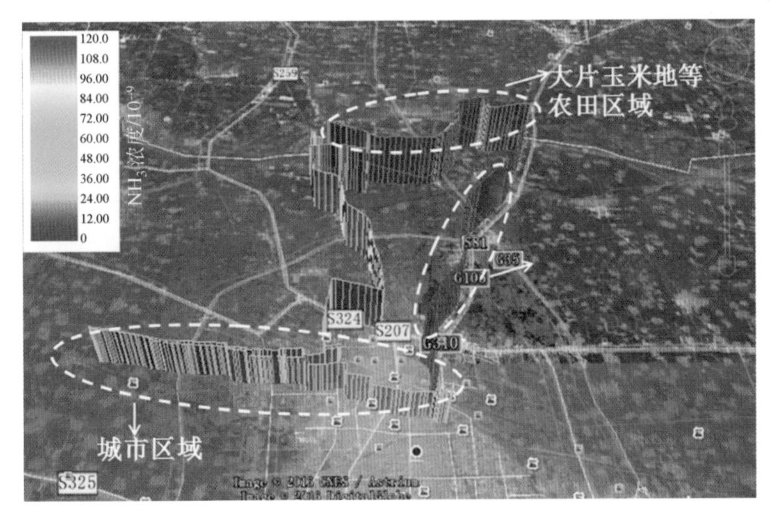

图 5-73 7 月 24 日 NH_3 观测结果

7 月 25 日对示范区的河道和养殖场排放进行观测，NH_3 具有一定的日变化规律，在养殖场附近都有较高的浓度，在 70×10^{-9} 以上（图 5-74）。

图 5-74　7 月 25 日 NH_3 观测结果

7 月 25 日夜间，NH_3 的观测结果显示，夜间 NH_3 的变化较为平缓，在重点排放区域 NH_3 的浓度较高，如 310 国道大转盘处、105 国道等处由于交通排放引起的 NH_3 浓度稍高（图 5-75）。

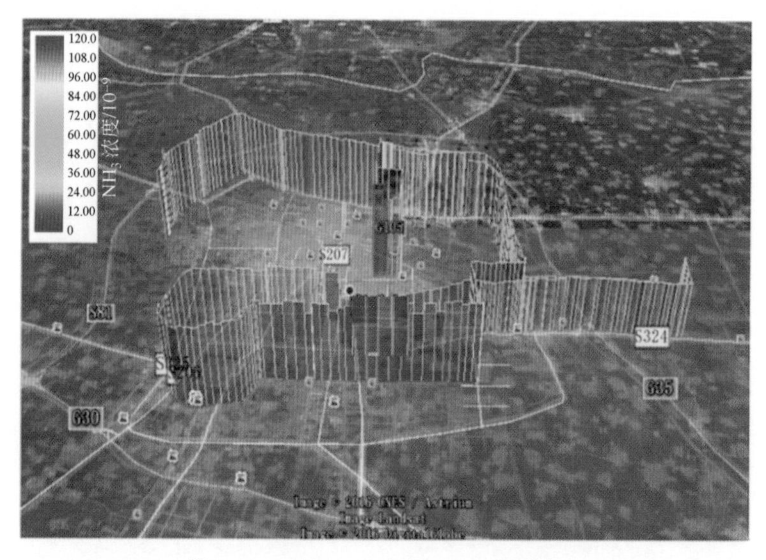

图 5-75　7 月 25 日夜间 NH_3 观测结果

7 月 26 日的观测结果显示，在北区和某饲料公司附近出现 NH_3 的高值，高值能达到 80×10^{-9}，其他路段 NH_3 变化较为平缓（图 5-76）。

7 月 27 日主要针对某企业的 NH_3 排放进行监测，监测结果显示，在养殖场内 NH_3 的浓度明显抬升，较周边高约 20×10^{-9}。此外，在加油站加油期间，NH_3 的浓度也有显著提升。

上述几日观测结果显示，相比于国内其他地区 NH_3 的观测结果（图 5-77），

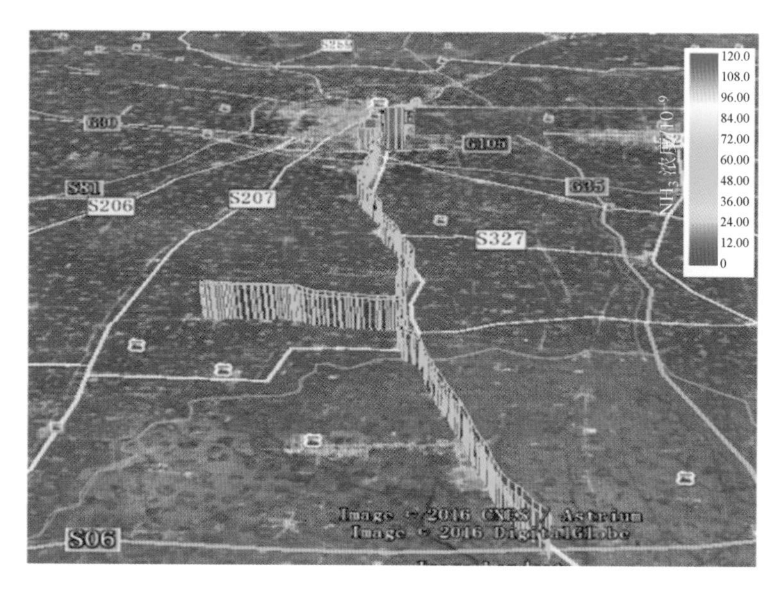

图 5-76　7 月 26 日 NH_3 观测结果

图 5-77　7 月 27 日 NH_3 观测结果

该区域 NH_3 的浓度具有较高的本底值，约 $(70\sim80)\times10^{-9}$，这与该区域是典型的农业型城市有关。观测期间，白天具有典型的日变化特征，夜间变化较为平缓。在养殖场、河道等地 NH_3 的浓度均有所提升。

5.5.4 天津市颗粒物车载雷达走航观测结果

（1）天津市边界

2016 年，利用车载走航观测车在天津地区开展了立体观测实验，获取了走航路径上颗粒物的时空分布特征。

4 月 26 日，天津市主要表现为东南风，激光雷达走航观测结果如图 5-78 所示，其中图 5-78(a) 是消光系数的时间序列分布图，图 5-78(b) 是消光系数分布

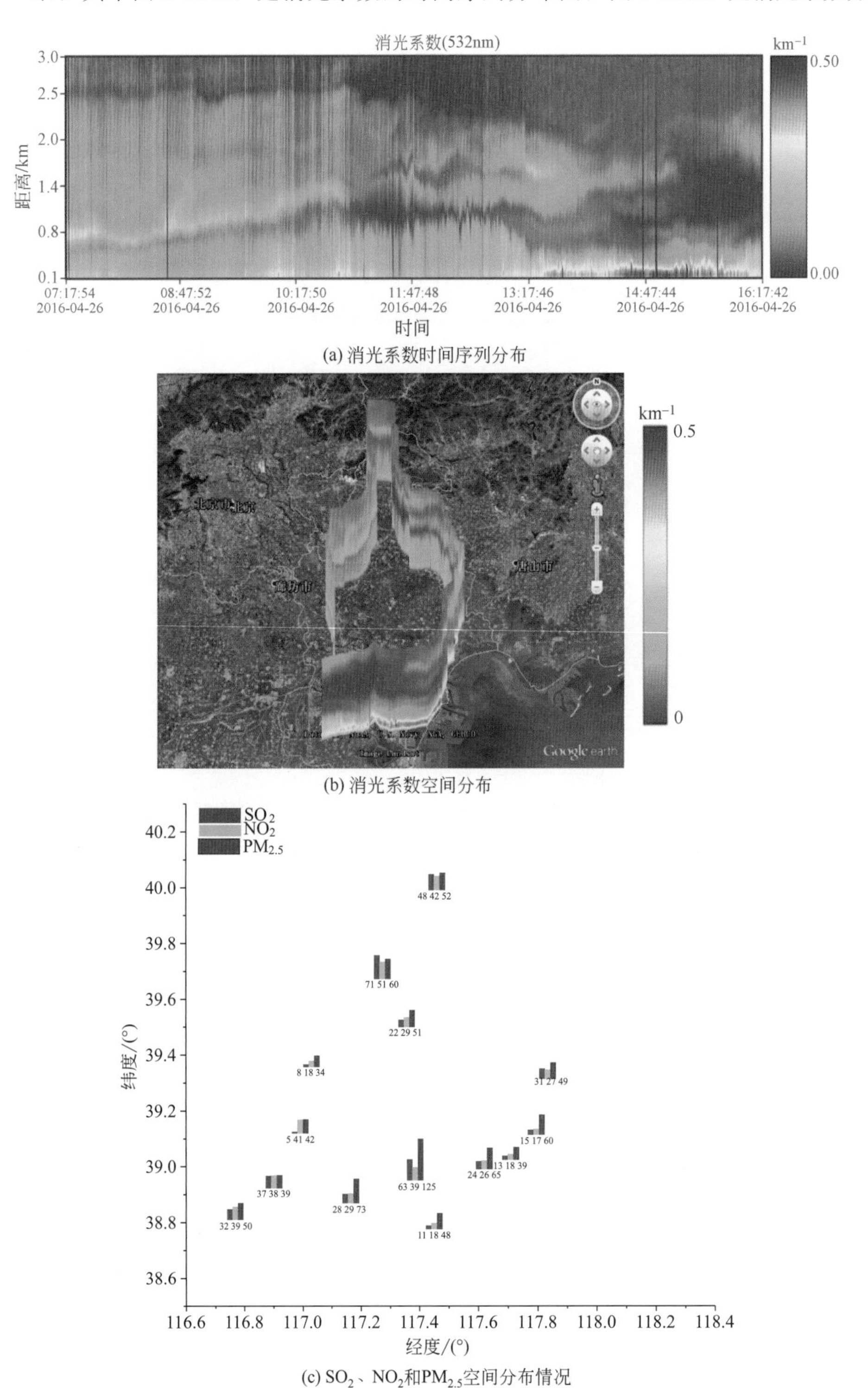

(a) 消光系数时间序列分布

(b) 消光系数空间分布

(c) SO_2、NO_2和$PM_{2.5}$空间分布情况

图 5-78　2016 年 4 月 26 日天津市边界

叠加在地图上的结果。从结果图中可以看出，4 月 26 日，颗粒物污染主要集中在 1.5km 以下，污染物存在分层现象，高空污染层出现在 1km 左右；此外，近地面颗粒物浓度高值出现在天津边界的东南路段（海滨高速—轻纺大道—滨石高速路段），与地面站监测结果的分布结果相一致。

7 月 1 日、3 日，天津市内主要风向表现为南风、东南风。车载激光雷达走航观测结果分别如图 5-79 所示。可以看出，颗粒物主要集中在近地面 1km 范围内，两次走航观测结果均显示天津边界走航路径上东南方向颗粒物浓度相对较高，且高值路段与 4 月 26 日观测结果基本一致。

另外，7 月 3 日走航观测期间，天津市边界沿走航路线附近的地面监测站测得的 SO_2、NO_2 和 $PM_{2.5}$ 空间分布情况如图 5-80 所示。可以看出在春、夏季两次走航观测期间（4 月 26 日和 7 月 3 日），地面站观测数据均显示 $PM_{2.5}$ 质量浓度呈现南高北低的特点，与车载激光雷达走航观测获得的结果相一致。

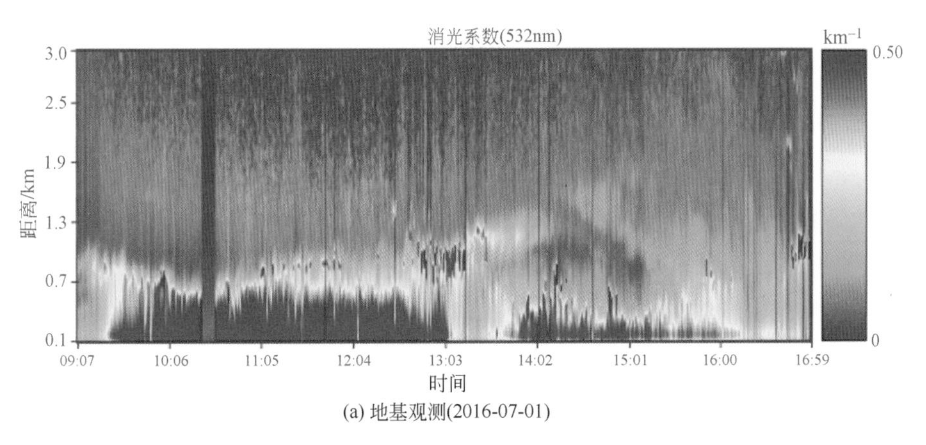

(a) 地基观测(2016-07-01)

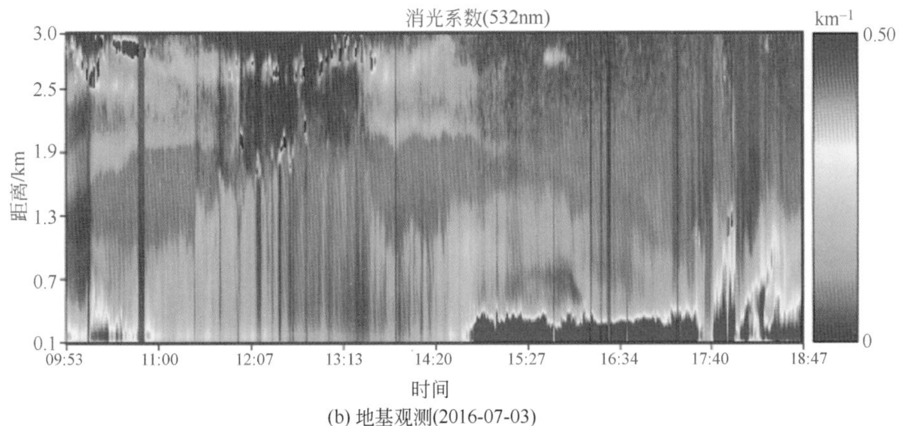

(b) 地基观测(2016-07-03)

图 5-79

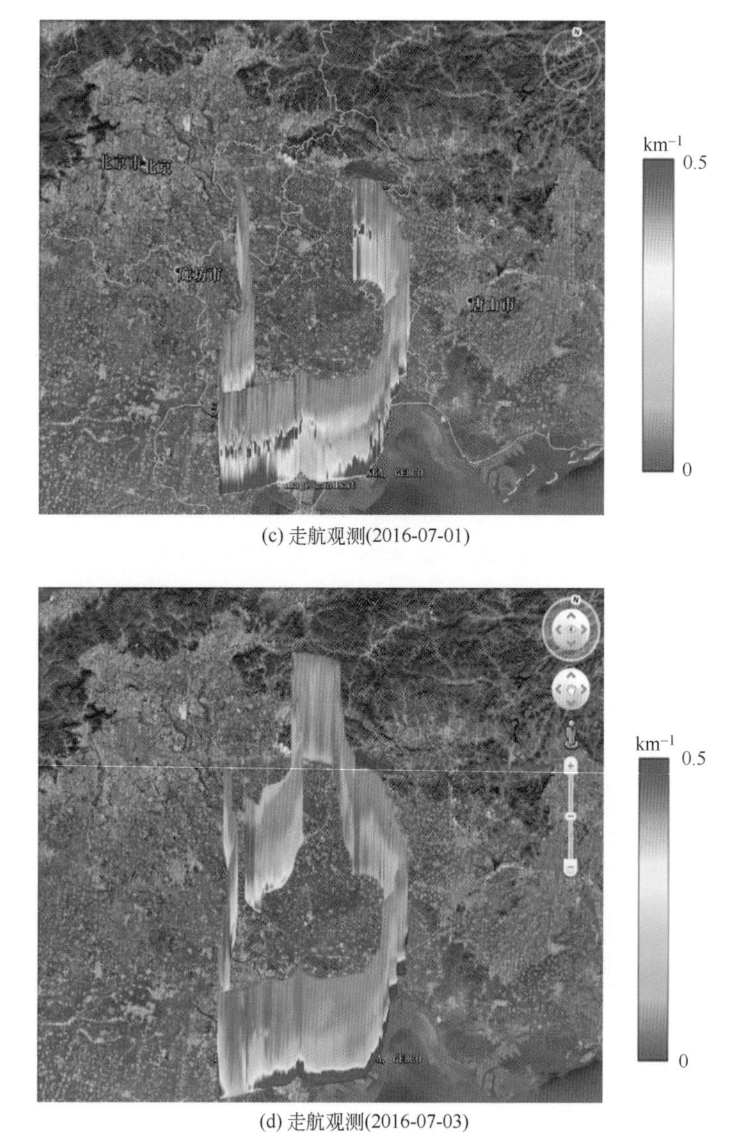

(c) 走航观测(2016-07-01)

(d) 走航观测(2016-07-03)

图 5-79　天津市边界消光系数空间分布和车载走航观测结果

2016 年冬季，12 月 13～14 日，车载激光雷达连续两天在天津市边界走航观测结果如图 5-81 所示。与春、夏季走航观测期间天津市主要表现为东南风向不同的是，12 月走航观测期间天津市主要表现为北风、东北风。此外，从颗粒物空间分布上可以明显看出，冬季颗粒物主要集中在近地面 1.5km 以下，颗粒物浓度高值主要分布在天津市北部路段［津围线（S101）—津蓟高速（S1）—京哈公路（G102）—承唐高速（S21）—宝芦线（S205）］，与地面监测站数据分布趋势相符，如图 5-82 所示，与春夏季的监测结果存在明显差异。另外，地面站观测数据也显示 $PM_{2.5}$ 质量浓度呈现北高南低的特点，且冬季的两次走航观测期间（12 月 13 日、14 日），天津市地面站测得的 SO_2 和 NO_2 浓度均较夏季有明显上升。下面将结合风场信息分析天津市走航路径上颗粒物分布特征及原因。

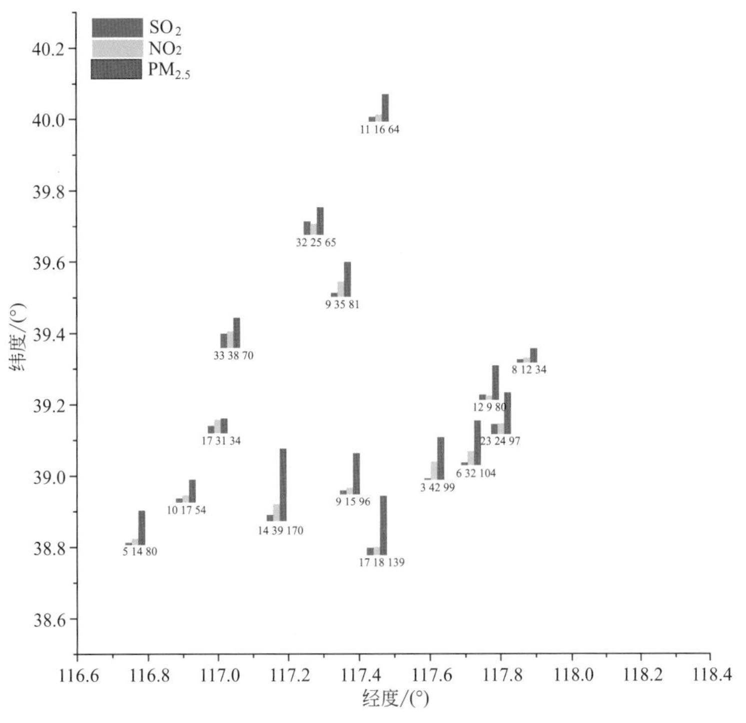

图 5-80　7 月 3 日 SO_2、NO_2 和 $PM_{2.5}$ 空间分布情况

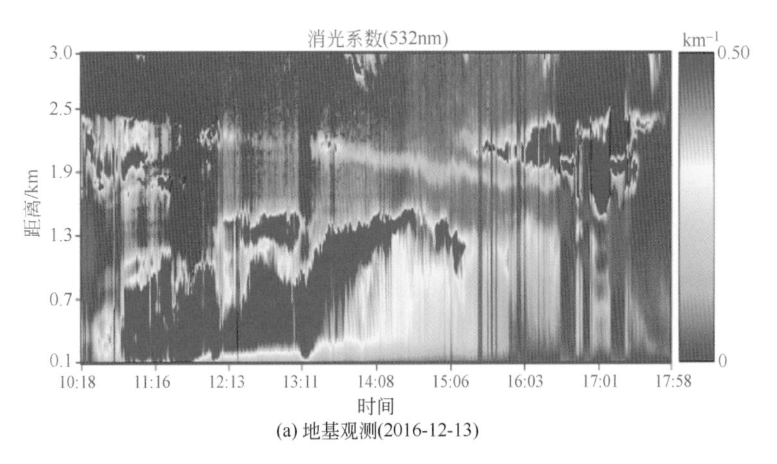

(a) 地基观测(2016-12-13)

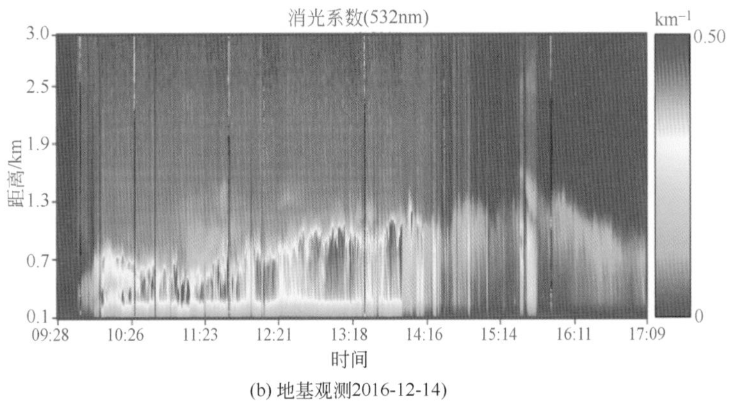

(b) 地基观测2016-12-14)

图 5-81

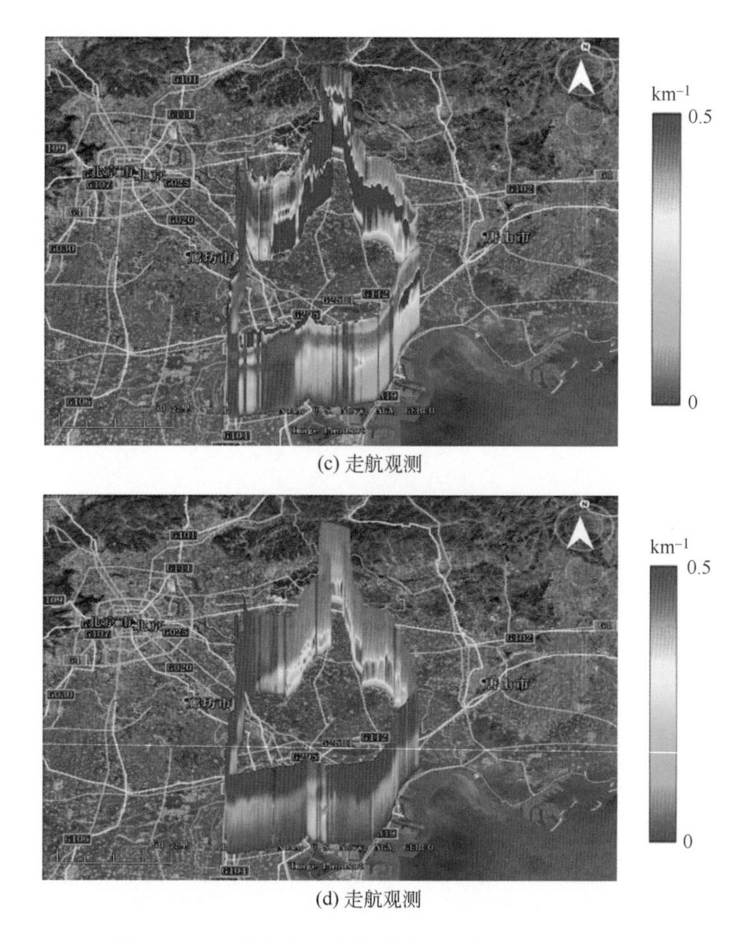

(c) 走航观测

(d) 走航观测

图 5-81 天津市边界消光系数和车载走航观测结果

受天气和路况影响限制，走航观测车共绕天津市边界进行了 4 次完整观测，春夏季两次观测期间（4 月 26 日、7 月 3 日）观测区域内主要以东南风场为主，冬季 12 月两次观测期间（12 月 13 日、12 月 14 日）则主要为北风/东北风场。

综合天津市边界几次车载雷达走航观测结果和观测期间风场后向轨迹来看：

① 走航路线上颗粒物分布与风向明显相关；

② 在南风、东南风场为主的春夏季，天津市颗粒物浓度基本呈现南高北低的趋势；并且存在两处相对的高值区，分别位于天津港口附近和天津市界内轻纺大道（S312）路段附近，结合当天风场的后向轨迹看，此处高值可能来源于这两处上风向局地排放（工业排放和港口排放）的影响；

③ 在以北风、东北风为主的冬季，天津市颗粒物浓度呈现北高南低的趋势，颗粒物浓度高值出现在天津市北部郊区和农村，天津市北部颗粒物浓度高值可能与冬季燃煤排放和地面扬尘有关。

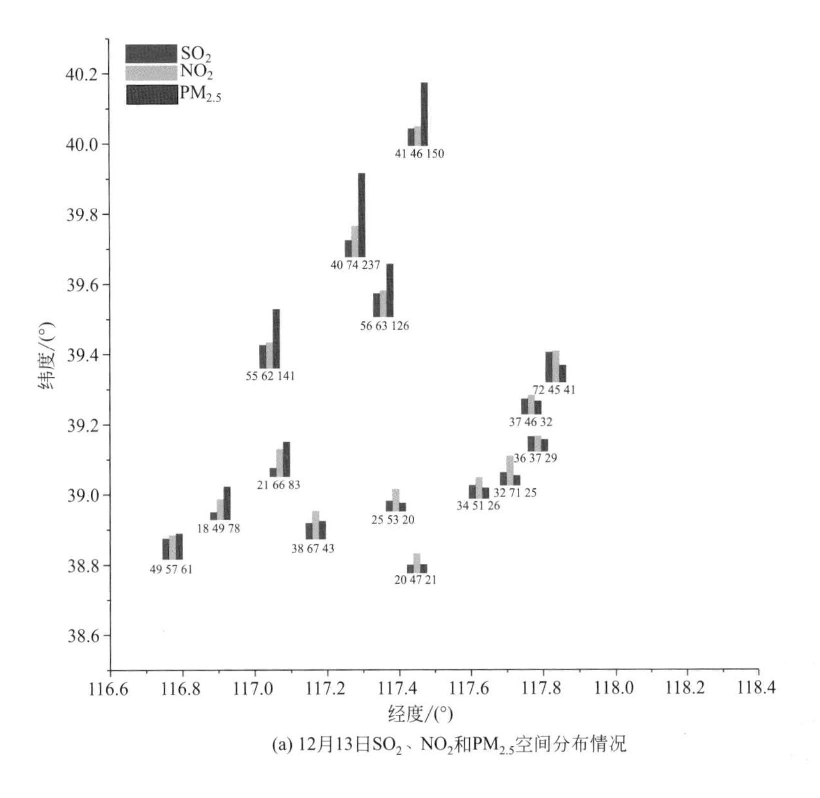

(a) 12月13日SO_2、NO_2和$PM_{2.5}$空间分布情况

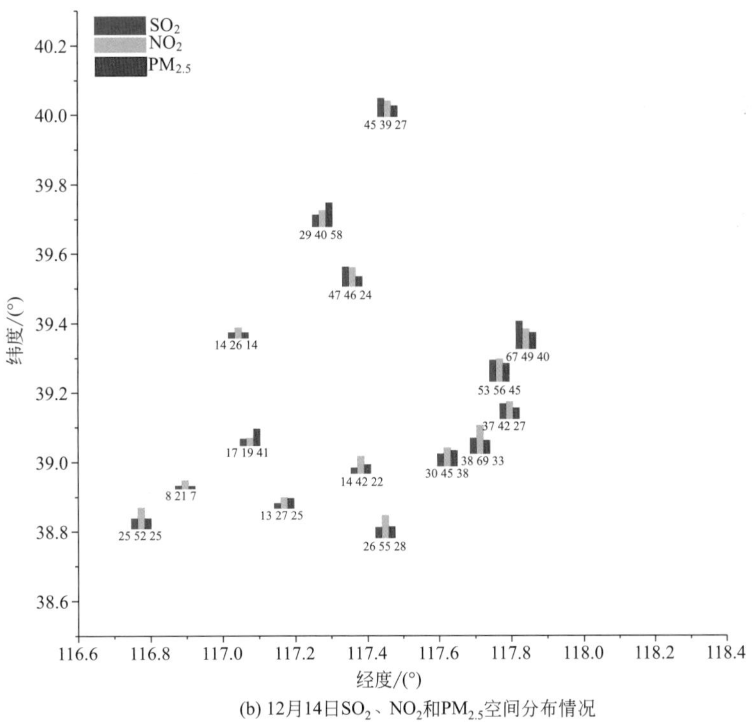

(b) 12月14日SO_2、NO_2和$PM_{2.5}$空间分布情况

图 5-82 地面监测数据的空间分布

(2) 天津市内环

6 月 5 日，天津市内环走航观测结果如图 5-83 所示，天津市内环颗粒物浓度空间分布主要表现在西北方向相对偏高，但整体上颗粒物消光系数相对较低。走航期间西北方向路段车流量相对较大，西北路段的颗粒物污染与机动车排放有关。

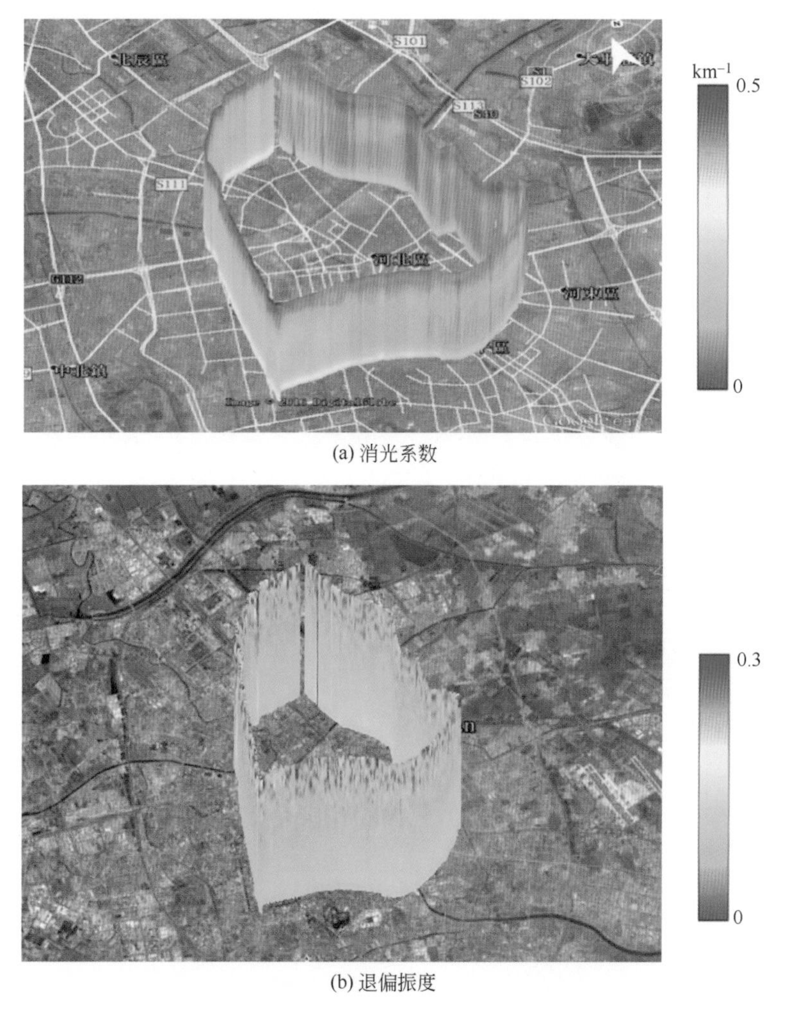

(a) 消光系数

(b) 退偏振度

图 5-83　6 月 5 日天津市车载激光雷达走航观测结果

12 月 7 日天津市内环激光雷达走航观测期间颗粒物时空分布如图 5-84 所示，当日走航期间主要表现为东南风，天津市区内环西南路段颗粒物浓度较高，污染主要表现为局地污染。

(3) 天津市外环

6 月 6 日，天津市外环走航观测结果如图 5-85 所示，天津市外环西北方向颗粒物污染最严重。此外，机场附近因道路施工导致交通拥堵，机动车排放量较多使颗粒物浓度较高。另外，由于局地工业源排放造成了天津市外环颗粒物整体偏高。

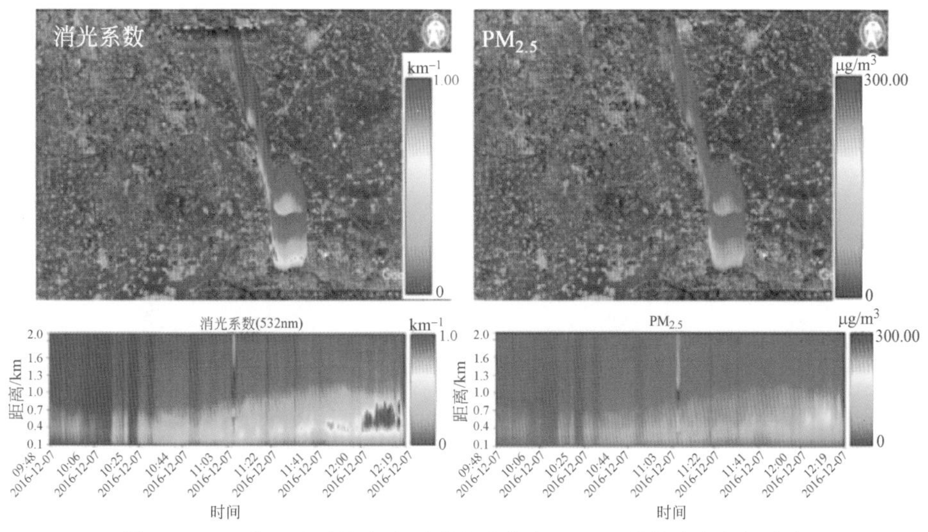

图 5-84　12 月 7 日天津市内环消光系数和 $PM_{2.5}$ 质量浓度空间分布

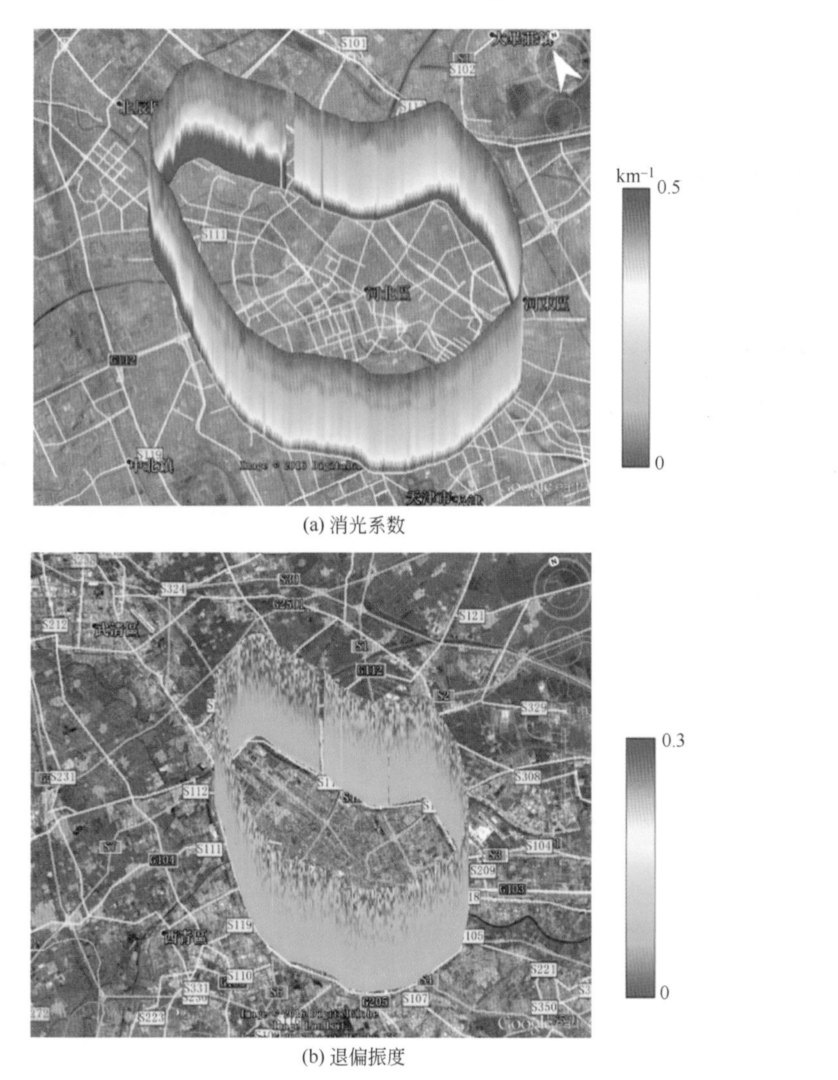

(a) 消光系数

(b) 退偏振度

图 5-85　6 月 6 日天津市外环走航观测结果

12 月 6 日天津市外环激光雷达走航观测期间颗粒物主要集中在 0.3～0.7km（图 5-86），近地面西南风明显，天津市区外环南路颗粒物浓度较高，污染物层较为稳定。

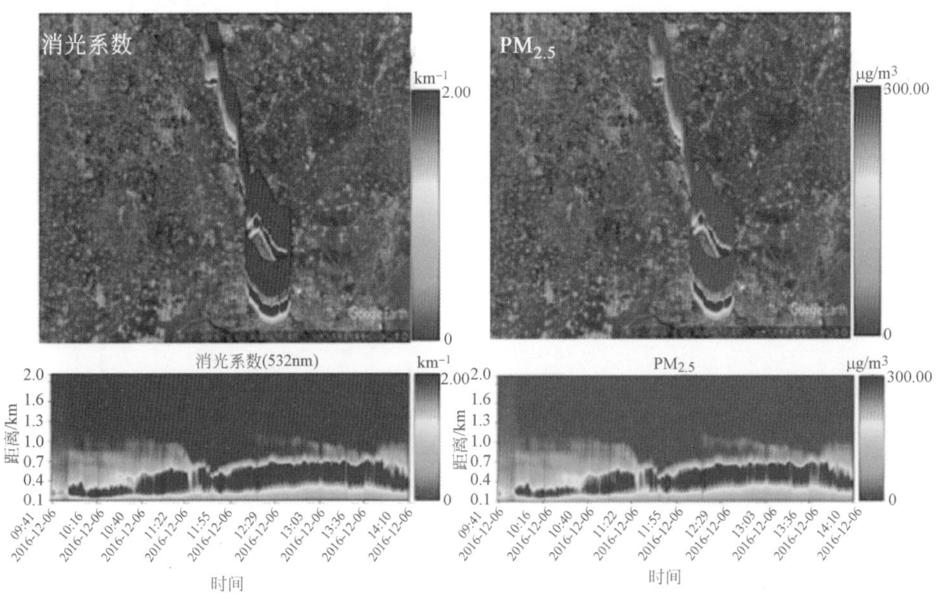

图 5-86　12 月 6 日 9:00～15:00 天津市外环消光系数和 $PM_{2.5}$ 质量浓度空间分布

12 月 10 日天津市外环激光雷达走航观测期间（图 5-87），污染较 6 日有所减轻，在西风向下，颗粒物浓度高值出现在西外环。污染层总体高度未有明显变化，但在 0.4km 和 0.8km 出现明显的分层现象，从后向轨迹分析，0.4km 和 0.8km 两个高空层的传输轨迹路径均是在西风影响下，迂回至西南—南风场，可见两个污染层的污染源相同，但 0.4km 层由于叠加了近地面的污染，故该层颗粒物浓度值更高。

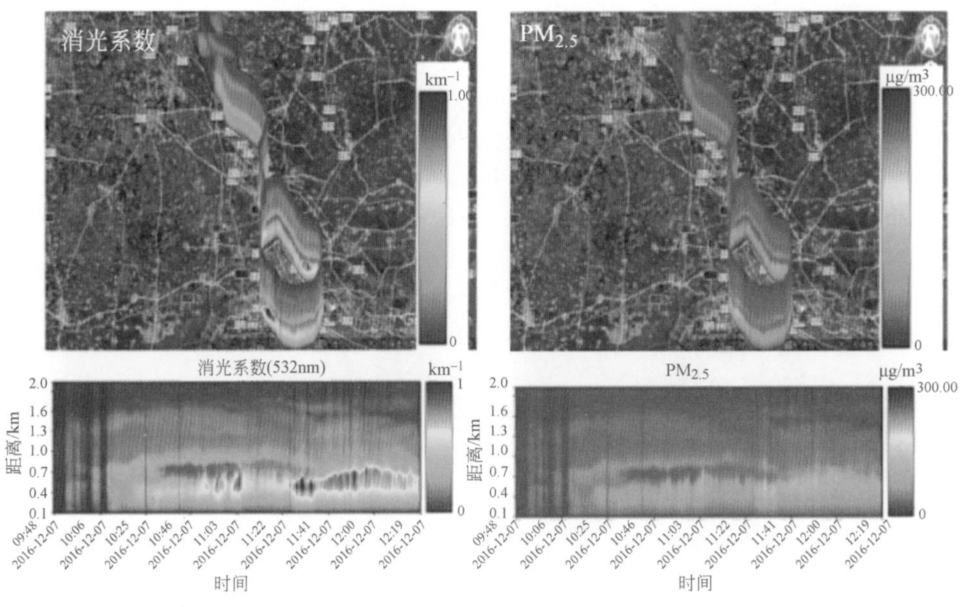

图 5-87　12 月 10 日天津市外环消光系数和 $PM_{2.5}$ 质量浓度空间分布

12 月 8 日天津市滨海激光雷达走航观测期间颗粒物主要集中在 0.7km 以下，污染主要为近地面扬尘和局地细颗粒物污染，走航期间主要表现为西北风，天津市区下风向东南方向颗粒物浓度较高（图 5-88）。

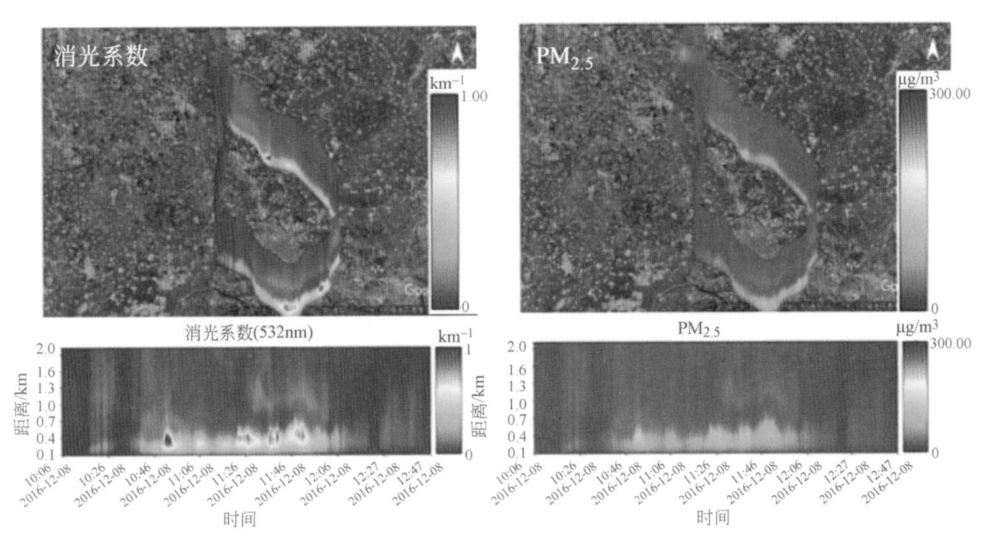

图 5-88 12 月 8 日天津市滨海消光系数和 $PM_{2.5}$ 质量浓度空间分布

综合天津市车载雷达走航观测结果和观测期间风场后向轨迹分析，得出初步结论如下：

① 走航路线上颗粒物分布与风向明显相关；

② 天津市颗粒物浓度呈现北高南低的趋势，颗粒物浓度高值出现在天津市北部郊区和农村，天津市北部颗粒物浓度高值可能与冬季燃煤排放和地面扬尘有关；

③ 天津市的污染主要是局地污染，未发现外源输送；

④ 天津市颗粒物污染与机动车排放有很强的相关性，车流量较大路段，颗粒物浓度相对较大；

⑤ 天津市滨海港口附近颗粒物浓度相对较高。

5.5.5 车载走航和定点综合观测

2016 年秋冬季，走航观测车共绕京津冀及周边区域进行了多次完整观测，涉及京津冀跨区域走航、北京市五环/六环和天津市走航观测。

（1）京津冀跨区域走航

10 月 3 日激光雷达走航路径为山东省到北京市五环，时间为当天 8:00～14:30，激光雷达走航观测结果如图 5-89 所示，气溶胶消光系数分布叠加在地图上的立体观测结果，垂直范围至 2km。从结果中可以看出，当日颗粒物污染主要集中在近地面 0.5km 以下，山东省和河北省颗粒物浓度均值较高，消光系数均值、浓度峰值出现在天津市界内，近地面消光系数均值超过 0.45km^{-1}，污染物

图 5-89　10 月 3 日 8:30～14:00 山东—北京车载激光雷达走航观测

主要表现为局地污染，北京市五环未见明显污染。

10 月 12 日同一走航路径，观测结果显示此次污染主要集中在山东省与河北省交界处，近地面颗粒物浓度出现高值，天津市的污染层主要集中在高空，天津市高空污染已至 1.2km，北京市东五环至总站路段内近地面和高空均存在污染层（图 5-90）。从后向轨迹分析，山东省主要表现为局地污染，且并未形成区域输送，天津市和北京市的污染由本地污染抬升累积形成。

图 5-90　10 月 12 日 8:00～14:00 山东—北京车载激光雷达走航观测

10 月 13 日，走航路径为北京—保定往返两次，走航观测结果显示，在空间分布上，北京—保定方向颗粒物浓度逐渐升高；在时间分布上，返程走航路线上颗粒物浓度较去程均有降低（图 5-91）。从后向轨迹分析，无论是近地面 0.2km 还是高空 1.0km，河北地区的污染会在西南风场的影响下对北京市造成一定影响，且北京市此次近地面污染受到西南方向 2km 输送污染影响的权重比较大。

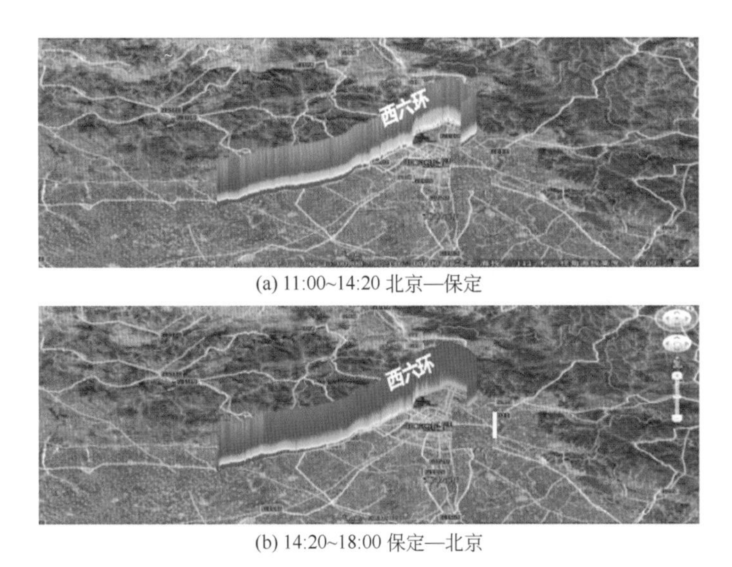

(a) 11:00~14:20 北京—保定

(b) 14:20~18:00 保定—北京

图 5-91 10 月 13 日北京—保定往返路径消光系数空间分布

11 月 16 日，走航路径为天津武清至河北石家庄，17 日同路径返回（图 5-92）。观测结果显示 16 日从天津武清至河北石家庄段，激光雷达走航观测到颗粒物主要集中在 1km 以下，并出现明显的分层现象，颗粒物分别集中在 0.5km 和 1.2km；在空间分布上，颗粒物浓度高值出现在河北保定附近；11 月 17 日从河北石家庄至天津武清返程的激光雷达观测结果则显示，与 16 日相比，该路径上颗粒物污染加重，且保定段边界高度骤降至 0.2km，气溶胶消光系数峰值超过 $1km^{-1}$，大气容量承载力迅速降低。从后向轨迹分析，保定市的污染主要来源于西北方向的长距离输送以及西南方向本省其他城市的短距离影响。

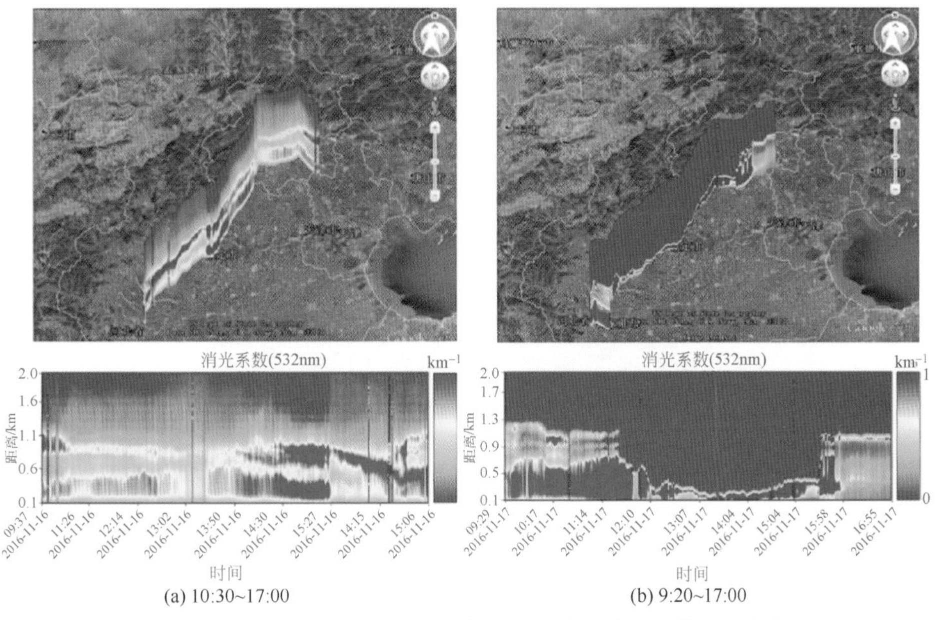

(a) 10:30~17:00

(b) 9:20~17:00

图 5-92 11 月 16～17 日北京—保定往返路径消光系数空间分布

（2）北京市五环

10月5日北京市五环较为干净（图5-93），颗粒物主要集中在近地面0.6km以内，颗粒物浓度未监测到明显高值区域。

图5-93　10月5日11:00～13:00北京市五环消光系数空间分布

（3）北京市六环

10月14日北京市六环走航（顺时针方向）观测结果显示（图5-94），当日颗粒物浓度整体较高，主要集中在近地面0.8km以下，走航路线上北六环和东六环路段近地面颗粒物浓度均值分别超过$0.5km^{-1}$和$0.6km^{-1}$，消光系数峰值超过$1km^{-1}$，南六环有污染物抬升现象。

图5-94　10月14日11:50～16:00北京市六环消光系数空间分布

12月3日由于GPS数据异常，只绘制了消光系数平面图（图5-95），图上所标位置只代表走航方向上大概位置，仅供位置参考。12月3日北京市颗粒物主要集中在近地面0.7km以内，六环内颗粒物浓度高于六环外，边界层高度稳

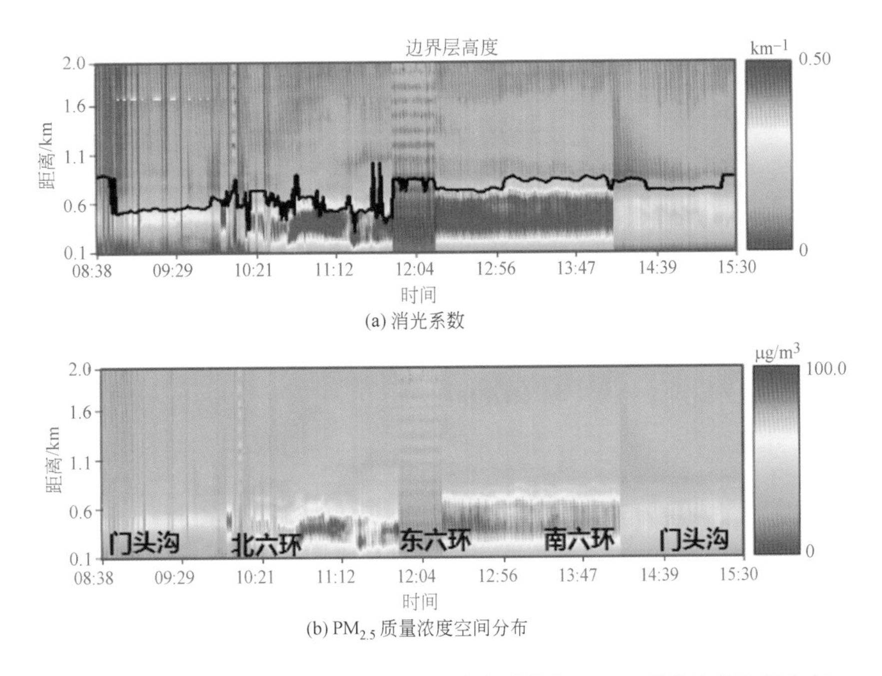

(a) 消光系数

(b) $PM_{2.5}$质量浓度空间分布

图 5-95　2016 年 12 月 3 日北京市六环消光系数和 $PM_{2.5}$ 质量浓度空间分布

定在 0.6km。

12 月 5 日和 12 月 9 日走航观测期间（图 5-96 和图 5-97），北京市明显受北风影响，在较好的扩散条件下北京市六环路段整体较为干净，12 月 9 日颗粒物浓度在下风向南六环路段略有升高。

(a) 消光系数

(b) $PM_{2.5}$质量浓度空间分布

图 5-96　2016 年 12 月 5 日北京市六环消光系数和 $PM_{2.5}$ 质量浓度空间分布

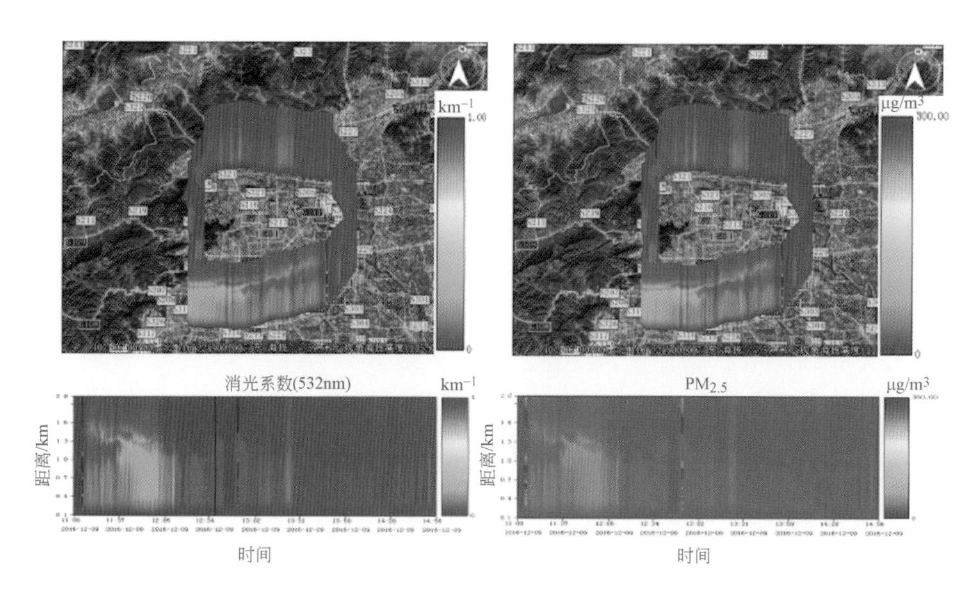

图 5-97　2016 年 12 月 9 日北京市六环消光系数和 $PM_{2.5}$ 质量浓度空间分布

2016 年 11～12 月，采用定点观测的方式在京津冀地区开展了颗粒物立体观测实验，选定中国科学院大气物理研究所、中国科学院大学和天津市作为地基激光雷达固定观测点，获得了三个地区的颗粒物时空演变特征。

污染过程分析（12 月的 3 次污染过程）

（1）12 月 1～5 日

12 月 1～5 日，京津冀地区颗粒物主要集中在 1km 以下（图 5-98），相对来说，北京市区的污染开始更早，污染更重。从后向轨迹分析，三个站点均存在颗粒物输送，高空输送沉降与局地污染叠加形成严重的复合污染。

（2）12 月 15～20 日

结合三地消光系数（图 5-99）和后向轨迹，本次污染过程是外源输送和局地细颗粒污染共同作用的结果，消光系数均值为北京市区＞天津市＞北京郊区，气流轨迹不再单一，且污染过程中存在西北高空的沙尘沉降。

（3）12 月 30 日～1 月 4 日

12 月底至 1 月初的这次污染过程中，三地均主要以局地污染为主（图 5-100），北京市区污染比郊区严重，污染层集中在 0.7km 以下，天津市的局地污染更为严重，边界层平均高度为 0.5km。

综合京津冀及周边区域的车载雷达走航观测结果和观测期间风场后向轨迹分析，得出初步结论如下：

① 走航路线上颗粒物分布与风向明显相关；

② 京津冀区域冬季污染层主要集中在 1km 以下，在不利扩散的天气条件下，边界层高度会骤降至 0.2km；

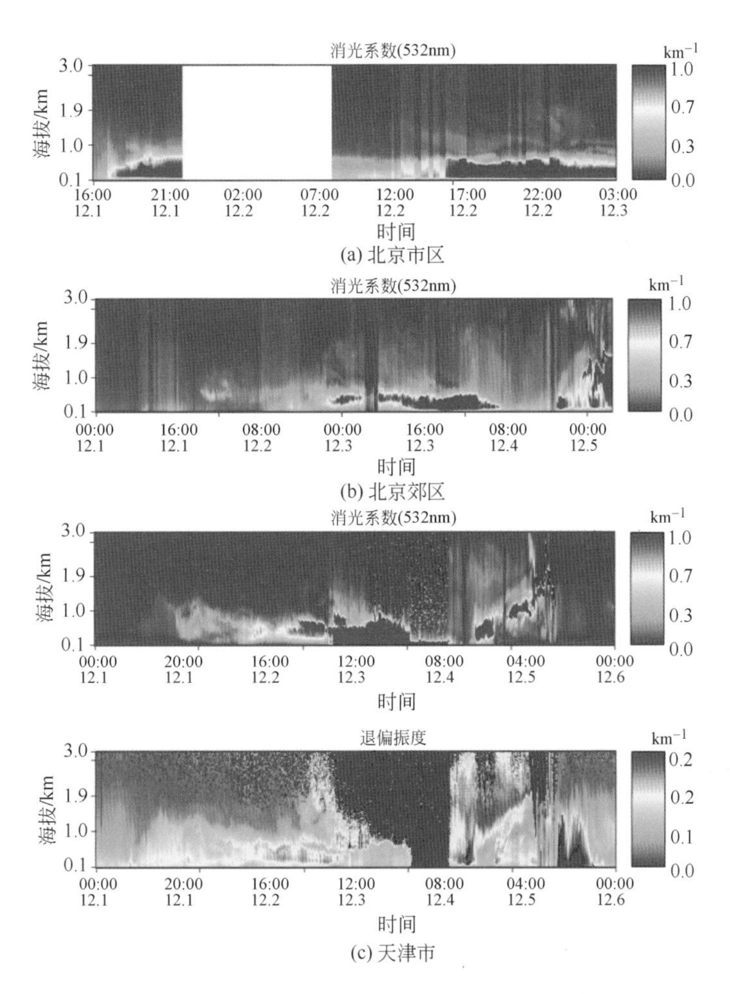

(a) 北京市区

(b) 北京郊区

(c) 天津市

图 5-98　12 月 1～5 日三地消光系数空间分布

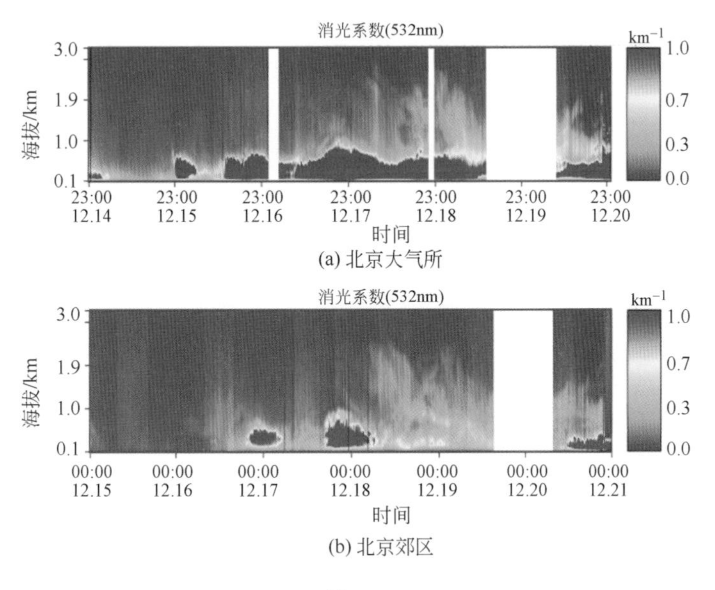

(a) 北京大气所

(b) 北京郊区

图 5-99

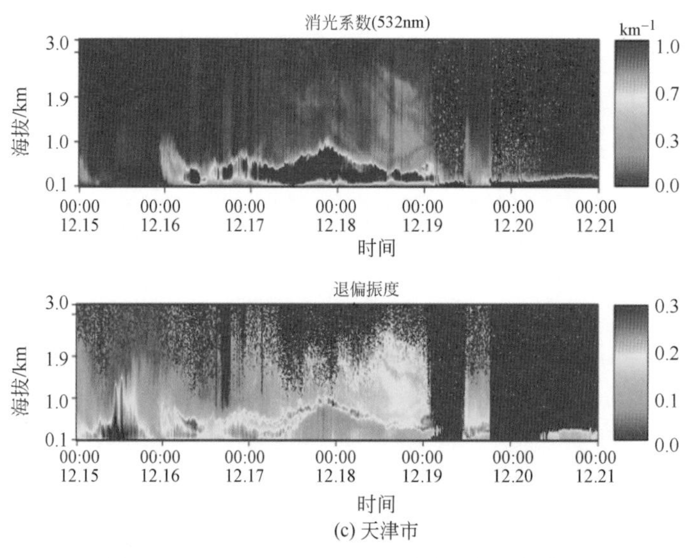

(c) 天津市

图 5-99 12 月 15～20 日三地消光系数空间分布

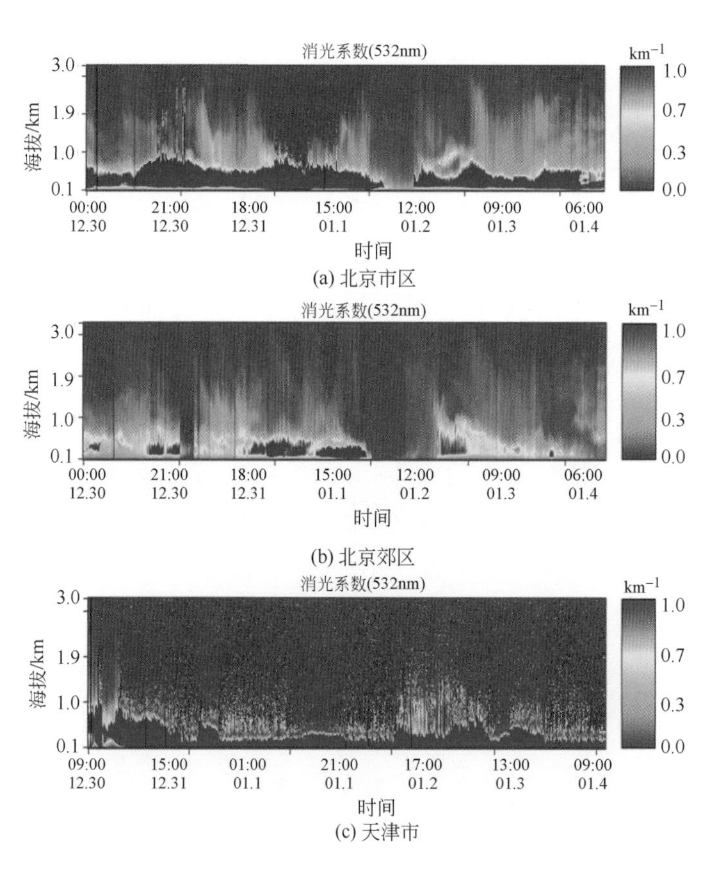

(a) 北京市区

(b) 北京郊区

(c) 天津市

图 5-100 12 月底至 1 月初消光系数空间分布

③ 在12月的三次污染过程中，有两次污染过程中北京市区的污染程度较北京市郊区和天津市更严重，说明北京市区大气容量承载力的减弱，降低了气象诱发灰霾的门槛，冬季增多的小风日数和逆温形成的稳定大气层结，更使北京市冬季的污染扩散受到了抑制；

④ 北京市六环的污染更高频率地集中在南六环，且污染物易抬升；

⑤ 在冬季西南风场的影响下，河北方向的污染会对北京市造成影响，且北京市的近地面污染受到西南方向高空输送污染影响的权重比较大；

⑥ 天津市颗粒物浓度呈现北高南低的趋势，颗粒物浓度高值出现在天津市北部郊区和农村，天津市北部颗粒物浓度高值可能与冬季燃煤排放和地面扬尘有关。

参考文献

[1] Hulst H C, Van de. Light scattering by small particles. John Wiley and Sons, Inc, 1957.

[2] Kerker M. The scattering of light and other electromagnetic radiation. Academic Press, 1969.

[3] Deirmendjian D. Electronmagnetic scattering on spherical polydispersions. Elsevier, 1969.

[4] 盛裴轩，毛节泰，等. 大气物理学. 北京：北京大学出版社，2003，423-429.

[5] Kunz G L. Vertical Atmospheric Profiles Measured with Lidar. Appl. Opt., 1983, 22: 1955-1957.

[6] Pappalardo G, Amodeo A, Pandolfi M, et al. Aerosol lidar intercomparison in the framework of the EARLINET project. 3. Raman lidar algorithm for aerosol extinction, backscatter, and lidar ratio. Applied Optics, 2004, 43: 5370-5385.

[7] Albert Ansman, Ulla Wandinger, Maren Riebesell, et al. Independent measurement of extinction and backscatter profiles in Cirrus Clouds by using a combined Raman elastic-backscatter lidar. Applied Optics, 1992, 31 (33): 7113-7131.

[8] Whiteman D N. Application of statistical methods to determination of slope in lidar data. Applied Optics, 1999, 38: 2571-2592.

[9] Felicita Russo, David N Whiteman, Belay Demoz, et al. Validation of the Raman lidar algorithm for quantifying aerosol extinction. Applied Optics, 2006.

[10] Wu Yonghua, Hu Shunxing, Qi Fudi, et al. Raman lidar measurement of aerosol and cloud optical properties in the troposphere. Chinese Journal of Lasers, 2002, B11 (1): 73-78.

[11] Ansmann A, Riebesel M, Weitkamp C. Measurement of Atmospheric Aerosol Extinction Profiles with a Raman Lidar. Opt. Lett., 1990, 15: 746-748.

[12] Ferrare R A, Melfi S H, Whiteman C N, et al. Raman Lidar Measurements of Aerosol Extinction and Backscattering 1. Methods and Comparisons. J. Geo. Res., 1998, 103 (16): 19663-19672.

[13] Malm W C, Sisler J F, Huffman D, et al. Spatial and seasonal trends in particle concentration and optical extinction in the United States. Journal of Geophysical Research, 1994, 99: 1347-1370.

[14] Malm W C, Gebhart K A, Sisler J F. Introduction to visibility. FortCollins: Colorado State University Press, 1999.

[15] David Avis, Godfried T. Toussaint. An Optimal Algorithm for Determining the Visibility of a Polygon from an Edge. IEEE Transactions on Computers, 1981, 12 (C-30): 910-914.

[16] Evsikova L G, Puisha A E. Means of measuring the visibility of objects through aerosol media. J. Opt. Technol. 1999, 7 (66): 639-641.

第6章 展望及趋势分析

大气污染监测技术是全面掌握大气污染状况、发展态势和环境管理的支柱。其发展趋势是以发展高精度、高选择度和高稳定度的监测技术为基础，实现大气污染监测、边界层探测和卫星遥测技术的立体化和动态化，以支撑建立符合国家环境管理需求的环境监测和预警预报能力。

近年来，我国在大气环境监测单项技术已取得重要突破，初步形成了满足常规监测业务需求的技术体系。我国先后研发的 PM_{10}、SO_2 和 NO_2 等污染物监测技术和设备，基本满足了城市空气质量自动监测、污染源烟道在线监测、机动车尾气道边检测等的需求；发展的 $PM_{2.5}$、O_3、VOCs 等污染物在线监测技术，有效支撑了我国“十二五”空气质量新标准的实施；研发的部分高端科研仪器如气溶胶雷达、单颗粒气溶胶飞行时间质谱仪等已开始得到应用。

但是，我国自主研发的监测技术和设备还不能满足国家臭氧等二次污染业务化监测的需求，与大气复合污染形成过程监测的需要还有相当大的差距，具体表现在：监测技术和项目偏少，难以全面评价大气复合污染对环境和人体健康的影响；针对重霾污染形成机理研究的监测技术和手段不足；尚未建立完善的实验模拟和外场观测技术平台。为此，急需研发具有自主知识产权的先进大气环境监测技术与设备，提高和改善大气环境监测能力，为大气环境污染监测提供有效手段，为培育大气环境监测仪器战略性新兴产业提供技术支撑。从而实现环境监测和管理的跨越式发展，这是我国社会经济发展的需要，也是环境监测技术发展的机遇。

（1）亟须突破的大气环境监测关键技术

1）大气二次污染主要化学成分测量技术

针对大气二次污染机理研究及其防控的技术需求，突破大气自由基（H_xO、CH_2O_2、NO_3、卤素自由基等）、有机物（全组分）、重金属、生物气溶胶、二次有机气溶胶示踪物等测量技术，构建大气二次污染主要化学成分现场测量设备。

2）重点行业多参数大气污染源排放高精度在线监测技术

面向污染源超低排放与协同控制，研发典型行业关键污染物（超细颗粒物、VOCs、NH_3 和 Hg 等）源排放在线监测技术和设备，污染源宽粒径范围采样和在线监测技术，机动车辆超标排放识别、诊断和遥感测试一体化技术和设备，系统技术指标满足超低排放监测新标准。

3）大气复合污染立体探测技术

针对区域大气复合污染现状，研发大气边界层理化结构的探测技术与系统，大气污染空间分布、跨界输送通量、地气交换通量测量技术与系统，区域大气污染走航观测、机载和星载遥感监测与应用技术系统。

4）大气污染监测质量控制技术

针对大气污染监测新标准，发展大气环境空气质量监测质量控制关键技术、大气污染源监测的质量控制与标准化测试技术，形成大气污染源排放综合监测、大气复合污染立体观测以及大气环境监测质量控制等技术规范。

（2）亟待建设的先进大气环境监测技术创新研究平台

利用地基 MAX-DOAS（多轴差分吸收光谱仪）和大气细颗粒物探测激光雷达等设备，建设“灰霾及其前体物立体监测网络”，开展 SO_2、NO_x、HCHO（甲醛）等大气细颗粒气态前体物和颗粒物 PM_{10}（可吸入颗粒物）/$PM_{2.5}$ 的垂直总量和廓线的监测研究，将弥补目前环保监测网络单一地面监测数据的不足，为研究灰霾的形成、演变和区域输送规律，开展灰霾准确预报提供技术手段。针对我国大气复合污染防治研究现状，亟须建设我国自己的大气环境探测与模拟实验研究设施，将形成从实验室微观机理研究到模拟大气环境实验，再到外场观测实验和验证的有机闭环链条，揭示我国城市和区域尺度的大气复合污染形成机理并量化其环境影响，建立符合中国特点的相关污染模式，从而预测我国不同区域背景下大气复合污染及其环境效应的发展趋势并提出控制思路，为国家和地方制定有效的控制战略提供科技支撑。